普通高等学校应用型教材·数学

微积分
Calculus

（第二版）上册

主　编　刘　强　聂　力

副主编　陶桂平　梅超群　聂高琴　魏晓云
　　　　于威威　张　琳　孙激流　范林元

中国人民大学出版社
·北京·

图书在版编目（CIP）数据

微积分. 上册/刘强，聂力主编. --2 版. --北京：
中国人民大学出版社，2022.7
普通高等学校应用型教材. 数学
ISBN 978-7-300-30789-3

Ⅰ.①微… Ⅱ.①刘… ②聂… Ⅲ.①微积分-高等
学校-教材 Ⅳ.①O172

中国版本图书馆 CIP 数据核字（2022）第 115873 号

普通高等学校应用型教材·数学

微积分（第二版）（上册）

主　编　刘　强　聂　力
副主编　陶桂平　梅超群　聂高琴　魏晓云　于威威　张　琳　孙激流　范林元
Weijifen

出版发行	中国人民大学出版社		
社　　址	北京中关村大街 31 号	**邮政编码**	100080
电　　话	010 - 62511242（总编室）		010 - 62511770（质管部）
	010 - 82501766（邮购部）		010 - 62514148（门市部）
	010 - 62515195（发行公司）		010 - 62515275（盗版举报）
网　　址	http://www.crup.com.cn		
经　　销	新华书店		
印　　刷	北京宏伟双华印刷有限公司	**版　　次**	2018 年 7 月第 1 版
规　　格	185 mm×260 mm　16 开本		2022 年 7 月第 2 版
印　　张	13.75	**印　　次**	2022 年 7 月第 1 次印刷
字　　数	312 000	**定　　价**	45.00 元

内容摘要

　　本书是根据教育部高等学校大学数学课程教学指导委员会的总体要求，结合地方财经类专业需求的特点编写的. 按照"专业适用，内容够用，学生适用"的设计思路，量身定制课程内容，突出经济数学的"经济"特色。在内容编排上，尽量做到结构合理、概念清楚、条理分明、深入浅出、强化应用.

　　全书共有 10 章，分为上、下两册。其中上册涵盖了函数、极限与连续、导数与微分、微分中值定理与导数的应用、不定积分等内容，下册涵盖了定积分、多元函数微积分、无穷级数、微分方程以及差分方程等内容. 本书为上册. 为了便于读者学习，每节后均附有习题，每章后均附有总复习题，书末附有答案.

　　本书既可以作为普通高等学校经管类本科生学习微积分课程的教材，也可以作为教师的教学参考用书和全国硕士研究生统一入学考试的复习用书.

社会的持续进步、经济的高质量发展离不开一流本科人才的支撑，而一流本科人才的培养离不开大学数学课程的支撑. 大学数学课程在落实立德树人根本任务、打造一流本科人才中扮演着不可或缺的角色.

地方高校工科类、经管类专业的数学课程主要包括微积分（或高等数学）、线性代数以及概率论与数理统计三大课程. 2009 年以来，在北京市教委的大力支持下，由首都经济贸易大学牵头，联合部分兄弟院校，立足工科类、经管类专业的建设特点，致力于地方高校数学教育教学模式的探索与改革，取得了一系列成果，其中两次获得北京市教育教学成果奖.

在此基础上，由首都经济贸易大学刘强教授牵头，编写了普通高等学校应用型教材的数学系列. 该系列丛书主要包括《微积分》（上、下册）、《线性代数》和《概率论与数理统计》三门课程教材，以及配套的习题全解与试题选编.

本丛书自第一版发行以来，收到了国内兄弟院校的一致好评，也收到了读者与同行的一些意见与建议，我们在教学过程中也发现了一些需要改进的地方. 在中国人民大学出版社李丽娜编辑的建议下，我们着手修订本系列教材. 本次修订的内容主要有如下三个方面：

1. 打造新形态教材，包括录制了课程慕课、微课，制作了多媒体课件，建设了课程资源库.

2. 调整与修订章节内容，包括教材概念定义的推敲、典型例题的优化、语言的润色等.

3. 融入课程思政、数学文化，力争做到过渡自然，润物无声.

在第二版教材的修订过程中，得到了对外经济贸易大学的刘立新教授、北京工商大学的曹显兵教授、北京化工大学的姜广峰教授、中央财经大学的贾尚晖教授、北京交通大学的于永光教授、北京工业大学的薛留根教授、北方工业大学的刘喜波教授、重庆工商大学的陈义安教授、北京师范大学的李高荣教授、江苏师范大学的赵鹏教授、山西财经大学的王俊新教授、北京联合大学的玄祖兴教授、北京印刷学院的朱晓峰教授、广东财经大学的黄辉教授、北京信息科技大学的侯吉成教授、北京物资学院的李珍萍教授以及首都经济贸易大学的张宝学教授、马立平教授等同行们的大力支持，在此一并表示诚挚的感谢.

由于作者水平所限，新版中错误和疏漏之处在所难免，恳请读者和同行不吝指正. 欢迎来函，邮箱地址为：cuebliuqiang@163.com.

作者

2022 年 4 月

数学是一门工具，更是一种思维方式．学习数学有助于我们培养发现问题、分析问题、解决问题的能力．财经类专业与数学联系密切，大学数学在财经类专业人才培养中的作用日益凸显，在应用复合型人才的综合素养培养方面发挥着重要作用．当前，在地方财经类院校，大学数学已经成为本科教育的必修课程．财经类院校大学数学主要包括三大类课程，即微积分、线性代数以及概率论与数理统计，当然还有一些其他衍生课程，例如数学史与数学文化、数学软件与应用、数学实验，等等．

2009 年以来，在北京市和学校相关部门的大力支持下，我校公共基础课的教学改革一直在如火如荼地进行．数学公共基础课教学团队从全国地方财经类专业的数学需求出发，结合教育部高等学校大学数学课程教学指导委员会的总体要求，对课程管理与队伍建设、数学理念、教学大纲与课程内容、考核方式、教学模式与教学手段、教学研究、学科竞赛等方面进行了全方位的改革，涉及面广，内容深刻，力度很大，效果很好．在此基础上，我们对原有讲义进行了系统的整理、修订，编写了"十三五"普通高等教育应用型规划教材，该系列丛书主要包括《微积分》（上、下册）、《线性代数》和《概率论与数理统计》三门课程的教材，以及相应的同步练习、深化训练、考研辅导以及大学生数学竞赛用书，由首都经济贸易大学的刘强教授担任丛书的总主编．

编写组曾经在北京、山东、江苏等省市的部分高校进行调研，很多学生在学习的过程中，对于一些重要的数学思想、数学方法难以把握，许多高校数学公共课期末考试不及格的现象普遍存在，这一方面说明了当前大学数学教学改革的紧迫性，另一方面说明了教材编写的合理定位的重要性．从规划教材的定位来看，本系列教材主要适用于地方财经类一本、二本院校的教学．在教材的编写过程中，在保持数学体系严谨的前提下，尽量简明通俗、形象化，强调数学思想的学习与培养，淡化理论与方法的证明，注重经济学案例的使用，强调经济问题的应用，体现出经济数学的"经济"特色．

本书为《微积分》（上册），内容体系在根据教育部高等学校大学数学课程教学指导委员会的总体要求的基础上，结合地方财经类专业特点进行系统设计，尽可能做到结构合理、概念清楚、条理分明、深入浅出、强化应用．本书涵盖了函数、极限与连续、导数与微分、微分中值定理与导数的应用以及不定积分等内容．

为了便于学生学习和教师布置课后作业，配套习题将按节设计，每章均附有总复习题，书末附有习题答案。同时为了便于读者学习，选学内容和有一定难度的内容将用"＊"号标出．

在系列教材的编写过程中，得到了北京航空航天大学的韩立岩教授、清华大学的邓邦明教授、北京工商大学的曹显兵教授、北京工业大学的薛留根教授、广东财经大学的胡桂武教授、北方工业大学的刘喜波教授、中央财经大学的贾尚晖教授、重庆工商大学的陈义安教授、北京信息科技大学的侯吉成教授、北京联合大学的邢春峰教授、昆明理工大学的吴刘仓教授、江苏师范大学的赵鹏教授、北京化工大学的李志强副教授以及首都经济贸易大学的马立平教授、张宝学教授、任韬副教授等同事们的大力支持，中国人民大学出版社的策划编辑李丽娜女士为丛书的出版付出了很多努力，在此一并表示诚挚的感谢.

编写组教师均长期工作在大学数学教学的第一线，积累了丰富的教学经验，深谙当前本科教学的教育规律，熟悉学生的学习习惯、认知水平和认知能力，在教学改革中取得了一些成绩，出版过包括同步训练、深化训练、考研辅导以及大学生数学竞赛等多个层次的教材和辅导用书. 然而此次规划教材的编写又是一次新的尝试，书中难免存在不妥甚至错误之处，恳请读者和同行不吝指正，欢迎来函，邮箱 cuebliuqiang@163.com.

作者

2018 年 5 月

目　录

第1章 函数

函数是微积分学最重要的基本概念之一，是微积分研究的基本对象，它被用来刻画变量在变化过程中的相互联系与相互依存关系．本章主要讨论函数的概念及其基本性质．在本章的最后，给出极坐标系的一些基本概念和性质．

1.1 实数

由于微积分学这门课程主要是在实数范围内讨论问题，因此本节对实数和实数集的有关知识进行简单的回顾．

1.1.1 实数与数轴上的点

整数与分数统称为**有理数**．因为整数可以看成分母为 1 的分数，所以有理数等同于分数，可以写成 p/q（其中 p，q 为整数，$q \neq 0$）的形式．因为分数可以化为有限小数或无限循环小数，所以有理数也可以表示为整数、有限小数或无限循环小数．无限不循环小数称为**无理数**．有理数与无理数统称为**实数**．

实数与数轴上的点是一一对应的．为简单起见，今后对实数和数轴上与之对应的点不加区分．例如实数 x 也称为点 x，反之亦然．

数轴上与有理数对应的点称为**有理点**，与无理数对应的点称为**无理点**．有理点在数轴上是处处稠密的（即任意两个有理点之间都有无穷多个有理点），但是它们不能充满整个实数轴．无理点在数轴上也是处处稠密的．

1.1.2 实数的绝对值

实数 a 的绝对值用 $|a|$ 表示，正数和零的绝对值是它本身，负数的绝对值是它的相反数，即

$$|a| = \begin{cases} a, & a \geq 0 \\ -a, & a < 0 \end{cases}.$$

绝对值的几何意义：$|a|$ 表示数轴上的点 a 与原点之间的距离.

绝对值的基本性质：

设 a 和 b 为任意实数，则

(1) $|a| \geqslant 0$，$|a| = 0$当且仅当 $a = 0$.

(2) $-|a| \leqslant a \leqslant |a|$.

(3) 当 $k \geqslant 0$ 时，$|a| \leqslant k \Leftrightarrow -k \leqslant a \leqslant k$，其中符号"$\Leftrightarrow$"表示"等价于".

(4) $|a \pm b| \leqslant |a| + |b|$.

证 只证$|a+b| \leqslant |a|+|b|$. 由性质（2）可知

$$-|a| \leqslant a \leqslant |a|, \quad -|b| \leqslant b \leqslant |b|,$$

两式相加即得

$$-(|a|+|b|) \leqslant a+b \leqslant |a|+|b|,$$

令 $k = |a| + |b|$，由性质（3）有

$$|a+b| \leqslant |a|+|b|.$$

(5) $||a| - |b|| \leqslant |a \pm b|$.

(6) $|a \cdot b| = |a| \cdot |b|$.

(7) $\left|\dfrac{a}{b}\right| = \dfrac{|a|}{|b|}$，$b \neq 0$.

1.1.3　常见的实数集

约定，全体实数的集合记为 **R**，自然数集记为 **N**，整数集记为 **Z**，有理数集记为 **Q**. 此外，讨论实数集 **R** 的子集时，常用到区间的概念.

设 $a, b \in \mathbf{R}$，且 $a < b$.

(1) 不等式 $a < x < b$ 表示的实数 x 的集合称为**开区间**，记作 (a, b)，即

$$(a, b) = \{x \mid a < x < b\}.$$

(2) 不等式 $a \leqslant x \leqslant b$ 表示的实数 x 的集合称为**闭区间**，记作 $[a, b]$，即

$$[a, b] = \{x \mid a \leqslant x \leqslant b\}.$$

(3) 不等式 $a \leqslant x < b$，$a < x \leqslant b$ 表示的实数 x 的集合称为**半开区间**，分别记作 $[a, b)$ 和 $(a, b]$.

以上三类区间均为**有限区间**，还有如下几类**无限区间**.

(4) $[a, +\infty) = \{x \mid x \geqslant a\}$，$(a, +\infty) = \{x \mid x > a\}$.

(5) $(-\infty, b) = \{x \mid x < b\}$，$(-\infty, b] = \{x \mid x \leqslant b\}$.

(6) $(-\infty, +\infty) = \{x \mid -\infty < x < +\infty\}$，即全体实数集 **R**.

在微积分里，经常用到"邻域"的概念.

定义 1.1.1 设 $x_0 \in \mathbf{R}$，$\delta > 0$，称集合 $\{x \mid |x - x_0| < \delta\}$ 为点 x_0 的 δ 邻域，记作

$U(x_0, \delta)$. 在数轴上，它表示的是一个以点 x_0 为中心、长度为 2δ 的开区间 $(x_0-\delta, x_0+\delta)$. 如图 1-1 所示.

称集合 $\{x \mid 0 < |x-x_0| < \delta\}$ 为点 x_0 的 δ **去心邻域**（或空心邻域），记作 $\overset{\circ}{U}(x_0, \delta)$. 其中开区间 $(x_0-\delta, x_0)$ 称为点 x_0 的**左邻域**，开区间 $(x_0, x_0+\delta)$ 称为点 x_0 的**右邻域**. 如图 1-2 所示.

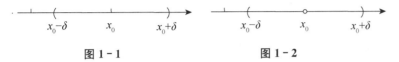

图 1-1　　　　　　　　图 1-2

微课

基于希尔伯特
无限旅馆看无穷

例如，点 5 的 0.1 邻域指的是开区间 $(4.9, 5.1)$.

* 实数集的无限性与有理数集的无限性有本质的区别，读者可以参阅希尔伯特无限旅馆的故事来进一步认识实数集的无限性。

习题 1.1

1. 解下列不等式，并用区间表示不等式的解集：

(1) $|2x-1| < 1$；
(2) $|x+1| > 5$；
(3) $|x-1| > |x+1|$；
(4) $|x^2-3x+3| < 1$.

2. 证明不等式：

(1) $||a|-|b|| \leqslant |a \pm b|$；
(2) $|a-b| \leqslant |a-c| + |c-b|$.

1.2　函　数

1.2.1　变量

由于自然界错综复杂，我们在分析某一自然现象或某一经济问题时，常常会遇到各种各样的量，其中在某一过程中可以取不同数值的量称为变量. 本书主要考虑取值是实数的**变量**. 在某一个过程中取值不变的量称为**常量**. 例如，在某一个时期内，一种商品的价格保持不变，它是一个常量，但在一个较长的时间段内，价格又在发生变化，因而这时它就是一个变量. 所以常量和变量是相对的，常量可以看作特殊的变量.

1.2.2　函数

世间一切事物都在不停地变化，而变化的事物之间又存在相互联系、相互依赖的关系. 为了在数量上把握这种事物的变化和事物之间的联系的规律性，在数学上产生了函数的概念. 考察下面几个例子.

例 1.2.1　某种产品的总成本 C 随产量 Q 的变化而变化，生产一单位产品增加的成本为 5 万元，固定成本为 10 万元，则总成本 C 与产量 Q 之间的依赖关系可由公式

$$C = 10 + 5Q$$

表示.

例 1.2.2 根据《中国统计年鉴》的数据，我国 2014 年至 2020 年国内生产总值（GDP，单位：亿元）如表 1-1 所示.

表 1-1

年份	2014	2015	2016	2017	2018	2019	2020
GDP	643 563.1	688 858.2	746 395.1	832 035.9	919 281.1	986 515.2	1 015 986.2

从表 1-1 可以清楚地看出我国的国内生产总值水平较高，且呈逐年上升趋势.

例 1.2.3 图 1-3 给出了某种商品的利润 L 与其销售量 Q 之间的关系，从图形中可以看出利润随着销售量的变化而变化，一旦销售量确定了，利润也随之确定.

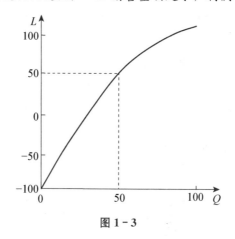

图 1-3

虽然以上列举的问题具有不同的表示形式，分别由公式、表格和图形表示，但它们都通过一定的对应法则来描述变量之间的依赖关系. 变量之间的这种数量关系通常称为函数关系.

定义 1.2.1 设 D 为一个非空实数集，如果存在一个对应法则 f，使得对于每一个 $x \in D$，都能由 f 确定唯一的实数 y 与之对应，则称对应法则 f 为定义在实数集 D 上的一个函数，记作

$$y = f(x), \quad x \in D,$$

其中，x 称为**自变量**，y 称为**因变量**，实数集 D 称为函数的**定义域**，也可记为 D_f 或 $D(f)$.

如果 $x_0 \in D$，则称函数 f 在 x_0 处有定义；如果 $x_0 \notin D$，则称函数 f 在 x_0 处没有定义. 对于每一个 $x_0 \in D$，按对应规则 f 确定的 y 的取值记作 $f(x_0)$ 或 $y|_{x=x_0}$，称为当 $x = x_0$ 时函数 $y = f(x)$ 的**函数值**. 所有函数值构成的集合

$$\{y \mid y = f(x), x \in D\}$$

称为函数 $y = f(x)$ 的**值域**，记作 Z_f 或 $Z(f)$.

注　（1）函数 $y = f(x)$ 中的"f"表示对应法则，它仅仅是一个记号，它也可以用其他记号来表示，如 g，h，F，…. 但应注意，在同一问题中，不同的函数关系需用不同的记号来表示.

（2）函数的实质就是定义域 D 上的对应法则 f，所以定义域和对应法则 f 是确定一个函数关系的两要素. 至于同一函数中的自变量和因变量用什么记号来表示则是无关紧要的. 当然，同一个函数中的自变量和因变量的记号要有所区别.

（3）如果可以用解析公式表示的函数没有给出定义域，一般地认为其定义域是使解析公式有意义的自变量的取值构成的集合.

例 1.2.4　求下列函数的定义域：

（1）$y = \dfrac{1}{\sqrt{a^2 - x^2}}$　$(a > 0)$；　　　　（2）$y = \sqrt{\dfrac{1+x}{1-x}}$.

解　（1）为使表达式 $\dfrac{1}{\sqrt{a^2 - x^2}}$ 有意义，x 的取值应满足

$$a^2 - x^2 > 0,$$

即

$$x^2 < a^2,$$

解得

$$-a < x < a,$$

所以 $y = \dfrac{1}{\sqrt{a^2 - x^2}}$ 的定义域为 $(-a, a)$.

（2）为使 $\sqrt{\dfrac{1+x}{1-x}}$ 有意义，x 的取值应满足

$$\frac{1+x}{1-x} \geqslant 0 \text{ 且 } x \neq 1,$$

即满足

$$\begin{cases} 1+x \geqslant 0 \\ 1-x > 0 \end{cases} \text{ 或 } \begin{cases} 1+x \leqslant 0 \\ 1-x < 0 \end{cases},$$

解得

$$-1 \leqslant x < 1,$$

所以 $y = \sqrt{\dfrac{1+x}{1-x}}$ 的定义域为 $[-1, 1)$.

函数关系的表示方法通常有三种：公式法、列表法和图示法，见例 1.2.1 至例 1.2.3. 其中公式法便于理论分析和数量计算；图示法形象直观，便于考察函数的变化过程；列表法的优点是便于求解函数值. 三种表示方法各有利弊. 在微积分学中，公式法是表示函数关系的主要形式，图示法一般作为考察函数性态的辅助工具.

1.2.3 分段函数

根据函数的定义，在表示函数时，并不要求在整个定义域上都用一个数学表达式来表示. 事实上，在很多问题中常常遇到一些在定义域的不同子集上具有不同表达式的情况，习惯上把这种函数叫作**分段函数**.

例如符号函数

$$y = \operatorname{sgn} x = \begin{cases} 1, & x > 0 \\ 0, & x = 0, \\ -1, & x < 0 \end{cases}$$

如图 1-4 所示.

取整函数

$$y = [x],$$

其中 $[x]$ 表示不超过 x 的最大整数. 如图 1-5 所示.

例如，$[1] = 1$，$[1.5] = 1$，$[-1.5] = -2$，$[e] = 2$.

符号函数与取整函数都是分段函数.

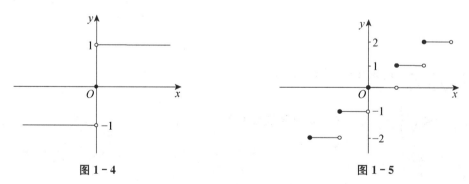

图 1-4   图 1-5

注 分段函数在其整个定义域上是一个函数，而不是几个函数.

例 1.2.5 已知函数 $y = f(x) = \begin{cases} \sqrt{1-x^2}, & |x| < 1 \\ x^2 - 1, & 1 < |x| < 2 \end{cases}$.

（1）求函数的定义域；   （2）求 $f(x-1)$.

解 （1）因为这个函数在 $|x| = 1$ 处没有定义，所以它的定义域为

$$D_f = (-2, -1) \cup (-1, 1) \cup (1, 2).$$

(2) $f(x-1)=\begin{cases}\sqrt{1-(x-1)^2}, & |x-1|<1 \\ (x-1)^2-1, & 1<|x-1|<2\end{cases}$

$\qquad\quad =\begin{cases}\sqrt{2x-x^2}, & 0<x<2 \\ x^2-2x, & -1<x<0 \text{ 或 } 2<x<3\end{cases}.$

习题 1.2

1. 求下列函数的定义域：

(1) $y=\dfrac{2x+2}{x^2-x+2}$；

(2) $y=2^{\frac{1}{x}}+\dfrac{1}{1-\ln x}$；

(3) $y=\dfrac{1}{\sqrt{4x+2}}$；

(4) $y=\ln\cos x$.

2. 判定下列函数是否相同，并说明理由：

(1) $y=x\operatorname{sgn}x$ 与 $y=\begin{cases}x, & x\geqslant 0 \\ -x, & x<0\end{cases}$；

(2) $y=\dfrac{x^2-1}{x-1}$ 与 $y=x+1$；

(3) $y=\sqrt{x^2}$ 与 $y=|x|$；

(4) $y=1$ 与 $y=\sin^2 x+\cos^2 x$.

3. 设 $f(x)$ 的定义域为 $(0,2)$，求 $f(1-e^{\sin x})$ 的定义域.

1.3　函数的基本特性

函数主要有四种基本特性，即奇偶性、单调性、周期性和有界性.

1.3.1　奇偶性

定义 1.3.1　设函数 $f(x)$ 的定义域 D 关于原点对称. 如果对于任意的 $x\in D$，恒有 $f(-x)=f(x)$，则称 $f(x)$ 为**偶函数**；如果对于任意的 $x\in D$，恒有 $f(-x)=-f(x)$，则称 $f(x)$ 为**奇函数**.

奇函数的图像关于坐标原点对称，偶函数的图像关于 y 轴对称.

例 1.3.1　判断下列函数的奇偶性：

(1) $f(x)=\dfrac{e^x+e^{-x}}{2}$；　　(2) $g(x)=\ln\dfrac{1-x}{1+x}$.

解　(1) 函数的定义域为实数集 **R**，又因为

$$f(-x)=\dfrac{e^{-x}+e^x}{2}=f(x),$$

所以 $f(x)$ 为偶函数.

(2) 函数的定义域为 $(-1,1)$，又因为

$$g(-x) = \ln \frac{1+x}{1-x} = -g(x),$$

所以 $g(x)$ 为奇函数.

注 任意一个定义在实数集 **R** 上的函数都可以表示成一个偶函数与一个奇函数之和. 事实上，令

$$f_1(x) = \frac{f(x) + f(-x)}{2}, \quad f_2(x) = \frac{f(x) - f(-x)}{2},$$

则容易验证，$f_1(x)$ 为偶函数，$f_2(x)$ 为奇函数，且有

$$f(x) = f_1(x) + f_2(x).$$

1.3.2 单调性

定义 1.3.2 设函数 $f(x)$ 在某个区间 I 上有定义，对于任意的 x_1，$x_2 \in I$，且 $x_1 < x_2$，有

(1) 若 $f(x_1) < f(x_2)$，则称函数 $f(x)$ 在区间 I 上单调增加（或单调递增）；

(2) 若 $f(x_1) > f(x_2)$，则称函数 $f(x)$ 在区间 I 上单调减少（或单调递减）.

单调增加的函数和单调减少的函数统称为单调函数. 若在某区间 I 上函数 $f(x)$ 是单调的，则称该区间 I 为所给函数的单调区间. 如图 1-6 所示，图 1-6（a）为单调增加函数，图 1-6（b）为单调减少函数.

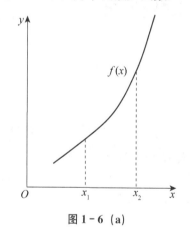

图 1-6（a）

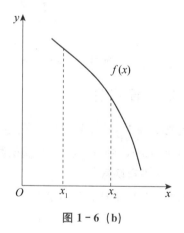

图 1-6（b）

1.3.3 周期性

定义 1.3.3 设函数 $f(x)$ 的定义域为 D，如果存在一个正数 T，使得对任意一个 $x \in D$，有 $(x \pm T) \in D$，且

$$f(x + T) = f(x) \tag{1.3.1}$$

恒成立，则称该函数为周期函数. 其中 T 称为函数 $f(x)$ 的周期，满足式（1.3.1）的最

小的正数 T_0 称为函数的**最小正周期**，通常所说的函数的周期指的是函数的最小正周期.

例如，函数 $\sin x$，$\cos x$ 都是以 2π 为周期的周期函数；$\tan x$，$\cot x$ 都是以 π 为周期的周期函数.

并非每个周期函数都有最小正周期. 例如狄利克雷（Dirichlet）函数

$$D(x)=\begin{cases}1, & x\in\mathbf{Q}\\0, & x\in\mathbf{W}\end{cases},$$

其中 $\mathbf{Q}$ 为有理数集，$\mathbf{W}$ 为无理数集. 容易验证，这是一个周期函数，任何正有理数都是它的周期. 因为不存在最小的正有理数，因而它没有最小正周期.

若 $f(x)$ 是一个周期为 T 的周期函数，则在每个长度为 T 的相邻区间上，函数图像有相同的形状，如图 $1-7$ 所示.

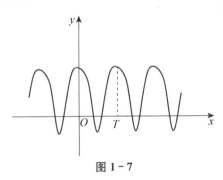

图 $1-7$

1.3.4 有界性

定义 1.3.4 设函数 $f(x)$ 的定义域为 D，数集 $X\subseteq D$，若存在正数 M，使得对于任意的 $x\in X$，恒有 $|f(x)|\leqslant M$，则称函数 $f(x)$ 在 X 上**有界**，否则称 $f(x)$ 在 X 上**无界**.

例如，函数 $y=\sin x$ 在整个实数集 $\mathbf{R}$ 上满足 $|\sin x|\leqslant 1$，从而 $y=\sin x$ 在 $\mathbf{R}$ 上有界. 而函数 $y=\dfrac{1}{x}$ 在 $(0,1)$ 上无界.

函数的有界性还可以通过另外一种形式来定义.

定义 1.3.4′ 若存在实数 a 和 b，使得对任意的 $x\in X\subseteq D$，恒有 $a\leqslant f(x)\leqslant b$，则称函数 $f(x)$ 在 X 上**有界**，否则称 $f(x)$ 在 X 上**无界**. 其中 a 称为函数的**下界**，b 称为函数的**上界**.

请读者自己验证这两种定义的等价性.

习题 1.3

1. 讨论下列函数的单调性：

(1) $y=e^{-x^2}$；

(2) $y=\sqrt{9x-x^2}$；

(3) $y = \dfrac{x}{1+x}$；

(4) $y = \sqrt{x^2}$．

2. 讨论下列函数 $y = f(x)$ 的奇偶性：

(1) $y = x^2 - x + 1$；

(2) $y = \ln(1+x^2) + \dfrac{\sin x}{x}$；

(3) $y = \dfrac{a^x - a^{-x}}{a^x + a^{-x}}$ $(a > 0,\ a \neq 1)$；

(4) $y = 3x^3 + 2$；

(5) $y = \log_a(\sqrt{x^2+1} + x)$ $(a > 0,\ a \neq 1)$；

(6) $y = x \cdot \dfrac{e^x - 1}{e^x + 1}$；

(7) $y = \cos x + x \sin x$；

(8) $y = \left(\dfrac{1}{a^x + 1} - \dfrac{1}{2}\right) \tan x$ $(a > 0,\ a \neq 1)$．

3. 讨论下列函数的有界性：

(1) $y = x \sin x$；

(2) $y = \dfrac{\cos(\pi[x])}{x}$；

(3) $y = \dfrac{\ln x}{1 + \ln^2 x}$；

(4) $y = \dfrac{2x + 2}{x^2 + 2x + 1}$．

4. 判定下列函数是否为周期函数，如果是周期函数，求其周期：

(1) $y = \tan(2x + 1)$；

(2) $y = \cos x - x$；

(3) $y = \sin^2 x$；

(4) $y = \sin(\sin x)$．

1.4 反函数与复合函数

1.4.1 反函数

由例 1.2.1 可以看到，某种产品的总成本 C 随产量 Q 的变化而变化，总成本 C 与产量 Q 之间的函数关系为 $C = 10 + 5Q$，对每一个给定的产量 Q，都可以通过上述函数关系确定产品的总成本，这里 Q 为自变量，C 为因变量．

反过来，对每一个给定的总成本，都可以通过对应法则 $Q = \dfrac{C-10}{5}$ 确定产量 Q. 称后一函数 $Q = \dfrac{C-10}{5}$ 是前一函数 $C = 10 + 5Q$ 的反函数，这里总成本 C 是自变量，产量 Q 是因变量．

定义 1.4.1 设函数 $y = f(x)$ 的定义域为 D_f，值域为 Z_f. 如果对于 Z_f 中的每一个 y 值，都存在唯一的满足 $y = f(x)$ 的 $x \in D_f$ 与之对应，则这样确定的以 y 为自变量、以 x 为因变量的函数，称为函数 $y = f(x)$ 的**反函数**，并记为 $x = f^{-1}(y)$．

显然，反函数 $x = f^{-1}(y)$ 的定义域为 Z_f，值域为 D_f．

注 （1）习惯上一般用 x 表示自变量，用 y 表示因变量，因此一般将 $y = f(x)$ 的反函数 $x = f^{-1}(y)$ 记为 $y = f^{-1}(x)$．

（2）从图像上来看，在同一直角坐标系中函数 $y = f(x)$ 的图像与 $x = f^{-1}(y)$ 的图像重合；函数 $y=f(x)$ 的图像与 $y=f^{-1}(x)$ 的图像关于直线 $y=x$ 对称（见图 1-8）.

（3）不是每一个函数都存在反函数. 根据反函数的定义，容易知道，经过 y 轴上任一点作 x 轴的平行线，当这条直线与 $y=f(x)$ 的图像至多有一个交点时，$y=f(x)$ 一定存在反函数. 显然单调函数一定存在反函数.

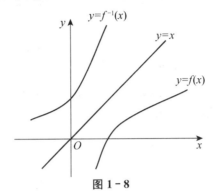

图 1-8

（4）有些函数不存在反函数，但是，如果限定 x 的取值范围，也可以定义反函数.

例如 $y=\sin x$ 在 $(-\infty,+\infty)$ 上没有反函数. 但是，如果限定 $x \in \left[-\dfrac{\pi}{2}, \dfrac{\pi}{2}\right]$，则 $y=\sin x$，$x \in \left[-\dfrac{\pi}{2}, \dfrac{\pi}{2}\right]$ 便存在反函数，此时任何平行于 x 轴的直线与 $y=\sin x$ 在 $x \in \left[-\dfrac{\pi}{2}, \dfrac{\pi}{2}\right]$ 上的图像至多有一个交点（见图 1-9）. 这个反函数称为**反正弦函数**，记为

$$y=\arcsin x.$$

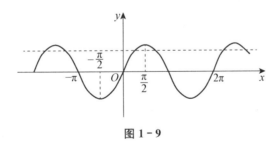

图 1-9

类似地，可定义反余弦函数 $y=\arccos x$，反正切函数 $y=\arctan x$，反余切函数 $y=\text{arccot} x$（见 1.5 节）.

1.4.2 复合函数

已知两个函数

$$y=f(u), \quad u \in D_f, \quad y \in Z_f,$$
$$u=\varphi(x), \quad x \in D_\varphi, \quad u \in Z_\varphi,$$

若 $D_f \cap Z_\varphi \neq \varnothing$，则可通过中间变量 u 将 $u=\varphi(x)$ 代入 $y=f(u)$，构成一个以 x 为自变量、y 为因变量的函数

$$y=f[\varphi(x)],$$

这个函数称为 $y=f(u)$ 与 $u=\varphi(x)$ 的**复合函数**.

这种将一个函数"代入"另一个函数的运算通常称为**复合**（运算）.

注 （1）如果 $u=\varphi(x)$ 的值域与 $y=f(u)$ 的定义域的交集是空集，则复合运算无法进行；

（2）复合函数的定义域为 $D=\{x\mid \varphi(x)\in D_f,\ x\in D_\varphi\}$；

（3）复合运算可以在多个函数间进行.

例如，$y=\mathrm{e}^{\sqrt{\sin x+1}}$ 可以看成 4 个函数 $y=\mathrm{e}^u$，$u=v^{\frac{1}{2}}$，$v=1+t$，$t=\sin x$ 复合的结果（后一个函数向前一个函数依次代入）.

例 1.4.1 求 $y=\arcsin\dfrac{1-x}{1+x}$ 的定义域.

解 $y=\arcsin\dfrac{1-x}{1+x}$ 由函数 $y=\arcsin u$ 和 $u=\dfrac{1-x}{1+x}$ 复合而成. $y=\arcsin u$ 的定义域为 $[-1,1]$，$u=\dfrac{1-x}{1+x}$ 的定义域是 $x\neq -1$ 的所有实数，所以 x 应满足

$$\begin{cases}-1\leqslant \dfrac{1-x}{1+x}\leqslant 1,\\ x\neq -1\end{cases}\quad 即 \begin{cases}\dfrac{1-x}{1+x}\leqslant 1\\ \dfrac{1-x}{1+x}\geqslant -1,\\ x\neq -1\end{cases}$$

解得 $x\geqslant 0$，所以 $y=\arcsin\dfrac{1-x}{1+x}$ 的定义域为 $[0,+\infty)$.

习题 1.4

1. 求下列函数的反函数及反函数的定义域：

（1）$y=1-\sqrt{1-x^2}\quad (x\geqslant 0)$；

（2）$y=2+\ln(3+x)$；

（3）$y=\mathrm{e}^{x^2}+1\quad (x\geqslant 0)$；

（4）$y=\dfrac{1-\sqrt{1+x}}{1+\sqrt{1+x}}$.

2. 下列各组函数中哪些可以复合？可以复合的求出复合函数的定义域.

（1）$u=\mathrm{e}^x$，$f(u)=\sqrt{u^2-1}$；

（2）$u=1+x$，$f(u)=\arcsin\left(\dfrac{1}{2}u\right)$；

（3）$u=\cos x-1$，$f(u)=\sqrt{u-\dfrac{1}{2}}$；

（4）$u=[x]$，$f(u)=\dfrac{1}{u+1}$.

3. 设某商品的需求函数为 $5p+2Q_d=200$，供给函数为 $p=\dfrac{4}{5}Q_s+10$，其中 p 表示价格，Q_d，Q_s 分别为需求量和供给量. 求均衡价格和均衡需求量（均衡价格：需求量与供

给量相等时的商品价格；均衡需求量：商品需求量与供给量相等时的需求量）.

4. 已知华氏温度（F）和摄氏温度（C）之间的转换公式为 $F=1.8C+32$，求：

（1）212℉的等价摄氏温度和 0℃的等价华氏温度；

（2）是否存在一个温度值，使华氏温度计和摄氏温度计的读数是一样的？如果存在，该温度值是多少？

1.5　基本初等函数

通常称下列六大类函数为基本初等函数. 这些函数在中学数学中已经学过，现进行简单复习.

1. 常函数

$$y=C \quad (C \text{ 为一常数}), \quad x \in (-\infty, +\infty).$$

其图像是一条平行于 x 轴的直线，如图 1-10 所示.

2. 幂函数

$$y=x^{\alpha} \quad (\alpha \in \mathbf{R}, \alpha \neq 0).$$

这类函数的定义域与 α 的取值有关. 但不论 α 取何值，函数在区间（0，$+\infty$）内总有定义.

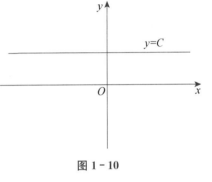

图 1-10

例如，当 α 为正整数时，定义域为（$-\infty$，$+\infty$）；当 α 为负整数时，定义域为（$-\infty$，0）$\cup$（0，$+\infty$）；如果 α 是无理数，则规定 $y=x^{\alpha}$ 的定义域为（0，$+\infty$）.

图 1-11（a）和（b）给出了几个主要的幂函数的图像.

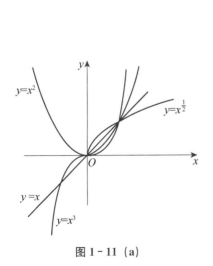

图 1-11（a）

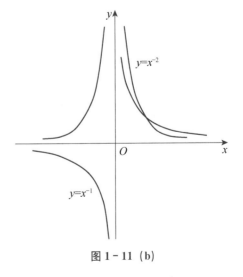

图 1-11（b）

3. 指数函数

$$y = a^x \quad (a > 0, a \neq 1).$$

它的定义域为 $(-\infty, +\infty)$，值域为 $(0, +\infty)$. 其图像见图 1-12（a）和（b）.

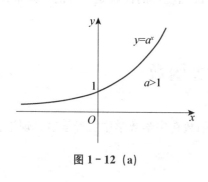

图 1-12 （a）

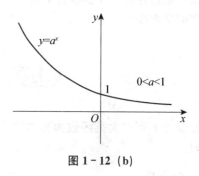

图 1-12 （b）

4. 对数函数

$$y = \log_a x \quad (a > 0, a \neq 1).$$

当 a 取无理数 e，即 $y = \log_e x$ 时，通常记为 $y = \ln x$，该对数称为自然对数.

对数函数是指数函数 $y = a^x$ 的反函数，定义域为 $(0, +\infty)$，值域为 $(-\infty, +\infty)$. 其图像见图 1-13 （a）和（b）.

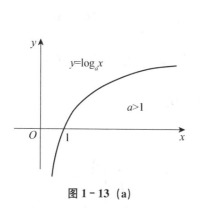

图 1-13 （a）

图 1-13 （b）

当 $a > 0$ 且 $a \neq 1$ 时，对数函数具有如下性质：

(1) $\log_a 1 = 0$，$\log_a a = 1$；

(2) $a^{\log_a x} = x \quad (x > 0)$（对数恒等式）；

(3) $\log_a(xy) = \log_a x + \log_a y \quad (x > 0, y > 0)$；

(4) $\log_a x = \dfrac{\log_b x}{\log_b a} \quad (b > 0, b \neq 1)$（换底公式）.

5. 三角函数

（1）正弦函数

$$y = \sin x,$$

定义域为 $(-\infty，+\infty)$，值域为 $[-1，1]$．其图像见图 1 - 14．

（2）余弦函数
$$y = \cos x，$$
定义域为 $(-\infty，+\infty)$，值域为 $[-1，1]$．其图像见图 1 - 15．

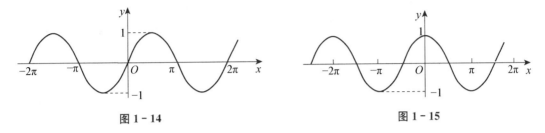

图 1 - 14　　　　　　　　　　　　　　图 1 - 15

（3）正切函数
$$y = \tan x，$$
定义域为 $\left\{x \mid x \neq k\pi + \dfrac{\pi}{2}，k \in \mathbf{Z}\right\}$，值域为 $(-\infty，+\infty)$．其图像见图 1 - 16．

（4）余切函数
$$y = \cot x，$$
定义域为 $\{x \mid x \neq k\pi，k \in \mathbf{Z}\}$，值域为 $(-\infty，+\infty)$．其图像见图 1 - 17．

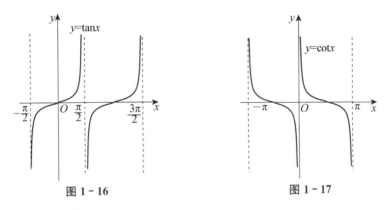

图 1 - 16　　　　　　　　　　　　　图 1 - 17

（5）正割函数
$$y = \sec x = \frac{1}{\cos x}，$$
定义域为 $\left\{x \mid x \neq k\pi + \dfrac{\pi}{2}，k \in \mathbf{Z}\right\}$，值域为 $(-\infty，-1] \bigcup [1，+\infty)$．其图像见图 1 - 18．

（6）余割函数
$$y = \csc x = \frac{1}{\sin x}，$$

定义域为 $\{x \mid x \neq k\pi, k \in \mathbf{Z}\}$，值域为 $(-\infty, -1] \bigcup [1, +\infty)$. 其图像见图 1-19.

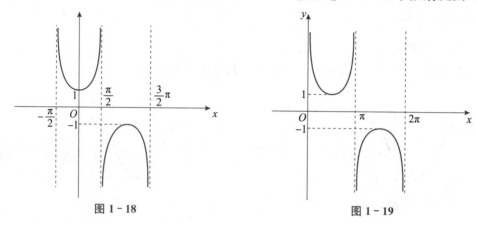

图 1-18　　　　　　　　　　图 1-19

6. 反三角函数

由于三角函数都是周期函数，对于值域中的任意一个 y，都有无穷多个 x 与之对应，因而不存在反函数. 但是如果对 x 进行限制，使得三角函数在该区间内单调，就可以定义反函数.

（1）反正弦函数

$$y = \arcsin x,$$

定义域为 $[-1, 1]$，值域为 $\left[-\dfrac{\pi}{2}, \dfrac{\pi}{2}\right]$. 其图像见图 1-20.

（2）反余弦函数

$$y = \arccos x,$$

定义域为 $[-1, 1]$，值域为 $[0, \pi]$. 其图像见图 1-21.

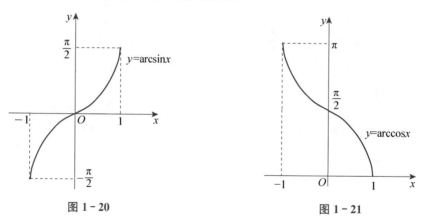

图 1-20　　　　　　　　　　图 1-21

（3）反正切函数

$$y = \arctan x,$$

定义域为 $(-\infty, +\infty)$，值域为 $\left(-\dfrac{\pi}{2}, \dfrac{\pi}{2}\right)$. 其图像见图 1-22.

（4）反余切函数

$$y=\text{arccot}x,$$

定义域为 $(-\infty,+\infty)$，值域为 $(0,\pi)$. 其图像见图 1-23.

由基本初等函数经有限次四则运算或复合运算得到的用一个式子表示的函数称为初等函数. 例如，函数 $y=\ln\arcsin^2(\sqrt{x}+1)$ 是初等函数，y 可以按以下基本初等函数及四则运算进行分解：

$$y=\ln u,\ u=v^2,\ v=\arcsin w,\ w=t+1,\ t=\sqrt{x}.$$

初等函数是微积分学研究的主要对象.

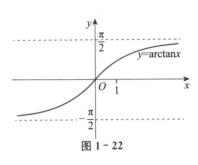

图 1-22

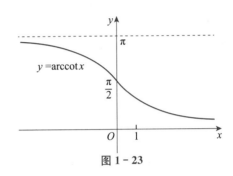

图 1-23

例 1.5.1　设有函数 $f(x)$，$g(x)$，且 $f(x)>0$，称形如 $f(x)^{g(x)}$ 的函数为幂指函数. 试将幂指函数 $y=f(x)^{g(x)}$ 化为初等函数形式.

解　$y=f(x)^{g(x)}=e^{\ln(f(x)^{g(x)})}=e^{g(x)\ln f(x)}$ 为所求的初等函数形式.

例 1.5.2　设函数 $y=\cos x$，$x\in[\pi,2\pi]$，求 y 的反函数及反函数的定义域.

微课

解　$\arccos y\in[0,\pi]$，而 $2\pi-\arccos y\in[\pi,2\pi]$，且

$$\cos(2\pi-\arccos y)=\cos(\arccos y)=y,$$

所以 $x=2\pi-\arccos y$，$y\in[-1,1]$，从而反函数为 $y=2\pi-\arccos x$，$x\in[-1,1]$.

例 1.5.2

 习题 1.5

1. 作出下列函数的图像：

（1）$y=|\sin x|$；　　　（2）$y=\sin|x|$；　　　（3）$y=2\sin\dfrac{x}{2}$.

2. 求下列函数的反函数及反函数的定义域.

（1）$y=\tan x$，$x\in\left(\dfrac{\pi}{2},\dfrac{3\pi}{2}\right)$；　　　　　（2）$y=3\sin 2x$，$x\in\left[0,\dfrac{\pi}{4}\right]$.

1.6 极坐标简介

1.6.1 极坐标系

刻画点在平面上的位置，直角坐标系是相对简单且比较常用的一种坐标系，但不是唯一的坐标系. 在有些情况下，利用直角坐标系解决问题非常烦琐，为此我们学习一种新的刻画点在平面中的位置的方法，即极坐标系. 它通过方向和距离来确定点在平面上的位置.

在平面上任取一个定点 O，称为**极点**，过点 O 引一条射线 Ox，称为**极轴**，再选定一个长度单位（如图 1-24 所示）. 对于平面内的任意一点 M，用 r 表示线段 OM 的长度，用 θ 表示从 Ox 到 OM 的角度，r 称为点 M 的**极径**，θ 称为点 M 的**极角**，有序数对 (r, θ) 称为 M 的**极坐标**. 这样建立的坐标系称为**极坐标系**.

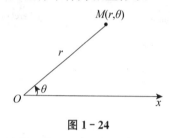

图 1-24

规定从极轴 Ox 开始，逆时针旋转时 θ 为正，顺时针旋转时 θ 为负，从而

$$-\infty < \theta < +\infty.$$

一般假定极径 $r \geqslant 0$.

建立极坐标系后，给定有序数对 (r, θ)，就可以在平面内唯一确定点 M；反过来，给定平面内的一点，也可以找到它的极坐标. 但与直角坐标系不同的是，平面内的一个点可以对应无穷多个极坐标（为什么?）. 如果限定

$$0 \leqslant \theta < 2\pi,$$

那么除极点外，平面内的点和极坐标就一一对应了.

1.6.2 极坐标系和直角坐标系的关系

平面内的一点可以有极坐标，也可以有直角坐标. 为了研究问题的方便，有时需要把一种坐标系转化为另一种坐标系. 为此，需要讨论极坐标系和直角坐标系之间的关系. 如图 1-25 所示，以直角坐标系的原点作为极点，以 x 轴正半轴作为极轴，并在两种坐标系中取相同的单位长度. 设 M 是平面中的任意一点，它的直角坐标为 (x, y)，极坐标为 (r, θ)，由点 M 向 x 轴引垂线，垂足为 N，容易推出

$$x = r\cos\theta, \quad y = r\sin\theta. \tag{1.6.1}$$

反过来

$$r=\sqrt{x^2+y^2}, \quad \tan\theta=\frac{y}{x}, \quad x\neq0. \tag{1.6.2}$$

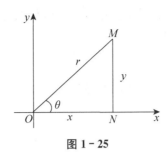

图 1 - 25

在一般情况下，由 $\tan\theta$ 确定角度 θ 时，可根据点 M 所在的象限取最小正角.

有了式（1.6.1）和式（1.6.2）后，极坐标系与直角坐标系之间的转换就比较简单了. 例如，圆心在原点、半径为 R 的圆的方程在直角坐标系下表示为 $x^2+y^2=R^2$，在极坐标系下可表示为

$$r=R.$$

圆心在 $(R，0)$、半径为 R 的圆的方程在直角坐标系下表示为 $(x-R)^2+y^2=R^2$，在极坐标系下可表示为

$$r=2R\cos\theta.$$

平面曲线在极坐标系下的方程一般记为

$$r=r(\theta) \quad \text{或} \quad \varphi(r,\theta)=0.$$

习题 1.6

1. 在极坐标系下画出下列点：

(1) $(1，\pi)$;　　　(2) $(2，0)$;　　　(3) $\left(1，\dfrac{3\pi}{4}\right)$;　　　(4) $\left(2，-\dfrac{\pi}{4}\right)$.

2. 写出下列曲线的直角坐标方程，并画出图形：

(1) $r=2$;　　　(2) $r=\csc\theta$;　　　(3) $r=3\sin\theta$;　　　(4) $r^2\cos(2\theta)=16$.

3. 写出下列曲线的极坐标方程：

(1) $x=2$;　　　　　　　(2) $x^2+y^2=x$;

(3) $x+y=1$;　　　　　　(4) $x^2+y^2-ax=a\sqrt{x^2+y^2}$.

本章小结

本章简要介绍了实数与实数集以及邻域的概念. 微积分研究的主要对象是函数，本章描述了函数的定义、基本特性（奇偶性、单调性、周期性、有界性），给出了反函数与复

合函数的定义与求法，并详细讨论了六大类基本初等函数及其图像，最后简单介绍了极坐标的基本概念.

函数有界性的判别、函数复合的前提以及复合函数的合成与分解、基本初等函数的基本特性及其图像是需要熟练掌握的.

总复习题 1

1. 求下列函数的定义域：

(1) $y=\begin{cases} \cos x, & x\leqslant 1 \\ \ln(x^2-1), & 1<x\leqslant 4 \end{cases}$；

(2) $y=\sqrt{\sin x}+\ln(16-x^2)$.

2. 判断下列函数是否相同，并说明理由：

(1) $y=\arcsin(\sin x)$ 与 $y=x$；

(2) $y=\ln(x^2-4x-5)$ 与 $y=\ln(x+1)+\ln(x-5)$.

3. 设 $f(x)=\dfrac{2^x-1}{2^x+1}$，求 $f(0)$，$f(1)$，$f\left(\dfrac{1}{x}\right)$，$f(-x)$.

4. 将下列函数按基本初等函数复合及四则运算进行分解：

(1) $y=\sin(\ln x)$；

(2) $y=e^{\cos^2 x}$；

(3) $y=\arcsin^2(2x-1)$；

(4) $y=\sqrt{x^2+\ln x}$.

5. 设 $y=f(x)$ 的定义域为 $[0，1]$，求下列函数的定义域：

(1) $f(x^2)$；

(2) $f(\ln x)$.

6. 设 $f(x)=\begin{cases} 1, & 0\leqslant x\leqslant 1 \\ 2, & 1<x\leqslant 2 \end{cases}$，试求解下列问题：

(1) 画出 $f(x)$ 的图像；

(2) 令 $g(x)=f(2x)$，求 $g(x)$ 的定义域；

(3) 令 $h(x)=f(2x)-f(x-2)$，求 $h(x)$ 的定义域.

7. 设 $f(x)=\begin{cases} 1, & |x|\leqslant 1 \\ 0, & |x|>1 \end{cases}$，求 $f[f(x)]$.

8. 设 $f\left(x+\dfrac{1}{x}\right)=x^2+\dfrac{1}{x^2}$，试求 $f(x)$.

9. 已知 $f(x)=\sin x$，$f[\varphi(x)]=1-x^3$，其中 $|\varphi(x)|<\dfrac{\pi}{2}$，试求 $\varphi(x)$.

10. 已知 $af(x)+bf\left(\dfrac{1}{x}\right)=cx$ $(a^2-b^2\neq 0)$，试证明 $f(x)$ 是奇函数.

11. 已知 $f(x)$ 是 $[a，b]$ 和 $[b，c]$ 上的单调递增函数，试证明 $f(x)$ 为区间 $[a，c]$ 上的单调递增函数.

12. 某工厂生产某种产品 2 000 个，每个定价 50 元. 如果销售量不超过 1 000 个，则按照原价出售；如果超过 1 000 个，则超出部分按照 8 折出售. 试将总收益（总收益＝单价×销售量）表示为销售量的函数.

第2章　极限与连续

函数是微积分学研究的主要对象，极限是微积分学研究函数的一种重要工具。极限理论是微积分学的理论基础，极限方法是微积分学的基本方法。连续也是微积分学中的基本概念之一，函数的连续性与函数的极限有着密切的联系。本章从数列极限的概念入手，讨论函数极限的概念、极限的性质及其运算方法，最后给出函数连续性的概念与性质。

2.1　数列的极限

2.1.1　数列的定义

定义域为正整数集合的函数称为整标函数，记作 $f(n)$，或记作 a_n，u_n 等。

定义 2.1.1 当自变量 n 按正整数顺序依次取值时，整标函数 u_n 的相应取值构成的有序数串

$$u_1,\ u_2,\ \cdots,\ u_n,\ \cdots,$$

称为数列，记作 $\{u_n\}$，其中 u_n 称为数列的"一般项"或者"通项"。例如

(1) $\left\{\dfrac{1}{n}\right\}$：$1,\ \dfrac{1}{2},\ \dfrac{1}{3},\ \cdots,\ \dfrac{1}{n},\ \cdots$；

(2) $\left\{\dfrac{(-1)^n}{n+1}\right\}$：$-\dfrac{1}{2},\ \dfrac{1}{3},\ -\dfrac{1}{4},\ \cdots,\ \dfrac{(-1)^n}{n+1},\ \cdots$；

(3) $\left\{\dfrac{n+1}{n}\right\}$：$\dfrac{2}{1},\ \dfrac{3}{2},\ \dfrac{4}{3},\ \cdots,\ \dfrac{n+1}{n},\ \cdots$；

(4) $\{(-1)^n\}$：$-1,\ 1,\ -1,\ \cdots,\ (-1)^n,\ \cdots$.

观察上述例子可以发现，随着 n 的无限增大，数列（1）、（2）无限接近于数 0，数列（3）无限接近于数 1，从而前三个数列都无限接近于某一个常数 A，即"当 n 无限增大时，u_n 与某个常数 A 的差无限接近于 0"。至于数列（4），则在数值 −1 和 1 之间来回振荡。通过上面的例子，可以给出数列极限的定义。

2.1.2　数列的极限

为了引入数列极限的严格定义，对数列（3）作进一步的考察.

当 $n \to \infty$（即 n 无限增大，读作 n 趋于无穷大）时，u_n 与 1 的距离 $|u_n - 1| = \dfrac{1}{n}$ 可以任意小，要多小就可以有多小（此时称为 u_n 趋于 1，或 u_n 无限接近于 1）.

比如说，要使得 $|u_n - 1| = \dfrac{1}{n} < 0.1$，只需 $n > \dfrac{1}{0.1} = 10$ 就可以了；

要使得 $|u_n - 1| = \dfrac{1}{n} < 0.01$，只需 $n > \dfrac{1}{0.01} = 100$ 就可以了；

要使得 $|u_n - 1| = \dfrac{1}{n} < 0.001$，只需 $n > \dfrac{1}{0.001} = 1\,000$ 就可以了.

……

由此可见，对于任意小的正数 ε，要使得

$$\left| \frac{n+1}{n} - 1 \right| = \frac{1}{n} < \varepsilon,$$

只需 $n > \left[\dfrac{1}{\varepsilon} \right]$（这里 $\left[\dfrac{1}{\varepsilon} \right]$ 表示不超过 $\dfrac{1}{\varepsilon}$ 的最大整数），令 $N = \left[\dfrac{1}{\varepsilon} \right]$，则数列从第 $N+1$ 项开始，以后各项都满足 $|u_n - 1| < \varepsilon$，此时称当 $n \to \infty$ 时，数列 $\left\{ \dfrac{n+1}{n} \right\}$ 以 1 为极限. 数列极限的严格分析定义如下.

定义 2.1.2　设有数列 $\{u_n\}$ 和常数 A，对于任意给定的 $\varepsilon > 0$，存在正整数 N，使得当 $n > N$ 时，恒有

$$|u_n - A| < \varepsilon$$

成立，则称数列 $\{u_n\}$ 以 A 为极限，记作

$$\lim_{n \to \infty} u_n = A \text{ 或 } u_n \to A \quad (n \to \infty).$$

注　（1）定义 2.1.2 中的 ε 刻画了 u_n 与 A 之间的接近程度，N 刻画了 n 需要增大到什么程度，它与 ε 的取值有关. 当 n 取第 N 项以后的各项时，u_n 与 A 的距离小于 ε，而 ε 可以任意小，这正是数列 $\{u_n\}$ 中的各项随着 n 的增大无限接近于 A 的精确刻画.

（2）如果一个数列有极限，则称这个数列是收敛的，否则，称其**发散**. 例如数列 $\{(-1)^n\}$ 在 -1 和 1 之间来回振荡，极限不存在，所以称它是发散的.

（3）一个数列收敛与否，与这个数列的有限项无关，也就是说，添加、去掉或改变数列的有限项不影响数列的敛散性.

例 2.1.1　利用分析定义证明 $\lim\limits_{n \to \infty} \dfrac{2n + (-1)^n}{n} = 2$ 成立.

证　对于任意的 $\varepsilon > 0$，要使得

$$\left|\frac{2n+(-1)^n}{n}-2\right|=\frac{1}{n}<\varepsilon$$

成立，只需 $n>\dfrac{1}{\varepsilon}$ 成立，取 $N=\left[\dfrac{1}{\varepsilon}\right]$，则当 $n>N$ 时，恒有

$$\left|\frac{2n+(-1)^n}{n}-2\right|<\varepsilon$$

成立，根据数列极限的定义有

$$\lim_{n\to\infty}\frac{2n+(-1)^n}{n}=2.$$

例 2.1.2　利用分析定义证明：当 $|a|<1$ 时，有

$$\lim_{n\to\infty}a^n=0. \tag{2.1.1}$$

证　当 $a=0$ 时，结论显然成立. 当 $a\neq0$ 时，对于任意的 $\varepsilon>0$（不妨设 $\varepsilon<1$），要使得

$$|a^n-0|=|a^n|<\varepsilon$$

成立，只需

$$n\ln|a|<\ln\varepsilon$$

成立，即 $n>\dfrac{\ln\varepsilon}{\ln|a|}$，取 $N=\left[\dfrac{\ln\varepsilon}{\ln|a|}\right]$，当 $n>N$ 时，恒有

$$|a^n-0|<\varepsilon$$

成立，由数列极限的定义知

$$\lim_{n\to\infty}a^n=0.$$

微课

例 2.1.2

2.1.3　子数列

定义 2.1.3　从数列 $\{u_n\}$ 中抽取无穷多项，在不改变原有次序的情况下构成的新数列称为数列 $\{u_n\}$ 的**子数列**，简称**子列**，记作

$$\{u_{n_k}\}:u_{n_1},u_{n_2},\cdots,u_{n_k},\cdots,$$

其中 n_k 表示 u_{n_k} 在原数列 $\{u_n\}$ 中的位置，k 表示 u_{n_k} 在子列中的位置. 显然 $n_k\geq k$.

下面的定理给出了数列 $\{u_n\}$ 与子数列 $\{u_{n_k}\}$ 的收敛性之间的关系.

定理 2.1.1　（1）对于数列 $\{u_n\}$，$\lim\limits_{n\to\infty}u_n=A$ 的充要条件是对 $\{u_n\}$ 的任何子数列 $\{u_{n_k}\}$ 有

$$\lim_{k\to\infty}u_{n_k}=A.$$

（2）对于数列 $\{u_n\}$，$\lim\limits_{n\to\infty}u_n=A$ 的充要条件是偶数子列 $\{u_{2k}\}$ 和奇数子列 $\{u_{2k+1}\}$ 满足

$$\lim\limits_{k\to\infty}u_{2k}=\lim\limits_{k\to\infty}u_{2k+1}=A.$$

例如，对于数列 $\{(-1)^n\}$，奇数子列为 $\{-1\}$，奇数子列收敛到 -1；偶数子列为 $\{1\}$，偶数子列收敛到 1. 由定理 2.1.1 的结论（2）可知，数列 $\{(-1)^n\}$ 发散.

习题 2.1

1. 观察当 $n\to\infty$ 时，下列数列的变化趋势. 若收敛，写出它们的极限.

（1）0，$\dfrac{1}{3}$，$\dfrac{2}{4}$，$\dfrac{3}{5}$，$\cdots$，$\dfrac{n-1}{n+1}$，$\cdots$；

（2）$\cos(\pi+x)$，$\cos(2\pi+x)$，$\cdots$，$\cos(n\pi+x)$，$\cdots$；

（3）1，$\dfrac{1}{2}$，3，$\dfrac{1}{4}$，$\cdots$，$2n-1$，$\dfrac{1}{2n}$，$\cdots$；

（4）1，$\dfrac{1}{2^a}$，$\cdots$，$\dfrac{1}{n^a}$，$\cdots$（α 为实数）.

2. 利用数列极限的定义证明下列极限成立：

（1）$\lim\limits_{n\to\infty}\dfrac{1}{\sqrt{n}}=0$；　　（2）$\lim\limits_{n\to\infty}\dfrac{n}{2n+1}=\dfrac{1}{2}$.

3. 下列说法哪些是 $\lim\limits_{n\to\infty}x_n=a$ 的充分必要条件？试说明理由.

（1）任取 $\varepsilon>0$，$\{x_n\}$ 中有无穷多项满足 $|x_n-a|<\varepsilon$；

（2）任取 $\varepsilon>0$，$\{x_n\}$ 中仅有有限多项不在区间 $(a-\varepsilon,a+\varepsilon)$ 内；

（3）取 $\varepsilon=1$，$\exists N>0$，当 $n>N$ 时，$|x_n-a|<\varepsilon$.

4. 如果 $\lim\limits_{n\to\infty}a_n=a$，证明 $\lim\limits_{n\to\infty}|a_n|=|a|$，并说明其逆命题是否正确.

5. 证明定理 2.1.1 中的结论（2）.

2.2　函数的极限

数列的极限刻画了当 $n\to\infty$ 时，整标函数 u_n 的变化趋势，本节讨论一般函数极限的概念. 函数的极限刻画的是在自变量 x 的某个变化过程中，函数 $y=f(x)$ 的变化趋势.

2.2.1　当 $x\to\infty$ 时函数 $f(x)$ 的极限

考察函数 $y=f(x)=\mathrm{e}^{-|x|}$，当 $|x|\to+\infty$ 时，$y=f(x)$ 无限接近于 0，如图 2-1 所示，此时称当 $x\to\infty$ 时，函数 $y=\mathrm{e}^{-|x|}$ 的极限为 0，记作 $\lim\limits_{x\to\infty}\mathrm{e}^{-|x|}=0$. 严格的分析定义如下.

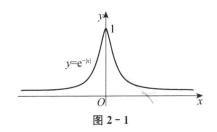

图 2 - 1

定义 2.2.1 设函数 $y=f(x)$ 当 $|x|$ 大于某一正数时有定义，若有常数 A，对于任意给定的 $\varepsilon > 0$，存在正数 X，使得当 $|x| > X$ 时，恒有 $|f(x)-A| < \varepsilon$ 成立，则称当 $x \to \infty$ 时，$y=f(x)$ 的极限为 A，记作

$$\lim_{x \to \infty} f(x) = A \ 或 f(x) \to A \quad (x \to \infty).$$

注 定义中的 ε 刻画了 $f(x)$ 与 A 的接近程度，X 刻画了需要 x 增大的程度，或者说 $|x|$ 需要增大到的某个"时刻"，一般地，X 与 ε 的取值有关.

$\lim\limits_{x \to \infty} f(x) = A$ 的几何解释如图 2 - 2 所示：

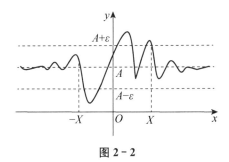

图 2 - 2

对任意给定的 $\varepsilon > 0$，总存在 $X > 0$，当 $|x| > X$ 时，函数 $y=f(x)$ 的图像位于直线 $y=A-\varepsilon$ 与 $y=A+\varepsilon$ 之间.

下面考虑函数 $y=\arctan x$，如图 1 - 22 所示，当 $x \to \infty$ 时，函数极限不存在. 但是，当 $x \to +\infty$ 时，y 无限地接近于 $\dfrac{\pi}{2}$；当 $x \to -\infty$ 时，y 无限地接近于 $-\dfrac{\pi}{2}$. 此时称当 $x \to +\infty$ 时，函数 $y=\arctan x$ 的极限为 $\dfrac{\pi}{2}$；当 $x \to -\infty$ 时，函数 $y=\arctan x$ 的极限为 $-\dfrac{\pi}{2}$. 分别记作

$$\lim_{x \to +\infty} \arctan x = \frac{\pi}{2}, \quad \lim_{x \to -\infty} \arctan x = -\frac{\pi}{2}.$$

一般地，当 $x \to +\infty$ 时，函数 $y=f(x)$ 与常数 A 无限接近，记作

$$\lim_{x \to +\infty} f(x) = A \ 或 f(x) \to A \quad (x \to +\infty).$$

当 $x \to -\infty$ 时，函数 $y=f(x)$ 与常数 A 无限接近，记作

$$\lim_{x\to -\infty} f(x)=A \text{ 或 } f(x)\to A \quad (x\to -\infty).$$

其严格的分析定义只需将定义 2.2.1 中的 $|x|$ 分别换成 x 与 $-x$ 即可.

例 2.2.1 用分析定义证明 $\lim\limits_{x\to\infty}\dfrac{x+3}{x+1}=1$ 成立.

证 对于任意的 $\varepsilon>0$，要使

$$\left|\frac{x+3}{x+1}-1\right|=\left|\frac{2}{x+1}\right|<\varepsilon,$$

即

$$|x+1|>\frac{2}{\varepsilon},$$

只需

$$|x|>\frac{2}{\varepsilon}+1,$$

取 $X=\dfrac{2}{\varepsilon}+1$，则当 $|x|>X$ 时，恒有

$$\left|\frac{x+3}{x+1}-1\right|<\varepsilon,$$

根据函数极限的定义有

$$\lim_{x\to\infty}\frac{x+3}{x+1}=1.$$

例 2.2.2 用分析定义证明 $\lim\limits_{x\to +\infty}\arctan x=\dfrac{\pi}{2}$ 成立.

证 对于任意的 $\varepsilon>0$，要使

$$\left|\arctan x-\frac{\pi}{2}\right|<\varepsilon,$$

即

$$\arctan x>\frac{\pi}{2}-\varepsilon,$$

可化为

$$x>\tan\left(\frac{\pi}{2}-\varepsilon\right)=\cot\varepsilon,$$

取 $X=\cot\varepsilon$，则当 $x>X$ 时，恒有

$$\left|\arctan x-\frac{\pi}{2}\right|<\varepsilon,$$

根据函数极限的定义有

$$\lim_{x\to+\infty}\arctan x=\frac{\pi}{2}.$$

定理 2.2.1 极限 $\lim\limits_{x\to\infty}f(x)$ 存在且等于 A 的充分必要条件为

$$\lim_{x\to+\infty}f(x)=\lim_{x\to-\infty}f(x)=A.$$

有兴趣的读者可以利用分析定义给出定理 2.2.1 的证明过程.

例 2.2.3 讨论极限 $\lim\limits_{x\to\infty}\arctan x$ 是否存在.

解 因为

$$\lim_{x\to+\infty}\arctan x=\frac{\pi}{2},\qquad \lim_{x\to-\infty}\arctan x=-\frac{\pi}{2},$$

所以 $\lim\limits_{x\to\infty}\arctan x$ 不存在.

2.2.2 当 $x\to x_0$ 时函数 $f(x)$ 的极限

如图 2-1 所示,当 x 趋近于 0 时, $y=f(x)=\mathrm{e}^{-|x|}$ 与 1 无限接近,即 $\mathrm{e}^{-|x|}$ 与 1 的距离 $|\mathrm{e}^{-|x|}-1|$ 趋近于 0,这时称当 $x\to0$ 时, $y=\mathrm{e}^{-|x|}$ 的极限为 1,记作 $\lim\limits_{x\to0}\mathrm{e}^{-|x|}=1$.

严格的分析定义表述如下.

定义 2.2.2 设函数 $y=f(x)$ 在 x_0 的某个去心邻域内有定义,若存在常数 A,对于任意给定的 ε,存在 $\delta>0$,当 $0<|x-x_0|<\delta$ 时,恒有 $|f(x)-A|<\varepsilon$ 成立,则称当 $x\to x_0$ 时 $y=f(x)$ 的极限为 A,记作

$$\lim_{x\to x_0}f(x)=A \quad 或 \quad f(x)\to A(x\to x_0).$$

注 (1) 定义中的 ε 刻画了 $f(x)$ 与 A 的距离需要小到的程度, δ 刻画了 x 从 x_0 的两侧需要趋近 x_0 的某个"时刻",一般地, δ 与 ε 的取值有关.

(2) δ 刻画的是以 x_0 为中心的去心领域,表明函数 $f(x)$ 在点 x_0 处的极限与该点的定义无关. 极限 $\lim\limits_{x\to x_0}f(x)=A$ 的几何解释如图 2-3 所示:对任意给定的 $\varepsilon>0$,总存在 $\delta>0$,使得当 $0<|x-x_0|<\delta$ 时,函数 $y=f(x)$ 的图像位于直线 $y=A-\varepsilon$ 与 $y=A+\varepsilon$ 之间.

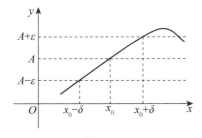

图 2-3

考察函数 $y=a^x$（$a>0$，$a\neq1$）. 从图 1-12 中可以看到，当 x 从 0 的右侧无限趋于 0 时，对应的函数值与 1 的距离 $|a^x-1|$ 无限接近于 0，这时称当 $x\to0^+$ 时，a^x 的极限为 1，记作 $\lim\limits_{x\to0^+}a^x=1$.

一般地，当 x 从 x_0 的右侧无限接近于 x_0 时，函数 $y=f(x)$ 与常数 A 无限接近，则称函数 $y=f(x)$ 当 $x\to x_0$ 时的**右极限**为 A，记作

$$\lim_{x\to x_0^+}f(x)=A \text{ 或 } f(x)\to A \quad (x\to x_0^+),$$

有时也记作 $f(x_0+0)=A$.

当 x 从 x_0 的左侧无限接近于 x_0 时，函数 $y=f(x)$ 与常数 A 无限接近，则称函数 $y=f(x)$ 当 $x\to x_0$ 时的**左极限**为 A，记作

$$\lim_{x\to x_0^-}f(x)=A \text{ 或 } f(x)\to A \quad (x\to x_0^-),$$

有时也记作 $f(x_0-0)=A$.

左极限与右极限统称为**单侧极限**，其严格的分析定义只需将定义 2.2.2 中的 $0<|x-x_0|<\delta$ 分别换成 $0<x-x_0<\delta$ 或 $-\delta<x-x_0<0$ 即可.

对于左极限 $\lim\limits_{x\to x_0^-}f(x)$、右极限 $\lim\limits_{x\to x_0^+}f(x)$ 以及极限 $\lim\limits_{x\to x_0}f(x)$，也有类似于定理 2.2.1 的结论.

定理 2.2.2 极限 $\lim\limits_{x\to x_0}f(x)$ 存在且等于 A 的充分必要条件为左、右极限都存在且都等于 A，即

$$\lim_{x\to x_0^-}f(x)=\lim_{x\to x_0^+}f(x)=A.$$

有兴趣的读者可以利用分析定义给出定理 2.2.2 的证明过程.

例 2.2.4 证明 $\lim\limits_{x\to1}\ln x=0$.

证 对于任意的 $\varepsilon>0$，要使

$$|\ln x-0|<\varepsilon,$$

即

$$-\varepsilon<\ln x<\varepsilon,$$

需满足

$$e^{-\varepsilon}-1<x-1<e^\varepsilon-1,$$

取 $\delta=\min\{1-e^{-\varepsilon}, e^\varepsilon-1\}$，因为 $0<1-e^{-\varepsilon}=\dfrac{e^\varepsilon-1}{e^\varepsilon}<e^\varepsilon-1$，所以 $\delta=1-e^{-\varepsilon}$.

当 $0<|x-1|<\delta$ 时，恒有

$$|\ln x-0|<\varepsilon$$

微课

例 2.2.4

成立，所以
$$\lim_{x\to 1}\ln x=0.$$

*例 2.2.5 证明 $\lim_{x\to x_0}x^2=x_0^2$.

证 由于
$$|x^2-x_0^2|=|(x-x_0)(x+x_0)|\leqslant|x-x_0|(|x|+|x_0|),$$
不妨设 $x\in(x_0-1,x_0)\bigcup(x_0,x_0+1)$，即 $0<|x-x_0|<1$.

记 $M=\max\{|x_0-1|,|x_0+1|\}$，则 $|x^2-x_0^2|\leqslant 2M|x-x_0|$，则对任意的 $\varepsilon>0$，要使 $|x^2-x_0^2|<\varepsilon$，只需 $2M|x-x_0|<\varepsilon$，即 $|x-x_0|<\dfrac{\varepsilon}{2M}$.

取 $\delta=\min\left\{1,\dfrac{\varepsilon}{2M}\right\}$，当 $0<|x-x_0|<\delta$ 时，有 $|x^2-x_0^2|<\varepsilon$ 恒成立，所以 $\lim_{x\to x_0}x^2=x_0^2$.

一般地，利用分析定义可以证明：设 $f(x)$ 是基本初等函数，D 为其定义域，则对任意 $x_0\in D$，有 $\lim_{x\to x_0}f(x)=f(x_0)$.

例如，$\lim_{x\to x_0}\mathrm{e}^x=\mathrm{e}^{x_0}$，$\lim_{x\to x_0}\ln x=\ln x_0\ (x_0>0)$，$\lim_{x\to x_0}\sin x=\sin x_0$.

例 2.2.6 已知函数

$$f(x)=\begin{cases}\mathrm{e}^x, & x\leqslant 0\\ x^3, & x>0\end{cases},$$

讨论 $\lim_{x\to 0}f(x)$ 是否存在.

解 如图 2-4 所示，
$$\lim_{x\to 0^-}f(x)=\lim_{x\to 0^-}\mathrm{e}^x=1,$$
$$\lim_{x\to 0^+}f(x)=\lim_{x\to 0^+}x^3=0,$$
由于左右极限不相等，所以 $\lim_{x\to 0}f(x)$ 不存在.

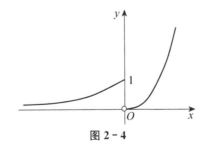

图 2-4

2.2.3 一般变量的极限的定义

因为数列和函数都可以看作变量，因此无论数列的极限还是函数的极限都可以看作"变量的极限". $n\to\infty$，$x\to\infty$，$x\to x_0$ 等取极限的方式可以统称为"变化过程"，上述各种极限的定义可以统一到如下定义中.

定义 2.2.3 设有变量 Y 和常数 A，如果对于任意的 $\varepsilon > 0$，存在某个时刻，使得在该时刻以后恒有 $|Y-A| < \varepsilon$ 成立，则称变量 Y 在此变化过程中以 A 为极限，记作

$$\lim Y = A \text{ 或 } Y \to A.$$

注 定义 2.2.3 中"存在某个时刻""在该时刻以后"对于不同的变化过程具有不同的含义. 例如，

(1) 对于 $n \to \infty$ 而言，"存在某个时刻"是指存在正整数 N，"在该时刻以后"是指"当 $n > N$ 时".

(2) 对于 $x \to +\infty$ 而言，"存在某个时刻"是指"存在 $X > 0$"，"在该时刻以后"是指"当 $x > X$ 时".

(3) 对于 $x \to x_0$ 而言，"存在某个时刻"是指"存在 $\delta > 0$"，"在该时刻以后"是指"当 $0 < |x - x_0| < \delta$ 时". 等等.

今后，约定凡是对于各种极限皆适用的定义或定理都可以使用变量极限的记号 $\lim Y$. 显然

$$\lim C = C,$$

其中 C 为任意常数.

习题 2.2

1. 如图 2-5 所示，试求 $\lim\limits_{x \to -1} f(x)$，$\lim\limits_{x \to 0} f(x)$，$\lim\limits_{x \to 1} f(x)$，$\lim\limits_{x \to 2} f(x)$，$\lim\limits_{x \to 3^-} f(x)$.

2. 利用极限的分析定义证明下列函数的极限成立：

(1) $\lim\limits_{x \to 2}(x+1) = 3$；

(2) $\lim\limits_{x \to -2} \dfrac{x^2-4}{x+2} = -4$；

(3) $\lim\limits_{x \to \infty} \dfrac{x^2-1}{2x^2+2} = \dfrac{1}{2}$；

(4) $\lim\limits_{x \to \infty} \dfrac{\sin x}{x} = 0$.

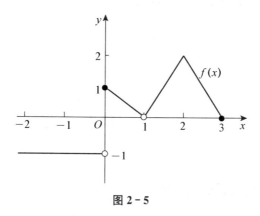

图 2-5

3. 已知当 $x \to 2$ 时，$y = x^2 \to 4$，要使得当 $|x-2| < \delta$ 时，$|y-4| < 0.001$，δ 应满足

什么条件?

4. 证明极限 $\lim\limits_{x\to 0}\dfrac{|x|}{x}$ 不存在.

2.3 无穷小量与无穷大量

2.3.1 无穷小量的概念

定义 2.3.1 以 0 为极限的变量称为**无穷小量**，简称无穷小.

例如，因为 $\lim\limits_{x\to 1}\ln x=0$，所以当 $x\to 1$ 时，$\ln x$ 为无穷小量；因为 $\lim\limits_{n\to\infty}\left(\dfrac{1}{2}\right)^n=0$，所以当 $n\to\infty$ 时，$\left(\dfrac{1}{2}\right)^n$ 为无穷小量.

注 (1) 无穷小量是相对于自变量的某个变化过程而言的. 例如当 $x\to 0$ 时，$2x^3$ 为无穷小量，但当 $x\to 1$ 时，$2x^3$ 不是无穷小量.

(2) 绝对值很小的数与无穷小量是不同的，无穷小量是在某个变化过程中极限为 0 的变量，除 0 以外，常数都不是无穷小量.

下面的定理给出了极限与无穷小量之间的关系.

定理 2.3.1 $\lim Y=A$ 的充要条件是 $Y=A+\alpha$，其中 α 是同一变化过程中的无穷小量.

证 （充分性）设有 $Y=A+\alpha$，其中 α 是与 Y 在同一个变化过程中的无穷小量，则对于任意的 $\varepsilon>0$，存在某个时刻，使得在该时刻以后恒有

$$|\alpha-0|=|Y-A|<\varepsilon$$

成立，根据变量极限的定义，有

$$\lim Y=A.$$

（必要性）设有 $\lim Y=A$，则对于任意的 $\varepsilon>0$，存在某个时刻，使得在该时刻以后恒有 $|Y-A|<\varepsilon$ 成立，从而

$$|(Y-A)-0|<\varepsilon.$$

于是，由无穷小量的定义 2.3.1 可知，$Y-A$ 为无穷小量，记 $\alpha=Y-A$，则有

$$Y=A+\alpha.$$

2.3.2 无穷小量的性质

首先，给出一般变量有界性的定义，在此基础上讨论无穷小量的性质.

定义 2.3.2 如果存在某个正数 $M>0$，满足 $|Y|\leqslant M$，则称 Y 是**有界的**. 如果存在某个正数 $M>0$，使得某时刻后变量 Y 总有 $|Y|\leqslant M$，则称变量 Y 是**局部有界的**.

定理 2.3.2 （1）若 α，β 是同一变化过程中的无穷小量，则 $\alpha \pm \beta$，$\alpha\beta$ 也是无穷小量.

（2）若 α 是无穷小量，Y 是对应于 α 的同一变化过程中的局部有界变量，则 αY 是无穷小量.

（3）若 α 是无穷小量，$\lim Y = A$（$A \neq 0$），则 $\dfrac{\alpha}{Y}$ 为无穷小量.

这里只给出性质（2）的证明，其他性质的证明请读者自己给出.

证 因为 Y 是对应于 α 的同一变化过程中的局部有界变量，所以存在某个正数 M，使得在该范围内 $|Y| \leqslant M$ 成立. 因为 α 是无穷小量，所以对于任意 $\varepsilon > 0$，存在某个时刻，在该时刻以后，恒有

$$|\alpha| < \frac{\varepsilon}{M}.$$

于是在该时刻以后恒有

$$|\alpha Y| < \frac{\varepsilon}{M} \cdot M = \varepsilon$$

成立. 因此 αY 是无穷小量.

推论 2.3.1 常量与无穷小量的乘积是无穷小量.

例 2.3.1 求 $\lim\limits_{x \to \infty} \dfrac{\arctan x}{x}$.

解 简单整理有

$$\lim_{x \to \infty} \frac{\arctan x}{x} = \lim_{x \to \infty} \frac{1}{x} \arctan x,$$

虽然 $\lim\limits_{x \to \infty} \arctan x$ 不存在，但 $\arctan x$ 是有界变量，而 $\lim\limits_{x \to \infty} \dfrac{1}{x} = 0$，因此

$$\lim_{x \to \infty} \frac{\arctan x}{x} = 0.$$

2.3.3 无穷大量的概念

考察当 $x \to 0$ 时，函数 $f(x) = \dfrac{1}{x}$，$g(x) = \dfrac{1}{x^2}$，$h(x) = -\dfrac{1}{x^2}$ 的变化趋势. 当 $x \to 0$ 时，上述三个函数的极限虽然都不存在，但它们的变化趋势是明显的. 当 $x \to 0$ 时，函数的绝对值都无限增大，对于这种情况，借用函数极限的记法表示它们的变化趋势，分别记作

$$\lim_{x \to 0} \frac{1}{x} = \infty, \quad \lim_{x \to 0} \frac{1}{x^2} = +\infty, \quad \lim_{x \to 0} \left(-\frac{1}{x^2} \right) = -\infty.$$

分别称上述三个函数当 $x \to 0$ 时的极限为无穷大、正无穷大、负无穷大.

值得注意的是，上述三个函数的极限是不存在的，只是借用极限的记法和读法表明它们的变化趋势.

定义 2.3.3 如果变量 Y 在某个变化过程中，对于任意的 $M>0$，存在某个时刻，使得在该时刻以后恒有 $|Y|>M$ 成立，则称 Y 为**无穷大量**，简称**无穷大**，记作

$$\lim Y=\infty \ \text{或} \ Y\to\infty.$$

类似地，可以给出正无穷大量、负无穷大量的定义.

例如，当 $x\to1$ 时，$\dfrac{1}{x-1}$ 为无穷大量；当 $n\to\infty$ 时，$2n^3$ 和 $\sqrt{n}$ 都为正无穷大量，$-2n$ 和 $1-n^2$ 都为负无穷大量.

无穷大量和无穷小量之间有着非常密切的关系.

定理 2.3.3 在同一变化过程中，

(1) 若变量 Y 为无穷大量，则 $\dfrac{1}{Y}$ 为无穷小量.

(2) 若变量 Y 为无穷小量（$Y\neq0$），则 $\dfrac{1}{Y}$ 为无穷大量.

因此，无穷大量的一些性质可以通过无穷小量进行讨论.

习题 2.3

1. 指出下列变量哪些为无穷小量，哪些为无穷大量：

(1) $x\sin\dfrac{1}{x}$ $(x\to0)$；

(2) $\dfrac{\cos n\pi+\cos(n+1)\pi}{n}$ $(n\to\infty)$；

(3) $\dfrac{x^2-1}{x^2-2x-3}$ $(x\to3)$；

(4) $\dfrac{1}{x}\ln e^x$ $(x\to\infty)$.

2. 根据极限的分析定义证明：当 $x\to2$ 时，$y=\dfrac{x^2-4}{x+2}$ 为无穷小量.

3. 证明定理 2.3.2 的结论 (1).

4. 证明定理 2.3.3 的结论 (1).

5. 证明：$\lim\limits_{x\to0}\dfrac{x-1}{\arctan x}=\infty$.

2.4 极限的性质与运算法则

2.4.1 极限的性质

性质 2.4.1（唯一性） 若极限 $\lim Y$ 存在，则极限值唯一.

证 不妨设 $\lim Y = A$ 且 $\lim Y = B$，只需证明 $A = B$ 即可. 利用反证法，假设 $A \neq B$，不妨设 $A > B$，对于 $\varepsilon = \dfrac{A-B}{2} > 0$，因为 $\lim Y = A$，所以存在某个时刻，在该时刻后，有 $|Y - A| < \dfrac{A-B}{2}$，即有

$$\frac{A+B}{2} < Y < \frac{3A-B}{2}.$$

又因为 $\lim Y = B$，所以也存在一个时刻，在该时刻以后，有 $|Y - B| < \dfrac{A-B}{2}$，即有

$$\frac{3B-A}{2} < Y < \frac{A+B}{2}.$$

则在上述较晚的那个时刻后应同时有 $Y > \dfrac{A+B}{2}$ 和 $Y < \dfrac{A+B}{2}$ 成立，这是不可能的，因此原假设不成立，所以 $A = B$.

性质 2.4.2（有界性） 如果 $\lim Y$ 存在，则 Y 是局部有界的.

证 设 $\lim Y = A$，则取定 $\varepsilon = 1$，存在某个时刻，使得在该时刻以后有

$$|Y - A| < 1$$

成立，即有

$$A - 1 < Y < A + 1,$$

所以 Y 是局部有界的.

推论 2.4.1 若数列极限 $\lim\limits_{n \to \infty} u_n$ 存在，则 $\{u_n\}$ 是有界的.

证 因为 $\lim\limits_{n \to \infty} u_n$ 存在，所以 $\{u_n\}$ 局部有界，即存在一个正整数 N，当 $n > N$ 时，$|u_n| < M$，其中 M 是某个正数. 取

$$K = \max\{|u_1|, |u_2|, \cdots, |u_N|, M\},$$

则对任意的 n，都有 $|u_n| \leqslant K$ 成立，所以 $\{u_n\}$ 是有界的.

性质 2.4.3（保号性） 若极限 $\lim Y = A$，且 $A > 0$（或 $A < 0$），则自变量变化到某一时刻之后，恒有 $Y > 0$（或 $Y < 0$）.

证 设 $\lim Y = A > 0$，则对于 $\varepsilon = \dfrac{A}{2} > 0$，存在某个时刻，使得在该时刻之后，有

$$|Y - A| < \frac{A}{2}$$

成立，即有

$$0 < \frac{A}{2} < Y < \frac{3A}{2},$$

所以自变量变化到某一时刻之后，恒有 $Y > 0$.

同理可证 $A < 0$ 的情形.

推论 2.4.2 若极限 $\lim Y = A$，且当自变量变化到某一时刻之后，恒有 $Y \geqslant 0$（或 $Y \leqslant 0$），则 $A \geqslant 0$（或 $A \leqslant 0$）.

利用反证法容易给出推论 2.4.2 的证明，请读者自己完成.

利用推论 2.4.2，有如下推论.

推论 2.4.3 若 $\lim X = A$，$\lim Y = B$，且当自变量变化到某一时刻之后，恒有 $X \geqslant Y$（或 $X \leqslant Y$），则 $A \geqslant B$（或 $A \leqslant B$）.

对于具体的变化过程，容易得到以上极限性质的描述. 比如，对于 $\lim\limits_{x \to x_0} f(x) = A$，其保号性表述为：若极限 $\lim\limits_{x \to x_0} f(x) = A$，且 $A > 0$（或 $A < 0$），则 $f(x)$ 在 x_0 的某个空心邻域内恒有 $f(x) > 0$（或 $f(x) < 0$）.

类似地，可得其他具体变化过程中极限的保号性及其推论，请读者作为练习完成.

思考 若 $\lim\limits_{x \to x_0} f(x) = A$，且在 x_0 的某个空心邻域内恒有 $f(x) > 0$，是否一定有 $A > 0$ 成立？为什么？

数列极限与函数极限也有密切的联系，下面的定理给出了二者之间的关系.

定理 2.4.1 （海涅定理） 设 $y = f(x)$ 在 x_0 的某个空心邻域内有定义，则 $\lim\limits_{x \to x_0} f(x) = A$ 的充分必要条件为：对于 x_0 的空心邻域内的任何数列 $\{x_n\}$，只要 $x_n \to x_0$（$n \to \infty$），对应的函数值数列 $\{f(x_n)\}$ 就都收敛于 A，即 $\lim\limits_{n \to \infty} f(x_n) = A$.

注 （1）对于 $x \to x_0^+$，$x \to x_0^-$，$x \to \infty$，$x \to +\infty$，$x \to -\infty$ 等情形，只需对定理 2.4.1 的条件作相应修改，定理的结论仍成立.

（2）一方面，定理 2.4.1 的意义在于能够判断函数极限是否存在；另一方面，由于它建立了函数极限与数列极限之间的联系，因而可以将函数极限转化为数列极限来讨论，同理也可以将数列极限转化为函数极限来讨论.

2.4.2　极限的四则运算法则

利用极限与无穷小量的关系以及无穷小量的性质可以推出如下的极限四则运算法则.

定理 2.4.2 若极限 $\lim X$，$\lim Y$ 均存在，则有

（1）$\lim(X \pm Y)$ 存在，且

$$\lim(X \pm Y) = \lim X \pm \lim Y;$$

（2）$\lim(XY)$ 存在，且

$$\lim(XY) = \lim X \cdot \lim Y;$$

（3）如果 $\lim Y \neq 0$，那么 $\lim \dfrac{X}{Y}$ 存在，且

$$\lim \frac{X}{Y} = \frac{\lim X}{\lim Y}.$$

注 定理 2.4.2 中的（1）、（2）可以推广到有限个函数的情形.

证 只证明结论（1），其他结论可进行类似的证明.

不妨设 $\lim X = A$，$\lim Y = B$，由定理 2.3.1 可知

$$X = A + \alpha, \quad Y = B + \beta,$$

其中 α，β 为无穷小量. 从而有

$$X \pm Y = (A \pm B) + (\alpha \pm \beta),$$

根据无穷小量的性质可知（$\alpha \pm \beta$）仍为无穷小量，由定理 2.3.1 可知

$$\lim(X \pm Y) = A \pm B = \lim X \pm \lim Y.$$

推论 2.4.4 若 $\lim X$ 存在，C 为一常数，则 $\lim(CX)$ 存在，且

$$\lim(CX) = C\lim X.$$

推论 2.4.5 若 $\lim X$ 存在，k 为一正整数，则 $\lim X^k$ 存在，且

$$\lim X^k = (\lim X)^k.$$

推论 2.4.6 若 $\lim \dfrac{X}{Y}$ 存在，且 $\lim Y = 0$，则 $\lim X = 0$.

例 2.4.1 设 $f(x) = a_n x^n + a_{n-1} x^{n-1} + \cdots + a_0$，求 $\lim\limits_{x \to x_0} f(x)$.

解 利用极限的四则运算法则，有

$$\begin{aligned}
\lim_{x \to x_0} f(x) &= \lim_{x \to x_0}(a_n x^n + a_{n-1} x^{n-1} + \cdots + a_0)\\
&= \lim_{x \to x_0}(a_n x^n) + \lim_{x \to x_0}(a_{n-1} x^{n-1}) + \cdots + \lim_{x \to x_0} a_0\\
&= a_n \lim_{x \to x_0} x^n + a_{n-1} \lim_{x \to x_0} x^{n-1} + \cdots + a_0\\
&= a_n x_0^n + a_{n-1} x_0^{n-1} + \cdots + a_0\\
&= f(x_0).
\end{aligned}$$

例 2.4.2 求 $\lim\limits_{x \to 1}\left(\dfrac{1}{x-1} - \dfrac{3}{x^3-1}\right)$.

解 因为 $\lim\limits_{x \to 1}\dfrac{1}{x-1}$，$\lim\limits_{x \to 1}\dfrac{3}{x^3-1}$ 都不存在，所以不能直接运用定理 2.4.2 的运算法则（1），但

$$\frac{1}{x-1} - \frac{3}{x^3-1} = \frac{x^2+x+1-3}{x^3-1} = \frac{(x-1)(x+2)}{(x-1)(x^2+x+1)},$$

所以

微课

例 2.4.2

$$\lim_{x \to 1} \left(\frac{1}{x-1} - \frac{3}{x^3-1} \right) = \lim_{x \to 1} \frac{x+2}{x^2+x+1} = \frac{3}{3} = 1.$$

例 2.4.3 求下列极限.

(1) $\lim\limits_{x \to \infty} \dfrac{2x^2+3x-4}{3x^2-2x+1}$;

(2) $\lim\limits_{x \to \infty} \dfrac{3x-4}{3x^2-2x+1}$;

(3) $\lim\limits_{x \to \infty} \dfrac{2x^2+3x-4}{-2x+1}$;

(4) $\lim\limits_{n \to \infty} \dfrac{2n^2+3n-4}{3n^2-2n+1}$.

解 (1) 分子和分母同除以 x^2, 得

$$\lim_{x \to \infty} \frac{2x^2+3x-4}{3x^2-2x+1} = \lim_{x \to \infty} \frac{2+\dfrac{3}{x}-\dfrac{4}{x^2}}{3-\dfrac{2}{x}+\dfrac{1}{x^2}} = \frac{2}{3}.$$

(2) 分子和分母同除以 x^2, 得

$$\lim_{x \to \infty} \frac{3x-4}{3x^2-2x+1} = \lim_{x \to \infty} \frac{\dfrac{3}{x}-\dfrac{4}{x^2}}{3-\dfrac{2}{x}+\dfrac{1}{x^2}} = \frac{0}{3} = 0.$$

(3) 考虑极限 $\lim\limits_{x \to \infty} \dfrac{-2x+1}{2x^2+3x-4}$, 分子和分母同除以 x^2, 由于

$$\lim_{x \to \infty} \frac{-2x+1}{2x^2+3x-4} = \lim_{x \to \infty} \frac{\dfrac{-2}{x}+\dfrac{1}{x^2}}{2+\dfrac{3}{x}-\dfrac{4}{x^2}} = \frac{0}{2} = 0 ,$$

所以 $\lim\limits_{x \to \infty} \dfrac{2x^2+3x-4}{-2x+1} = \infty.$

(4) 分子和分母同除以 n^2, 得

$$\lim_{n \to \infty} \frac{2n^2+3n-4}{3n^2-2n+1} = \lim_{n \to \infty} \frac{2+\dfrac{3}{n}-\dfrac{4}{n^2}}{3-\dfrac{2}{n}+\dfrac{1}{n^2}} = \frac{2}{3}.$$

总结例 2.4.3 的结果可得到如下一般结论:

$$\lim_{x \to \infty} \frac{a_0 x^n + a_1 x^{n-1} + \cdots + a_{n-1} x + a_n}{b_0 x^m + b_1 x^{m-1} + \cdots + b_{m-1} x + b_m} = \begin{cases} \dfrac{a_0}{b_0}, & n=m \\ 0, & n<m \\ \infty, & n>m \end{cases} \quad (a_0 \neq 0,\ b_0 \neq 0).$$

例 2.4.4 求 $\lim\limits_{x \to 3} \dfrac{\sqrt{x+1}-2}{x-3}$.

解 对分子进行有理化，得

$$\lim_{x \to 3} \frac{\sqrt{x+1}-2}{x-3} = \lim_{x \to 3} \frac{\sqrt{x+1}-2}{x-3} \cdot \frac{\sqrt{x+1}+2}{\sqrt{x+1}+2} = \lim_{x \to 3} \frac{1}{\sqrt{x+1}+2} = \frac{1}{4}.$$

例 2.4.5 求 $\lim\limits_{n \to \infty} \left(\dfrac{1}{n^2} + \dfrac{2}{n^2} + \cdots + \dfrac{n}{n^2} \right)$.

解 括号中的项数随着 n 的增大而不断增加，因而不是有限项相加，所以不能直接利用极限的运算法则. 将括号中各项通分，得

$$\lim_{n \to \infty} \left(\frac{1}{n^2} + \frac{2}{n^2} + \cdots + \frac{n}{n^2} \right) = \lim_{n \to \infty} \frac{1+2+\cdots+n}{n^2} = \lim_{n \to \infty} \frac{n(n+1)}{2n^2} = \frac{1}{2}.$$

2.4.3 复合函数的极限运算法则

定理 2.4.3 （复合函数的极限运算法则） 若 $\lim\limits_{x \to x_0} g(x) = u_0$，$\lim\limits_{u \to u_0} f(u) = A$，且 $u = g(x)$ 在 x_0 的去心邻域 $\mathring{U}(x_0, \delta_0)$ 内有 $g(x) \neq u_0$，则

$$\lim_{x \to x_0} f[g(x)] = \lim_{u \to u_0} f(u) = A.$$

证 由 $\lim\limits_{u \to u_0} f(u) = A$ 知，对于任意的 $\varepsilon > 0$，存在 $\gamma > 0$，使得当 $0 < |u - u_0| < \gamma$ 时，恒有

$$|f(u) - A| < \varepsilon$$

成立.

又由 $\lim\limits_{x \to x_0} g(x) = u_0$ 可知，对于上述的 γ，存在 $\delta_1 > 0$，使得当 $0 < |x - x_0| < \delta_1$ 时，恒有

$$|g(x) - u_0| = |u - u_0| < \gamma$$

成立. 取 $\delta = \min\{\delta_0, \delta_1\}$，则当 $0 < |x - x_0| < \delta$ 时，恒有

$$0 < |g(x) - u_0| = |u - u_0| < \gamma$$

成立. 因此，对于任意的 $\varepsilon > 0$，存在 $\delta > 0$，当 $0 < |x - x_0| < \delta$ 时，恒有

$$|f[g(x)] - A| = |f(u) - A| < \varepsilon$$

成立，所以

$$\lim_{x \to x_0} f[g(x)] = \lim_{u \to u_0} f(u) = A.$$

注 （1）在定理 2.4.3 中，将 $x \to x_0$，$u \to u_0$ 换成 $x \to x_0$，$u \to \infty$ 或 $x \to \infty$，$u \to \infty$，结论依然成立.

（2）定理 2.4.3 说明，可以通过逐层求取中间变量的极限得到复合函数的极限.

例 2.4.6　求极限 $\lim\limits_{x\to 0}\mathrm{e}^{\arctan\frac{1}{x^2}}$.

解　令 $u=\arctan v$，$v=\dfrac{1}{x^2}$，由于

$$\lim_{x\to 0}\frac{1}{x^2}=+\infty,\quad \lim_{x\to 0}\arctan\frac{1}{x^2}=\lim_{v\to+\infty}\arctan v=\frac{\pi}{2},$$

故

$$\lim_{x\to 0}\mathrm{e}^{\arctan\frac{1}{x^2}}=\lim_{u\to\frac{\pi}{2}}\mathrm{e}^{u}=\mathrm{e}^{\frac{\pi}{2}}.$$

例 2.4.7　证明 $\lim\limits_{x\to 0}\sin\dfrac{1}{x}$ 不存在.

证　取 $x_n^{(1)}=\dfrac{1}{2n\pi+\dfrac{\pi}{2}}$，$x_n^{(2)}=\dfrac{1}{n\pi}$，$n=1$，$2$，$\cdots$.

显然

$$\lim_{n\to\infty}x_n^{(1)}=0,\quad \lim_{n\to\infty}x_n^{(2)}=0,$$

但是

$$\sin\frac{1}{x_n^{(1)}}=\sin\left(2n\pi+\frac{\pi}{2}\right)=1,\quad \lim_{n\to\infty}\sin\frac{1}{x_n^{(1)}}=1,$$

$$\sin\frac{1}{x_n^{(2)}}=\sin(n\pi)=0,\quad \lim_{n\to\infty}\sin\frac{1}{x_n^{(2)}}=0,$$

由海涅定理可知，$\lim\limits_{x\to 0}\sin\dfrac{1}{x}$ 不存在.

习题 2.4

1. 求下列极限：

(1) $\lim\limits_{x\to-\sqrt{2}}\dfrac{x^2-2}{x^2-1}$;

(2) $\lim\limits_{x\to 1}\dfrac{2x^3-x^2-x}{x^2-x}$;

(3) $\lim\limits_{n\to\infty}\dfrac{\sqrt[3]{n^2+n}}{n^2+2}$;

(4) $\lim\limits_{n\to\infty}\dfrac{(\sqrt{n}+1)(\sqrt{2n}+1)}{3n}$;

(5) $\lim\limits_{n\to\infty}\left(1+\dfrac{1}{n}\right)^{\frac{2}{n}}$;

(6) $\lim\limits_{x\to 0}\dfrac{1}{1+\mathrm{e}^{\frac{1}{x}}}$;

(7) $\lim\limits_{n\to\infty}\left(\dfrac{1}{2}+\dfrac{1}{4}+\cdots+\dfrac{1}{2^n}\right)$;

(8) $\lim\limits_{n\to\infty}\dfrac{5^n+3^n}{7^n+(\sqrt{2})^{2n+1}}$;

(9) $\lim\limits_{n\to\infty}\dfrac{n-\sin n}{n+\cos n}$;

(10) $\lim\limits_{n\to\infty}[\ln(2n^2+n-1)-3\ln n]$;

(11) $\lim\limits_{x \to -\infty}(x^2 + x\sqrt{x^2+1})$.

2. 证明推论 2.4.6.

3. 判断下列说法的对错. 如果说法正确，予以证明；如果错误，给出一个反例.

（1）在自变量的同一变化过程中，如果 $\lim X$ 存在，但是 $\lim Y$ 不存在，那么 $\lim(X+Y)$ 不存在；

（2）在自变量的同一变化过程中，如果 $\lim X$ 不存在，$\lim Y$ 也不存在，那么 $\lim(X+Y)$ 不存在.

4. 试写出当 $x \to \infty$ 时函数 $f(x)$ 极限的保号性定理、推论及其证明.

*5. 证明极限 $\lim\limits_{x \to 0}\dfrac{1}{x}\sin\dfrac{1}{x}$ 不存在.

2.5 极限存在准则与两个重要极限

2.5.1 极限存在准则

定理 2.5.1 （迫敛性定理） 如果变量 X，Y，Z 满足 $X \leqslant Y \leqslant Z$，且

$$\lim X = \lim Z = A,$$

其中 A 为某一常数，那么 $\lim Y$ 也存在且 $\lim Y = A$.

证 因为 $\lim X = \lim Z = A$，因此对于任意的 $\varepsilon > 0$，存在某个公共时刻，使得在该时刻以后，恒有

$$|X - A| < \varepsilon, \quad |Z - A| < \varepsilon,$$

即

$$A - \varepsilon < X < A + \varepsilon, \quad A - \varepsilon < Z < A + \varepsilon$$

成立. 由于 $X \leqslant Y \leqslant Z$，因此不等式 $A - \varepsilon < Y < A + \varepsilon$ 成立，即

$$|Y - A| < \varepsilon$$

成立. 由极限的定义可知 $\lim Y$ 存在，且 $\lim Y = A$.

例 2.5.1 求极限 $\lim\limits_{n \to \infty}\left(\dfrac{1}{\sqrt{n^2+1}} + \dfrac{1}{\sqrt{n^2+2}} + \cdots + \dfrac{1}{\sqrt{n^2+n}}\right)$.

分析 括号中的项数随着 n 的增大而不断增加，因而不是有限项相加，不能直接利用"和的极限等于极限的和"来求解，可以考虑利用迫敛性定理求解.

解 由于

$$\frac{n}{\sqrt{n^2+n}} \leqslant \frac{1}{\sqrt{n^2+1}} + \frac{1}{\sqrt{n^2+2}} + \cdots + \frac{1}{\sqrt{n^2+n}} \leqslant \frac{n}{\sqrt{n^2+1}},$$

而

$$\lim_{n\to\infty}\frac{n}{\sqrt{n^2+n}}=1,\quad \lim_{n\to\infty}\frac{n}{\sqrt{n^2+1}}=1,$$

由迫敛性定理可知

$$\lim_{n\to\infty}\left(\frac{1}{\sqrt{n^2+1}}+\frac{1}{\sqrt{n^2+2}}+\cdots+\frac{1}{\sqrt{n^2+n}}\right)=1.$$

例 2.5.2　求极限 $\lim\limits_{n\to\infty}\sqrt[n]{2^n+3^n+4^n}$.

解　$\sqrt[n]{4^n}<\sqrt[n]{2^n+3^n+4^n}<\sqrt[n]{3\cdot4^n}$.

由于 $\lim\limits_{x\to0}3^x=3^0=1$ ，由海涅定理，$\lim\limits_{n\to\infty}3^{\frac{1}{n}}=\lim\limits_{n\to\infty}\sqrt[n]{3}=1$ ，故

$$\lim_{n\to\infty}\sqrt[n]{3\cdot4^n}=\lim_{n\to\infty}4\sqrt[n]{3}=4.$$

又 $\lim\limits_{n\to\infty}\sqrt[n]{4^n}=4$ ，由迫敛性定理知，$\lim\limits_{n\to\infty}\sqrt[n]{2^n+3^n+4^n}=4$.

例 2.5.3　证明下列极限:

(1) $\lim\limits_{x\to0}\sin x=0$;　　　　(2) $\lim\limits_{x\to0}\cos x=1$.

证　在证明上述极限之前，先给出如下不等式.

$$|\sin x|\leqslant|x|\leqslant|\tan x|,\quad |x|<\frac{\pi}{2}, \tag{2.5.1}$$

其中，等式成立当且仅当 $x=0$.

如图 2-6 所示，在单位圆中，当 $0<|x|<\dfrac{\pi}{2}$ 时，比较 $\triangle AOC$、扇形 AOC、$\triangle BOC$ 的面积，易得

$$|\sin x|=\sin|x|<|x|<\tan|x|=|\tan x|.$$

当 $x=0$ 时，$|\sin x|=|x|=|\tan x|$.

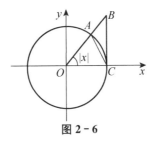

图 2-6

下面给出例 2.5.3 中式 (1) 的证明.

当 $|x|<\dfrac{\pi}{2}$ 时，

$$-|x|\leqslant\sin x\leqslant|x|,$$

又因为

$$\lim_{x \to 0} |x| = 0,$$

由迫敛性定理可知

$$\lim_{x \to 0} \sin x = 0.$$

再给出例 2.5.3 中式（2）的证明.

当 $|x| < \dfrac{\pi}{2}$ 时，

$$1 - \frac{1}{2}x^2 \leqslant 1 - 2\sin^2\frac{x}{2} = \cos x \leqslant 1,$$

而 $\lim\limits_{x \to 0}\left(1 - \dfrac{1}{2}x^2\right) = 1$，由迫敛性定理可知

$$\lim_{x \to 0} \cos x = 1.$$

迫敛性定理既适用于数列极限存在的判定，也适用于函数极限存在的判定. 利用迫敛性定理对数列的收敛性进行判定时，需要借助于另外两个收敛性已知且有相同极限值的数列. 下面给出一个利用数列自身的性态来判定数列的收敛性的准则. 首先给出数列单调性的定义.

定义 2.5.1 设有数列 $\{u_n\}$，

（1）如果对任意的 $n \in \mathbf{N}$ 都有 $u_n \leqslant u_{n+1}$，则称数列 $\{u_n\}$ **单调递增**；

（2）如果对任意的 $n \in \mathbf{N}$ 都有 $u_n \geqslant u_{n+1}$，则称数列 $\{u_n\}$ **单调递减**.

单调递增数列、单调递减数列统称为**单调数列**.

定理 2.5.2（单调有界准则） 单调有界数列必有极限.

从几何上来看，定理 2.5.2 的结论是显然的. 如图 2-7 所示，不妨设数列 $\{u_n\}$ 单调递增，M 为其上界. 数列 $\{u_n\}$ 中的各项在数轴上的对应点随着 n 的增大只能不断向右移动，如果不趋于一个定点（图中为点 A），则这些点必然不断向右移动以致趋于无穷，这与数列有界矛盾.

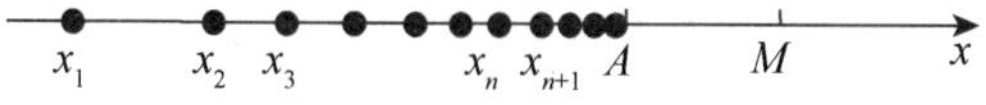

图 2-7

单调数列与其子数列的极限之间容易得到如下结论：

定理 2.5.3 当 $\{u_n\}$ 是单调数列时，$\lim\limits_{n \to \infty} u_n = A$ 的充要条件是存在一个子数列 $\{u_{n_k}\}$ 满足

$$\lim_{k \to \infty} u_{n_k} = A.$$

例 2.5.4　证明极限 $\lim\limits_{n\to\infty}\left(1+\dfrac{1}{n}\right)^n$ 存在.

证　设 $a_n=\left(1+\dfrac{1}{n}\right)^n$，由二项式定理，得

$$a_n=\left(1+\frac{1}{n}\right)^n=1+n\cdot\frac{1}{n}+\frac{n(n-1)}{2!}\cdot\frac{1}{n^2}+\cdots+\frac{n(n-1)\cdots(n-n+1)}{n!}\cdot\frac{1}{n^n}$$

$$=1+1+\frac{1}{2!}\cdot\left(1-\frac{1}{n}\right)+\frac{1}{3!}\cdot\left(1-\frac{1}{n}\right)\left(1-\frac{2}{n}\right)+\cdots+\frac{1}{n!}\left(1-\frac{1}{n}\right)\cdots\left(1-\frac{n-1}{n}\right),$$

$$a_{n+1}=\left(1+\frac{1}{n+1}\right)^{n+1}=1+1+\frac{1}{2!}\cdot\left(1-\frac{1}{n+1}\right)+\frac{1}{3!}\cdot\left(1-\frac{1}{n+1}\right)\left(1-\frac{2}{n+1}\right)+\cdots$$

$$+\frac{1}{n!}\cdot\left(1-\frac{1}{n+1}\right)\cdots\left(1-\frac{n-1}{n+1}\right)+\frac{1}{(n+1)!}\cdot\left(1-\frac{1}{n+1}\right)\cdots\left(1-\frac{n}{n+1}\right),$$

易见 $a_{n+1}>a_n$，因此 $\left\{\left(1+\dfrac{1}{n}\right)^n\right\}$ 是单调递增数列. 又因为

$$a_n<2+\frac{1}{2!}+\frac{1}{3!}+\cdots+\frac{1}{n!}<1+1+\frac{1}{2}+\frac{1}{2^2}+\cdots+\frac{1}{2^{n-1}}$$

$$=1+\frac{1-\left(\dfrac{1}{2}\right)^n}{1-\dfrac{1}{2}}<1+\frac{1}{1-\dfrac{1}{2}}=3,$$

所以 $|a_n|<3$，因此 $\left\{\left(1+\dfrac{1}{n}\right)^n\right\}$ 是有界的. 由单调有界准则可知，$\lim\limits_{n\to\infty}\left(1+\dfrac{1}{n}\right)^n$ 存在.

通常用拉丁字母 e 表示该数列的极限，即

$$\lim_{n\to\infty}\left(1+\frac{1}{n}\right)^n=\mathrm{e}. \tag{2.5.2}$$

可证 e 是一个无理数，$\mathrm{e}\approx2.71828$.

2.5.2　两个重要极限

（1）$\lim\limits_{x\to0}\dfrac{\sin x}{x}=1$.

证　当 $0<|x|<\dfrac{\pi}{2}$ 时，$|\sin x|<|x|<|\tan x|$，不等式两边同时除以 $|\sin x|$，得

$$1<\left|\frac{x}{\sin x}\right|<\left|\frac{1}{\cos x}\right|,$$

因此有

$$|\cos x|<\left|\frac{\sin x}{x}\right|<1,$$

因为 $0 < |x| < \dfrac{\pi}{2}$，所以

$$\cos x < \frac{\sin x}{x} < 1.$$

而 $\lim\limits_{x \to 0} \cos x = 1$，由迫敛性定理可知

$$\lim_{x \to 0} \frac{\sin x}{x} = 1.$$

以后可以看到，极限 $\lim\limits_{x \to 0} \dfrac{\sin x}{x} = 1$ 在微积分学中的地位是非常重要的，可以利用该极限求解一些其他函数的极限.

例 2.5.5 求 $\lim\limits_{x \to 0} \dfrac{\tan x}{x}$.

解 $\lim\limits_{x \to 0} \dfrac{\tan x}{x} = \lim\limits_{x \to 0} \dfrac{\sin x}{x} \cdot \dfrac{1}{\cos x} = \lim\limits_{x \to 0} \dfrac{\sin x}{x} \cdot \lim\limits_{x \to 0} \dfrac{1}{\cos x} = 1.$

例 2.5.6 求 $\lim\limits_{x \to 0} \dfrac{\sin kx}{x}$ $(k \neq 0)$.

解 可以将 kx 看作一个新的变量，即令 $t = kx$，则当 $x \to 0$ 时，$t \to 0$. 从而

$$\lim_{x \to 0} \frac{\sin kx}{x} = k \cdot \lim_{x \to 0} \frac{\sin kx}{kx} = k \cdot \lim_{t \to 0} \frac{\sin t}{t} = k.$$

例 2.5.7 求极限 $\lim\limits_{x \to 0} \left(\dfrac{2 + \mathrm{e}^{\frac{1}{x}}}{1 + \mathrm{e}^{\frac{4}{x}}} + \dfrac{\sin x}{|x|} \right)$.

解 因为

微课

例 2.5.7

$$\lim_{x \to 0^+} \left(\frac{2 + \mathrm{e}^{\frac{1}{x}}}{1 + \mathrm{e}^{\frac{4}{x}}} + \frac{\sin x}{x} \right) = \lim_{x \to 0^+} \left(\frac{2\mathrm{e}^{-\frac{4}{x}} + \mathrm{e}^{-\frac{3}{x}}}{\mathrm{e}^{-\frac{4}{x}} + 1} + \frac{\sin x}{x} \right) = 0 + 1 = 1,$$

$$\lim_{x \to 0^-} \left(\frac{2 + \mathrm{e}^{\frac{1}{x}}}{1 + \mathrm{e}^{\frac{4}{x}}} - \frac{\sin x}{x} \right) = 2 - 1 = 1,$$

左极限等于右极限，所以

$$原式 = \lim_{x \to 0} \left(\frac{2 + \mathrm{e}^{\frac{1}{x}}}{1 + \mathrm{e}^{\frac{4}{x}}} + \frac{\sin x}{|x|} \right) = 1.$$

(2) $\lim\limits_{x \to \infty} \left(1 + \dfrac{1}{x} \right)^x = \mathrm{e}.$

证 可以利用式（2.5.2）进行证明.

当 $x \to +\infty$ 时，令 $n = [x]$（$[x]$ 表示不超过 x 的最大整数），则有

$$n \leqslant x < n + 1.$$

因此

$$1+\frac{1}{n+1}<1+\frac{1}{x}\leqslant 1+\frac{1}{n},$$

于是

$$\left(1+\frac{1}{n+1}\right)^{n}<\left(1+\frac{1}{x}\right)^{x}<\left(1+\frac{1}{n}\right)^{n+1},$$

而

$$\lim_{n\to\infty}\left(1+\frac{1}{n+1}\right)^{n}=\lim_{n\to\infty}\left(1+\frac{1}{n}\right)^{n+1}=\mathrm{e},$$

由迫敛性定理可知

$$\lim_{x\to+\infty}\left(1+\frac{1}{x}\right)^{x}=\mathrm{e}. \tag{2.5.3}$$

当 $x\to-\infty$ 时，令 $t=-x$，则 $t\to+\infty$.

$$\lim_{x\to-\infty}\left(1+\frac{1}{x}\right)^{x}=\lim_{t\to+\infty}\left(1-\frac{1}{t}\right)^{-t}=\lim_{t\to+\infty}\left(\frac{t}{t-1}\right)^{t}$$
$$=\lim_{t\to+\infty}\left(1+\frac{1}{t-1}\right)^{t-1}\cdot\left(1+\frac{1}{t-1}\right)=\mathrm{e}. \tag{2.5.4}$$

由式（2.5.3）和式（2.5.4）可知，

$$\lim_{x\to\infty}\left(1+\frac{1}{x}\right)^{x}=\mathrm{e}. \tag{2.5.5}$$

注　在式（2.5.5）中，令 $t=\frac{1}{x}$，则有

$$\lim_{t\to 0}(1+t)^{\frac{1}{t}}=\mathrm{e}.$$

从而

$$\lim_{x\to 0}(1+x)^{\frac{1}{x}}=\mathrm{e}. \tag{2.5.6}$$

例 2.5.8　求 $\lim\limits_{x\to\infty}\left(1+\frac{k}{x}\right)^{x}$ $(k\neq 0)$.

解　令 $t=\frac{k}{x}$，则当 $x\to\infty$ 时，$t\to 0$，所以

$$\lim_{x\to\infty}\left(1+\frac{k}{x}\right)^{x}=\lim_{t\to 0}\left[(1+t)^{\frac{1}{t}}\right]^{k}=\mathrm{e}^{k}.$$

例 2.5.9　求极限 $\lim\limits_{x\to\infty}\left(\frac{x}{1+x}\right)^{x}$.

解 $\lim\limits_{x\to\infty}\left(\dfrac{x}{1+x}\right)^x=\lim\limits_{x\to\infty}\left(\dfrac{1+x}{x}\right)^{-x}=\lim\limits_{x\to\infty}\left(1+\dfrac{1}{x}\right)^{-x}=\lim\limits_{x\to\infty}\left[\left(1+\dfrac{1}{x}\right)^{x}\right]^{-1}=\mathrm{e}^{-1}.$

例 2.5.10 求极限 $\lim\limits_{x\to\infty}\left(\dfrac{x-3}{x+1}\right)^{x}.$

解 因为

$$\left(\dfrac{x-3}{x+1}\right)^{x}=\left(1+\dfrac{-4}{x+1}\right)^{x},$$

令 $t=\dfrac{-4}{x+1}$，则当 $x\to\infty$ 时，$t\to0$，所以

$$\lim\limits_{x\to\infty}\left(\dfrac{x-3}{x+1}\right)^{x}=\lim\limits_{t\to0}(1+t)^{-\frac{4}{t}-1}=\lim\limits_{t\to0}(1+t)^{-\frac{4}{t}}\cdot(1+t)^{-1}=\mathrm{e}^{-4}.$$

例 2.5.11 连续复利问题.

现有本金 A_0 元存入银行，名义年利率为 r. 若以连续复利计算，t 年末 A_0 将增值到 $A(t)$，试计算 $A(t)$.

所谓复利计算，就是将每期利息于每期末加入该期本金，并以此为新本金再计算下期利息.

若以一年为一期计算利息，则一年末的本利和为

$$A_1=A_0(1+r).$$

若一年分两期计算利息，且每期利率为 $\dfrac{r}{2}$，则一年末的本利和为

$$A_2=A_0\left(1+\dfrac{r}{2}\right)^{2}.$$

微课

连续复利问题

若一年分 n 期计算利息，且每期利率为 $\dfrac{r}{n}$，则一年末的本利和为

$$A_n=A_0\left(1+\dfrac{r}{n}\right)^{n};$$

于是 t 年末的本利和为

$$A_n(t)=A_0\left(1+\dfrac{r}{n}\right)^{tn}. \tag{2.5.7}$$

式（2.5.7）是按照离散情况（即计息次数有限）得到的计算公式，令 $n\to\infty$，则表示利息随时计入本金，此时 t 年末的本利和为

$$A(t)=\lim\limits_{n\to\infty}A_n(t)=\lim\limits_{n\to\infty}A_0\left(1+\dfrac{r}{n}\right)^{tn}=A_0\mathrm{e}^{rt}. \tag{2.5.8}$$

这种将利息随时计入本金重复计算利息的方法称为**连续复利**. 所以本金为 A_0，名义

年利率为 r，按连续复利计算 t 年末的本利和为

$$A(t)=A_0\mathrm{e}^{rt}. \tag{2.5.9}$$

式（2.5.9）通常称为连续复利模型. 在现实生活中有许多问题属于这种模型，例如人口增长、细胞繁殖、树木生长，等等. 另外，A_0 一般称为**现值**，t 年末的本利和 $A(t)$ 一般称为**未来值**. 已知现值 A_0 求未来值 $A(t)$ 属于**复利问题**. 若已知 $A(t)$ 求 A_0，则称为贴现问题，此时年利率 r 称为贴现率.

例 2.5.12　李明持有一件古董. 若当前卖出，可收入 $P_0=10$ 万元. 若 t 年后售出，则可得收入 $P=P_0\mathrm{e}^{\frac{2}{5}\sqrt{t}}$ 万元. 已知银行年利率为 0.04，按连续复利计算. 若 25 年后李明将古董卖出，所得收入的现值为多少？

解　由已知，t 年后卖出古董，李明所得收入为

$$P(t)=10\mathrm{e}^{\frac{2}{5}\sqrt{t}},$$

由式（2.5.9），$P(t)$ 的现值为 $P(t)\mathrm{e}^{-rt}$，即

$$10\mathrm{e}^{\frac{2}{5}\sqrt{t}}\cdot\mathrm{e}^{-rt}=10\mathrm{e}^{\frac{2}{5}\sqrt{t}-rt},$$

在上式中，令 $t=25$，将 $r=0.04$ 代入，得

$$10\times\mathrm{e}^{\frac{2}{5}\times5-0.04\times25}=10\mathrm{e}\approx27.2（万元），$$

即 25 年后李明所得收入的现值为 27.2 万元.

习题 2.5

1. 计算下列极限：

(1) $\lim\limits_{x\to0}\dfrac{\sin x^2}{x}$；

(2) $\lim\limits_{x\to0}\dfrac{2x-\sin x}{2x+\sin x}$；

(3) $\lim\limits_{x\to0}\dfrac{\sin x}{\tan2x}$；

(4) $\lim\limits_{n\to\infty}n\sin\dfrac{x}{n}$；

(5) $\lim\limits_{x\to\frac{\pi}{2}}\dfrac{\cos x}{\frac{\pi}{2}-x}$；

(6) $\lim\limits_{x\to1}(x-1)\tan\dfrac{\pi x}{2}$.

2. 计算下列极限：

(1) $\lim\limits_{x\to0}(1-x)^{\frac{1}{x}}$；

(2) $\lim\limits_{x\to0}(1+\sin x)^{\frac{1}{x}}$；

(3) $\lim\limits_{x\to\infty}\left(1-\dfrac{1}{x}\right)^{2x}$；

(4) $\lim\limits_{x\to\infty}\left(\dfrac{x}{x-1}\right)^{x}$；

(5) $\lim\limits_{x\to0}\left(\dfrac{1-2x}{1+3x}\right)^{\frac{2}{x}}$；

(6) $\lim\limits_{x\to0}(\cos x)^{\frac{1}{x^2}}$.

3. 已知 $\lim\limits_{x\to0}\left[\dfrac{f(x)-1}{x}-\dfrac{\sin x}{x^2}\right]=2$，求 $\lim\limits_{x\to0}f(x)$.

4. 用迫敛性定理证明 $\lim\limits_{n \to \infty} \dfrac{\sin nx}{n} = 0$ 对一切实数 x 都成立.

5. 设数列 $\{x_n\}$ 满足：$0 < x_1 < \dfrac{1}{2}$，$x_{n+1} = x_n(1 - 2x_n)$，$n = 1, 2, \cdots$，则

(1) 证明 $\{x_n\}$ 单调递减，且 $0 < x_n < \dfrac{1}{2}$，$n = 1, 2, \cdots$；

(2) 证明 $\lim\limits_{n \to \infty} x_n$ 存在，并求其值.

6. 现将 3 000 元存入银行，年利率为 0.04，按连续复利进行计算，则 10 年后本利和为多少？

7. 某保本理财产品的年利率为 0.06，15 年后收入为 24 596 元，则最初投入为多少？

2.6 无穷小量的比较

2.6.1 无穷小量阶的定义

在同一个变化过程中，无穷小量趋于 0 的 "速度" 有快有慢. 譬如，当 $n \to \infty$ 时，$\dfrac{1}{n^2}$ 比 $\dfrac{1}{n}$ 趋于 0 的速度快得多，由此引出了无穷小量阶的概念.

定义 2.6.1 设 α，β 是同一变化过程中的两个无穷小量，且 $\beta \neq 0$.

(1) 若 $\lim \dfrac{\alpha}{\beta} = 0$，则称 α 是比 β **高阶的无穷小量**（或 β 是比 α **低阶的无穷小量**），记作 $\alpha = o(\beta)$.

(2) 若 $\lim \dfrac{\alpha}{\beta} = A$（$A \neq 0$），则称 α 与 β 是**同阶无穷小量**；特别地，当 $A = 1$ 时，称 α 与 β 是**等价无穷小量**，记作 $\alpha \sim \beta$.

(3) 若 $\lim \dfrac{\alpha}{\beta^k} = A$（$A \neq 0$，$k > 0$），则称 α 是 β 的 **k 阶无穷小量**.

例如

$$\lim\limits_{x \to 0} x^2 = 0, \quad \lim\limits_{x \to 0} x = 0, \quad \lim\limits_{x \to 0} \dfrac{x^2}{x} = \lim\limits_{x \to 0} x = 0,$$

因此，当 $x \to 0$ 时，$x^2 = o(x)$. 而

$$\lim\limits_{x \to 0} 2x = 0, \quad \lim\limits_{x \to 0} x = 0, \quad \lim\limits_{x \to 0} \dfrac{2x}{x} = \lim\limits_{x \to 0} 2 = 2,$$

因此当 $x \to 0$ 时，$2x$ 与 x 是同阶无穷小量. 而

$$\lim\limits_{x \to 0} \sin x = 0, \quad \lim\limits_{x \to 0} x = 0, \quad \lim\limits_{x \to 0} \dfrac{\sin x}{x} = 1,$$

因此当 $x \to 0$ 时，$\sin x \sim x$.

由定义 2.6.1，容易推得，当 $x \to 0$ 时，

$$\tan x \sim x, \quad \sin(kx) \sim kx, \quad \tan(kx) \sim kx,$$

这里 $k \neq 0$. 又因为

$$\lim_{x \to 0} \frac{1}{2} \tan x^2 = 0, \quad \lim_{x \to 0} x = 0, \quad \lim_{x \to 0} \frac{\frac{1}{2} \tan x^2}{x^2} = \frac{1}{2},$$

因此，当 $x \to 0$ 时，$\dfrac{1}{2} \tan x^2$ 是 x 的 2 阶无穷小量.

2.6.2　等价无穷小量的性质

等价无穷小量在求极限时有着重要作用，关于等价无穷小量的性质有如下定理.

定理 2.6.1　设 α，β，γ 是同一变化过程中的无穷小量，

(1) 若 $\alpha \sim \beta$，则 $\beta \sim \alpha$；

(2) 若 $\alpha \sim \beta$，$\beta \sim \gamma$，则 $\alpha \sim \gamma$.

根据等价无穷小量的定义，容易给出定理 2.6.1 的证明，请读者自己给出.

定理 2.6.2　设 α，β 是同一变化过程中的无穷小量，则 α 与 β 是等价无穷小量的充分必要条件是 $\alpha = \beta + o(\beta)$.

证　（必要性）　设 $\alpha \sim \beta$，则

$$\lim \frac{\alpha - \beta}{\beta} = \lim \left(\frac{\alpha}{\beta} - 1 \right) = \lim \frac{\alpha}{\beta} - 1 = 1 - 1 = 0,$$

所以 $\alpha - \beta = o(\beta)$，即 $\alpha = \beta + o(\beta)$.

（充分性）　设 $\alpha = \beta + o(\beta)$，则

$$\lim \frac{\alpha}{\beta} = \lim \frac{\beta + o(\beta)}{\beta} = \lim \left(1 + \frac{o(\beta)}{\beta} \right) = 1 + \lim \frac{o(\beta)}{\beta} = 1 + 0 = 1,$$

所以 $\alpha \sim \beta$.

定理 2.6.3　（无穷小量等价代换定理）　设 α，β，$\bar{\alpha}$，$\bar{\beta}$ 是同一变化过程中的无穷小量，且 $\alpha \sim \bar{\alpha}$，$\beta \sim \bar{\beta}$，$\lim \dfrac{\bar{\alpha}}{\bar{\beta}}$ 存在，则

$$\lim \frac{\alpha}{\beta} = \lim \frac{\bar{\alpha}}{\beta} = \lim \frac{\alpha}{\bar{\beta}} = \lim \frac{\bar{\alpha}}{\bar{\beta}}.$$

证　这里仅证第一个等式. 由等价无穷小量的定义，

$$\lim \frac{\alpha}{\beta} = \lim \frac{\bar{\alpha}}{\beta} \cdot \frac{\alpha}{\bar{\alpha}} = \lim \frac{\bar{\alpha}}{\beta}.$$

类似地，可以给出其他等式的证明.

利用定理 2.6.3 进行无穷小量代换时，往往会起到化难为易的作用. 但是等价代换一般只在乘除法中使用，在加减法中不建议使用，否则，有可能得到错误的结果.

例 2.6.1 求极限 $\lim\limits_{x \to 0} \dfrac{\sin 2x}{\sin 4x}$.

解 由于当 $x \to 0$ 时，$\sin 2x \sim 2x$，$\sin 4x \sim 4x$，所以

$$\lim_{x \to 0} \frac{\sin 2x}{\sin 4x} = \lim_{x \to 0} \frac{2x}{4x} = \frac{1}{2}.$$

例 2.6.2 证明当 $x \to 0$ 时，$1 - \cos x \sim \dfrac{1}{2} x^2$.

证 因为

$$\lim_{x \to 0} (1 - \cos x) = 0, \quad \lim_{x \to 0} \frac{1}{2} x^2 = 0,$$

且

$$\lim_{x \to 0} \frac{1 - \cos x}{\frac{1}{2} x^2} = \lim_{x \to 0} \frac{2 \sin^2 \frac{x}{2}}{\frac{1}{2} x^2} = \lim_{x \to 0} \frac{2 \cdot \frac{x}{2} \cdot \frac{x}{2}}{\frac{1}{2} x^2} = 1,$$

所以当 $x \to 0$ 时，$1 - \cos x \sim \dfrac{1}{2} x^2$.

例 2.6.3 证明当 $x \to 0$ 时，$\arcsin x \sim x$.

证 令 $t = \arcsin x$，则 $x = \sin t$. 当 $x \to 0$ 时，$t \to 0$，所以

$$\lim_{x \to 0} \frac{\arcsin x}{x} = \lim_{t \to 0} \frac{t}{\sin t} = 1，从而 \arcsin x \sim x.$$

类似地，还可以得到，当 $x \to 0$ 时，$\arctan x \sim x$.

例 2.6.4 求极限 $\lim\limits_{x \to 0} \dfrac{2(\tan x - \sin x)}{x^3}$.

分析 在加减法中不建议使用无穷小量等价代换，下述方法是错误的.

$$\lim_{x \to 0} \frac{2(\tan x - \sin x)}{x^3} = \lim_{x \to 0} \frac{2(x - x)}{x^3} = 0.$$

正确解法如下.

解 $\lim\limits_{x \to 0} \dfrac{2(\tan x - \sin x)}{x^3} = \lim\limits_{x \to 0} \dfrac{2 \tan x (1 - \cos x)}{x^3} = \lim\limits_{x \to 0} \dfrac{2x \cdot \frac{1}{2} x^2}{x^3} = 1.$

通过例 2.6.4 的结果，还可以推得，当 $x \to 0$ 时，

$$\tan x - \sin x \sim \frac{1}{2} x^3.$$

例 2.6.5 求极限 $\lim\limits_{x\to 0}\dfrac{\arcsin x}{x^2+\tan 2x}$.

解 当 $x\to 0$ 时，$\tan 2x\sim 2x$，故 $\lim\limits_{x\to 0}\dfrac{x^2}{\tan 2x}=\lim\limits_{x\to 0}\dfrac{x^2}{2x}=0$，即 $x^2=o(\tan 2x)$，所以

$$x^2+\tan 2x\sim\tan 2x\sim 2x.$$

微课

例 2.6.5

又 $\arcsin x\sim x$，所以

$$\lim_{x\to 0}\frac{\arcsin x}{x^2+\tan 2x}=\lim_{x\to 0}\frac{x}{2x}=\frac{1}{2}.$$

习题 2.6

1. 当 $x\to 0$ 时，判定下列各组无穷小量是否等价：

(1) $1-\cos x$ 与 $\sin x$；

(2) $x-x^2$ 与 $x-x^3$；

(3) $\sin x^\alpha$ 与 $\sin^\alpha x$ $(\alpha>0)$；

(4) $\tan x-\sin x$ 与 x^3.

2. 计算下列极限：

(1) $\lim\limits_{x\to 0}\dfrac{x\arcsin x\sin\dfrac{1}{x}}{\sin x}$；

(2) $\lim\limits_{x\to 0^+}\dfrac{\sqrt[3]{1-\cos x}}{\sqrt{x}}$；

(3) $\lim\limits_{x\to 0^+}\dfrac{x^2+\sin x^3}{\sqrt{x}+x}$；

(4) $\lim\limits_{x\to 0}\left(\dfrac{1}{\tan x^2}-\dfrac{1}{x}\right)$；

(5) $\lim\limits_{x\to 0}\dfrac{\sin x-\tan x}{(\sqrt[3]{1+x^2}-1)(\sqrt{1+\sin x}-1)}$；

(6) $\lim\limits_{x\to 0}\dfrac{1-\sqrt[3]{1-x+x^2}}{x}$.

3. 当 $x\to 0$ 时，$\dfrac{x^6}{1-\sqrt{\cos x^2}}$ 是 x 的几阶无穷小量？

2.7 函数的连续性

客观世界中的许多现象都是连续变化的. 所谓的连续就是不间断. 例如，物体不停地运动时，路程随着时间的变化而不断增大，一天中气温随着时间的变化而不断上升或下降，等等. 这些现象反映在数学上就是函数的"连续性"，它们的图像都是一条连续不断的曲线.

连续是微积分最基本的概念之一，函数的连续性与函数的极限有着密切的联系. 本节给出了函数连续性的概念以及连续函数的一些重要性质.

2.7.1 连续函数的概念

假设函数 $y=f(x)$ 的图像如图 2-8 所示，其中在点 x_1 和点 x_2 处，函数的图像发生

了间断，称点 x_1 和点 x_2 为间断点，没有发生间断的点称为连续点，例如点 x_0 为连续点.

从图 2-8 中还可以看出，在间断点 x_1 处函数无定义，而在间断点 x_2 处，函数值有一个跳跃. 当自变量从 x_2 左侧变化到 x_2 右侧时，对应的函数值发生显著变化. 在连续点 x_0 处，情况正相反：当自变量从点 x_0 向左或向右作微小改变时，对应的函数值也只作微小改变. 也就是说，当 x 无限接近于点 x_0 时，对应的函数值 $f(x)$ 无限接近于 $f(x_0)$，由此引出了连续函数的定义.

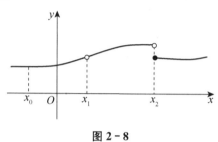

图 2-8

定义 2.7.1 若函数 $y = f(x)$ 在点 x_0 的某个邻域内有定义，且满足

$$\lim_{x \to x_0} f(x) = f(x_0),$$

则称函数 $y = f(x)$ 在点 x_0 处**连续**，点 x_0 称为函数 $y = f(x)$ 的**连续点**.

在定义 2.7.1 中，如果将 $x - x_0$ 记为 Δx（称为自变量的**改变量**或**增量**），将 $f(x_0 + \Delta x) - f(x_0)$ 记为 Δy（称为因变量的**改变量**或**增量**），则函数的连续性还可以有如下定义.

定义 2.7.1' 若函数 $y = f(x)$ 在点 x_0 的某个邻域内有定义，且满足

$$\lim_{\Delta x \to 0} \Delta y = \lim_{\Delta x \to 0} [f(x_0 + \Delta x) - f(x_0)] = 0,$$

则称函数 $y = f(x)$ 在点 x_0 处连续，点 x_0 称为函数 $y = f(x)$ 的连续点.

函数 $y = f(x)$ 在点 x_0 处连续的定义也可以用"$\varepsilon - \delta$"语言给出.

定义 2.7.2 设函数 $y = f(x)$ 在点 x_0 的某邻域内有定义，若对于任意 $\varepsilon > 0$，存在 $\delta > 0$，当 $|x - x_0| < \delta$ 时，恒有

$$|f(x) - f(x_0)| < \varepsilon$$

成立，则称 $y = f(x)$ 在点 x_0 处连续，且称点 x_0 为函数 $y = f(x)$ 的连续点.

如果只考虑单侧极限，当 $\lim\limits_{x \to x_0^-} f(x) = f(x_0)$ 成立时，称 $y = f(x)$ 在点 x_0 处**左连续**，当 $\lim\limits_{x \to x_0^+} f(x) = f(x_0)$ 成立时，称 $y = f(x)$ 在点 x_0 处**右连续**.

显然，函数 $f(x)$ 在点 x_0 处连续当且仅当 $f(x)$ 在点 x_0 处左连续且右连续.

定义 2.7.3 如果函数 $y = f(x)$ 在区间 (a, b) 内每一点处都连续，则称 $y = f(x)$ 在 (a, b) 内连续.

如果 $y = f(x)$ 在 (a, b) 内连续且在 a 处右连续，则称 $y = f(x)$ 在 $[a, b)$ 上连续.

类似地，可以定义 $y=f(x)$ 在区间 $(a, b]$，$[a, b]$ 上的连续性，请读者自己给出.

显然常函数 $y=C$ 在 $(-\infty, +\infty)$ 内连续.

2.7.2　连续函数的性质

定理 2.7.1（连续函数的四则运算）　若函数 $f(x)$，$g(x)$ 都在点 x_0 处连续，则 $f(x)\pm g(x)$，$f(x)g(x)$，$\dfrac{f(x)}{g(x)}(g(x_0)\neq 0)$ 在点 x_0 处也连续.

利用极限的四则运算法则与连续的定义容易证明定理 2.7.1.

定理 2.7.2（复合函数的连续性）　若 $y=f(u)$ 在点 u_0 处连续，$u=g(x)$ 在点 x_0 处连续且 $u_0=g(x_0)$，则 $y=f[g(x)]$ 在点 x_0 处连续.

证　在定理 2.4.3 中，若令 $A=f(u_0)$，$u_0=g(x_0)$，同时去掉条件"$u=g(x)$ 在 x_0 的去心邻域 $\mathring{U}(x_0, \delta_0)$ 内有 $g(x)\neq u_0$"，则由连续的定义，即得定理 2.7.2.

条件"$g(x)\neq u_0$"可以去掉，因为当 $g(x)=u_0$ 时，恒有

$$|f[g(x)]-f(u_0)|=|f(u_0)-f(u_0)|<\varepsilon$$

成立.

此外，不加证明地给出反函数的连续性.

定理 2.7.3（反函数的连续性）　若 $y=f(x)$ 在区间 $[a, b]$ 上单调、连续，则其反函数在相应的区间上单调、连续.

可以证明基本初等函数在其定义域内都是连续的，再利用定理 2.7.1 和定理 2.7.2 容易得到结论：初等函数在其定义区间内都是连续的.

注　（1）若 $f(x)$ 连续，$\lim g(x)$ 存在，则极限号与对应法则可以互换，即

$$\lim f[g(x)]=f[\lim g(x)].$$

（2）可以利用函数的连续性求函数的极限，即若求连续函数在某点的极限值，只需求出函数在该点的函数值即可.

例 2.7.1　讨论函数 $f(x)=\begin{cases} 1+\mathrm{e}^x, & x\leqslant 0 \\ 2-x^2, & x>0 \end{cases}$ 在 $x=0$ 处的连续性.

解　因为

$$\lim_{x\to 0^-} f(x)=\lim_{x\to 0^-}(1+\mathrm{e}^x)=2, \quad \lim_{x\to 0^+} f(x)=\lim_{x\to 0^+}(2-x^2)=2, \quad f(0)=1+\mathrm{e}^0=2,$$

所以

$$\lim_{x\to 0^-} f(x)=\lim_{x\to 0^+} f(x)=f(0),$$

从而 $f(x)$ 在 $x=0$ 处连续.

例 2.7.2 讨论函数 $f(x)=\begin{cases}\arctan\dfrac{1}{x}, & x<0 \\ -\dfrac{\pi}{2}+x^2, & x\geqslant 0\end{cases}$ 在定义域内的连续性.

解 因为 $f(x)$ 在 $(-\infty,0)$，$(0,+\infty)$ 内为初等函数，所以 $f(x)$ 在 $(-\infty,0)$ $\bigcup(0,+\infty)$ 内连续. 在 $x=0$ 处，$f(0)=-\dfrac{\pi}{2}$，且

$$\lim_{x\to 0^-}f(x)=\lim_{x\to 0^-}\arctan\frac{1}{x}=-\frac{\pi}{2}, \quad \lim_{x\to 0^+}f(x)=\lim_{x\to 0^+}\left(-\frac{\pi}{2}+x^2\right)=-\frac{\pi}{2},$$

所以

$$\lim_{x\to 0^-}f(x)=\lim_{x\to 0^+}f(x)=f(0),$$

从而 $f(x)$ 在 $x=0$ 处连续，因此函数 $f(x)$ 在 $(-\infty,+\infty)$ 内连续.

例 2.7.3 已知 $\lim\limits_{x\to 1}\dfrac{x^2+ax+b}{1-x}=5$，求 a 和 b 的值.

解 因为当 $x\to 1$ 时，$1-x\to 0$，所以有

$$\lim_{x\to 1}(x^2+ax+b)=0,$$

由连续函数的定义可知 $x=1$ 为方程 $x^2+ax+b=0$ 的一个根. 令

$$x^2+ax+b=(x-1)(x-k),$$

则

$$\lim_{x\to 1}\frac{x^2+ax+b}{1-x}=\lim_{x\to 1}\frac{(x-1)(x-k)}{1-x}=\lim_{x\to 1}(-x+k)=5,$$

所以 $k=6$，从而求得 $a=-7$，$b=6$.

微课

例 2.7.3

例 2.7.4 已知 $\lim f(x)=A\ (A>0)$，$\lim g(x)=B$，试求 $\lim f(x)^{g(x)}$.

解 由连续函数的性质，

$$\lim f(x)^{g(x)}=\lim e^{g(x)\ln f(x)}=e^{\lim g(x)\ln f(x)}=e^{\lim g(x)\cdot\ln[\lim f(x)]}=e^{B\ln A}=A^B.$$

例 2.7.5 求极限 $\lim\limits_{x\to 0}(1+3x+x^2)^{\frac{1}{x}}$.

解 $\lim\limits_{x\to 0}(1+3x+x^2)^{\frac{1}{x}}=\lim\limits_{x\to 0}(1+3x+x^2)^{\frac{1}{3x+x^2}\cdot\frac{3x+x^2}{x}}$

$$=\lim_{x\to 0}\left[(1+3x+x^2)^{\frac{1}{3x+x^2}}\right]^{3+x}=e^3.$$

例 2.7.6 证明当 $x\to 0$ 时，$\ln(1+x)\sim x$.

证 因为

$$\lim_{x\to 0}\ln(1+x)=0, \quad \lim_{x\to 0}x=0,$$

且

$$\lim_{x\to 0}\frac{\ln(1+x)}{x}=\lim_{x\to 0}\ln(1+x)^{\frac{1}{x}}=\ln\left[\lim_{x\to 0}(1+x)^{\frac{1}{x}}\right]=\ln e=1,$$

所以当 $x\to 0$ 时，

$$\ln(1+x)\sim x.$$

利用例 2.7.6 的结论容易证明当 $x\to 0$ 时，

$$e^x-1\sim x.$$

例 2.7.7　证明当 $x\to 0$ 时，$a^x-1\sim x\ln a$ （$a>0$，$a\neq 1$）.

证　由连续函数的性质可知 $\lim\limits_{x\to 0}(a^x-1)=0$，令 $t=x\ln a$，则

$$\lim_{x\to 0}\frac{a^x-1}{x\ln a}=\lim_{x\to 0}\frac{e^{x\ln a}-1}{x\ln a}=\lim_{t\to 0}\frac{e^t-1}{t}=1,$$

所以当 $x\to 0$ 时，

$$a^x-1\sim x\ln a.$$

例 2.7.8　证明当 $x\to 0$ 时，$(1+x)^\alpha-1\sim\alpha x$ （$\alpha\neq 0$）.

证　因为

$$\lim_{x\to 0}\left[(1+x)^\alpha-1\right]=0,$$

而

$$\lim_{x\to 0}\frac{(1+x)^\alpha-1}{\alpha x}=\lim_{x\to 0}\frac{(1+x)^\alpha-1}{\alpha\ln(1+x)}=\lim_{x\to 0}\frac{(1+x)^\alpha-1}{\ln\left[(1+x)^\alpha-1+1\right]},$$

令 $t=(1+x)^\alpha-1$，则

$$\lim_{x\to 0}\frac{(1+x)^\alpha-1}{\alpha x}=\lim_{t\to 0}\frac{t}{\ln(t+1)}=1.$$

所以

$$(1+x)^\alpha-1\sim\alpha x.$$

特别地，当 $x\to 0$ 时，

$$\sqrt{1+x}-1\sim\frac{1}{2}x.$$

例 2.7.9　求极限 $\lim\limits_{x\to 0}\dfrac{e^{x^2}-1}{1-\cos\sqrt{1-\cos x}}$.

解　因为当 $x\to 0$ 时，

$$e^{x^2}-1 \sim x^2, \quad 1-\cos x \sim \frac{x^2}{2},$$

所以

$$1-\cos\sqrt{1-\cos x} \sim \frac{1-\cos x}{2} \sim \frac{x^2}{4},$$

从而

$$\lim_{x \to 0}\frac{e^{x^2}-1}{1-\cos\sqrt{1-\cos x}} = \lim_{x \to 0}\frac{x^2}{\frac{x^2}{4}} = 4.$$

2.7.3 函数的间断点

根据定义，函数 $f(x)$ 在点 x_0 处连续的条件是：

(1) $\lim\limits_{x \to x_0} f(x)$ 存在；

(2) $f(x)$ 在点 x_0 处有定义；

(3) $\lim\limits_{x \to x_0} f(x) = f(x_0)$.

上述三个条件中，若有一个条件不满足，则称函数 $f(x)$ 在点 x_0 处是**间断**的，称点 x_0 为 $f(x)$ 的**间断点**.

间断点可以分为以下两类：

(1) **第一类间断点**. 设点 x_0 是 $f(x)$ 的间断点，如果 $f(x)$ 在点 x_0 处的左、右极限都存在，则称点 x_0 为 $f(x)$ 的第一类间断点.

设点 x_0 是 $f(x)$ 的第一类间断点. 如果 $f(x)$ 在点 x_0 处的左、右极限相等，则称点 x_0 为 $f(x)$ 的**可去间断点**；如果 $f(x)$ 在点 x_0 处的左、右极限不相等，则称点 x_0 为 $f(x)$ 的**跳跃间断点**.

注 在可去间断点处，可以补充或改变该点的定义为其极限，使得函数在该点处连续.

(2) **第二类间断点**. 设点 x_0 是 $f(x)$ 的间断点，如果 $f(x)$ 在点 x_0 处的左、右极限至少有一个不存在，则称点 x_0 为 $f(x)$ 的第二类间断点.

第二类间断点的情况比较复杂，其中左、右极限中至少有一个为 ∞ 的间断点，称为**无穷间断点**.

如图 2-9 所示，x_1 为可去间断点，x_2 为跳跃间断点，x_3 为无穷间断点.

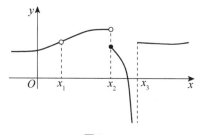

图 2-9

又如函数 $y=\sin\dfrac{1}{x}$ ，当 $x\to 0$ 时，左右极限都不存在，故 $x=0$ 是 $\sin\dfrac{1}{x}$ 的第二类间断

点．当 $x\to 0$ 时，函数值在 1 与 -1 间无限次变动，称 $x=0$ 是函数 $y=\sin\dfrac{1}{x}$ 的**振荡间断点**．

例 2.7.10 指出下列函数的间断点，并判断间断点的类型．

(1) $f(x)=x\sin\dfrac{1}{x}$ ；

(2) $f(x)=\mathrm{e}^{\frac{1}{x}}$ ；

(3) $f(x)=\begin{cases}x-1, & -1<x<0 \\ \sqrt{1-x^2}, & 0\leqslant x<1\end{cases}$ ．

解 (1) 因为

$$\lim_{x\to 0}f(x)=\lim_{x\to 0}x\sin\dfrac{1}{x}=0,$$

而函数 $f(x)$ 在点 $x=0$ 处无定义，所以点 $x=0$ 为 $f(x)$ 的第一类间断点中的可去间断点．

(2) 因为

$$\lim_{x\to 0^-}f(x)=\lim_{x\to 0^-}\mathrm{e}^{\frac{1}{x}}=0, \quad \lim_{x\to 0^+}f(x)=\lim_{x\to 0^+}\mathrm{e}^{\frac{1}{x}}=+\infty,$$

所以点 $x=0$ 为 $f(x)$ 的第二类间断点中的无穷间断点．

(3) 因为

$$\lim_{x\to 0^-}f(x)=\lim_{x\to 0^-}(x-1)=-1, \quad \lim_{x\to 0^+}f(x)=\lim_{x\to 0^+}\sqrt{1-x^2}=1,$$

所以点 $x=0$ 为 $f(x)$ 的第一类间断点中的跳跃间断点．

2.7.4 闭区间上的连续函数的性质

闭区间上的连续函数有许多重要性质，直观上来看，这些性质的正确性是容易理解的，但是严格证明需要用到一些数列极限的基本定理，因而这里将定理的证明略去．

定理 2.7.4 （**有界性定理**） 如果函数 $f(x)$ 在闭区间 $[a,b]$ 上连续，则 $f(x)$ 一定在 $[a,b]$ 上有界，即存在正数 M ，对任意的 $x\in[a,b]$ ，都有 $|f(x)|\leqslant M$ ．

定理 2.7.5 （**最值定理**） 如果函数 $f(x)$ 在 $[a,b]$ 上连续，则 $f(x)$ 在 $[a,b]$ 上一定存在最大值和最小值．

定理 2.7.6 （**介值定理**） 如果函数 $f(x)$ 在 $[a,b]$ 上连续，m 和 M 分别为 $f(x)$ 在 $[a,b]$ 上的最小值和最大值，且 $m<M$ ，则对介于 m 与 M 之间的任一数 C ，即 $m<C<M$ ，至少存在一点 $\xi\in(a,b)$ 使得 $f(\xi)=C$ ．

注 定理 2.7.6 中的条件如果改为 $m\leqslant C\leqslant M$ ，则结论为至少存在一点 $\xi\in[a,b]$ ，使得 $f(\xi)=C$ 成立．

介值定理的几何意义如图 2-10 所示．

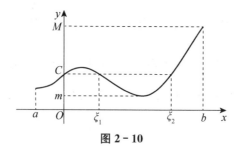

图 2 - 10

利用定理 2.7.5 和定理 2.7.6，可以证明如下结论.

定理 2.7.7 （零点定理） 如果 $f(x)$ 在 $[a，b]$ 上连续，且 $f(a)f(b)<0$，则至少存在一点 $\xi\in(a，b)$，使得 $f(\xi)=0$.

证 因为 $f(x)$ 在 $[a，b]$ 上连续，所以存在最大值 M 和最小值 m，又因为 $f(a)f(b)<0$，即 $f(a)$ 与 $f(b)$ 异号，所以 $m<0<M$，因此由介值定理知，至少存在一点 $\xi\in(a，b)$，使得 $f(\xi)=0$.

零点定理的几何意义如图 2-11 所示.

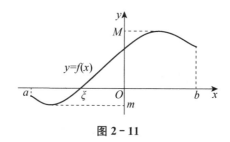

图 2 - 11

例 2.7.11 设多项式函数 $f(x)=a_nx^n+a_{n-1}x^{n-1}+\cdots+a_1x+a_0$ $(a_n\neq0)$，证明：当 n 为奇数时，$f(x)=0$ 在 $(-\infty，+\infty)$ 内一定有根.

证 不妨设 $a_n>0$，由 n 为奇数，得

$$\lim_{x\to+\infty}f(x)=+\infty，\quad \lim_{x\to-\infty}f(x)=-\infty.$$

因为 $f(x)$ 在 $(-\infty，+\infty)$ 内连续，故必存在 $a<0$，$b>0$，使得

$$f(a)<0，\quad f(b)>0，$$

微课

例 2.7.11

且 $f(x)$ 在 $[a，b]$ 上连续. 由零点定理可知，至少存在一点 $x_0\in(a，b)$，使得 $f(x_0)=0$，从而 $f(x)=0$ 在 $(-\infty，+\infty)$ 内一定有根.

例 2.7.12 证明方程 $\mathrm{e}^x-3x=0$ 在 $(0，1)$ 内至少有一个实根.

证 设 $f(x)=\mathrm{e}^x-3x$，则 $f(x)$ 在区间 $[0，1]$ 上连续，且

$$f(0)=1>0，\quad f(1)=\mathrm{e}-3<0，$$

由零点定理可知，方程 $\mathrm{e}^x-3x=0$ 在 $(0，1)$ 内至少有一个实根.

习题 2.7

1. 求下列函数的间断点，并判定间断点的类型. 若是可去间断点，则补充或改变定义，使得函数在该点连续.

(1) $y = \dfrac{x-1}{\sin \pi (x-1)}$;

(2) $y = \dfrac{x^3 - 1}{x^2 + x - 2}$;

(3) $y = 1 + \dfrac{|x+1|}{x+1}$;

(4) $y = \dfrac{1}{1 + 2^{\frac{1}{x}}}$.

2. 求函数 $f(x) = \begin{cases} \sin \dfrac{1}{x+1}, & x < -1 \\ 0, & x = 0 \\ \dfrac{\sin x}{x}, & 0 < |x| \leqslant 1 \\ 1, & x > 1 \end{cases}$ 的间断点，并指出它们的类型.

3. 已知 $f(x) = \begin{cases} \sqrt{1+x^2} - 1, & 0 < x \leqslant 1 \\ \mathrm{e}^{x-1} + a, & x > 1 \end{cases}$ 在 $x = 1$ 处连续，求 a 的值.

4. 设 $f(x)$ 在点 x_0 处连续，证明 $|f(x)|$ 也在点 x_0 处连续. 其逆是否正确？说明理由.

5. 计算下列极限.

(1) $\lim\limits_{x \to 1} \dfrac{x^2 - x + 1}{x + 1}$;

(2) $\lim\limits_{x \to \frac{\pi}{4}} \ln(\sin x + \cos x)$;

(3) $\lim\limits_{x \to 0} (\cos x)^{1 + \cot^2 x}$;

(4) $\lim\limits_{x \to 0} \left(\dfrac{1 - 3x}{1 + 2x} \right)^{x^2}$;

(5) $\lim\limits_{x \to 1} x^{\frac{1}{1-x}}$;

(6) $\lim\limits_{x \to \infty} \left(1 - \dfrac{2}{x} + \dfrac{1}{x^2} \right)^x$;

(7) $\lim\limits_{x \to 0} \dfrac{\mathrm{e}^{\tan x} - \mathrm{e}^{\sin x}}{\tan^3 x}$;

(8) $\lim\limits_{x \to \infty} \dfrac{\arctan x^2}{x(\sqrt[3]{x + x^3} - x)}$.

6. 已知 $\lim\limits_{x \to -1} \dfrac{2x^2 + ax + b}{x + 1} = 3$，求 a，b 的值.

7. 求极限 $\lim\limits_{n \to \infty} n^2 (a^{\frac{1}{n}} + a^{-\frac{1}{n}} - 2)$ $(a > 0, a \neq 1)$.

8. 设函数 $f(x)$ 在 $x = 1$ 处连续，且 $f(1) = 0$，求极限 $\lim\limits_{x \to 0} f \left(\dfrac{x}{\arcsin x} \right)$.

9. 已知 $\lim\limits_{x \to \infty} \left(\dfrac{x-a}{x+a} \right)^x = 3$，求 a 的值.

10. 设 n 次多项式 $P(x) = a_n x^n + a_{n-1} x^{n-1} + \cdots + a_1 x + a_0$ $(a_n \neq 0)$ 满足 $\lim\limits_{x \to \infty} \dfrac{P(x) - x^3}{x^3} = -2$,

(1) 求 n 及 a_n 的值;

(2) 如果 $\lim\limits_{x\to 0}\dfrac{P(x)}{x^2}=3$，求 $P(x)$ 的表达式.

11. 设 $f(x)$ 在区间 $[a,b]$ 上连续且不变号，证明：对 $\forall x_1,x_2\in[a,b]$ $(x_1<x_2)$，必存在 $\xi\in[x_1,x_2]$，使得 $|f(\xi)|=\sqrt{f(x_1)f(x_2)}$.

12. 证明方程 $\ln x=x-e$ 在 $(1,e^2)$ 内必有实根.

13. 证明方程 $x=a\sin x+b$（其中 $a>0$，$b>0$）至少有一个正根，并且它不超过 $a+b$.

14. 若 $f(x)$ 在 $[a,b]$ 上连续，$a<x_1<x_2<\cdots<x_n<b$，则在 (a,b) 内至少有一点 ξ，使得

$$f(\xi)=\frac{f(x_1)+f(x_2)+\cdots+f(x_n)}{n}.$$

15. 证明：若 $f(x)$ 在 $(-\infty,+\infty)$ 内连续，且 $\lim\limits_{x\to\infty}f(x)$ 存在，则 $f(x)$ 在 $(-\infty,+\infty)$ 内有界.

本章小结

本章主要讨论了函数的极限与连续的概念和性质.

在极限的分析定义中，"ε" 是刻画函数与极限值无限接近程度的量，而 "N""δ""X" 等则用来表达当函数与极限的差距满足接近程度的要求时自变量的范围，通常 "N""δ""X" 随 "ε" 而定.

数列极限具有唯一性、有界性、保号性；收敛数列的任一子数列也收敛，且收敛于同一极限值. 函数极限具有唯一性、局部有界性、局部保号性. 注意函数极限与数列极限的关系.

应用极限的四则运算法则和复合运算法则求极限时，要注意法则使用的前提条件. 迫敛性准则和单调有界准则是分析、计算极限的重要方法，其应用的典型例子是导出两个重要极限. 熟记两个重要极限的基本形式，利用它们求极限时常常要对函数做适当的变形.

无穷小量是以极限的形式定义的，函数有极限时可将该函数写成极限与无穷小量之和. 无穷大量的倒数为无穷小量，一般地，无穷大量的问题可以转化为无穷小量来讨论. 可通过求极限比较无穷小量的阶，应熟记一些常见的等价无穷小量.

在连续的意义下，复合函数的对应规则与极限号可以交换. 利用极限的运算法则及连续的定义，可得初等函数在其定义域内的任何区间上都是连续的. 分段函数在分段点连续当且仅当函数在该点既左连续又右连续. 判别间断点的类型经常需要考虑左右极限.

闭区间上连续函数的性质：有界且有最大最小值；端点处的函数值异号时，函数在区间内必有零点；当函数不是常函数时，其值域即为端点取为函数的最大值、最小值的闭区间. 这三条性质是一元微积分学的重要理论，且在一些与闭区间上的连续函数相关的命题证明中有应用.

总复习题 2

1. 填空题

(1) $\lim\limits_{n\to\infty}\dfrac{(2n+1)^{20}(3n+2)^{30}}{(5n-1)^{50}}=$_____.

(2) 若 $f(x)=\begin{cases} x^2+2x-3, & x\leqslant 1 \\ x, & 1<x<2 \\ 2x-2, & x\geqslant 2 \end{cases}$，则

$\lim\limits_{x\to-5}f(x)=$_____，$\lim\limits_{x\to1}f(x)=$_____，

$\lim\limits_{x\to2}f(x)=$_____，$\lim\limits_{x\to3}f(x)=$_____.

(3) 设 $f(x)=\lim\limits_{n\to\infty}2^n\sin\dfrac{3x+1}{2^n}$，则 $f(x)=$_____.

(4) 为使 $f(x)=\dfrac{\sin2x}{\arctan3x}$ 在 $x=0$ 处连续，需补充定义 $f(0)=$_____.

(5) 若当 $x\to0$ 时，$(e^{x^2}-1)\sin^3x\sim x^a$，则 $a=$_____.

2. 选择题

(1) 设数列 $\{x_n\}$ 和 $\{y_n\}$ 满足 $\lim\limits_{n\to\infty}x_ny_n=0$，则下列说法正确的是（　　）.

(A) $\lim\limits_{n\to\infty}x_n=0$ 或 $\lim\limits_{n\to\infty}y_n=0$

(B) 若 $\{x_n\}$ 无界，则 $\{y_n\}$ 有界

(C) 当 $n\to\infty$ 时，若 $\lim\limits_{n\to\infty}x_n=\infty$，则 $\lim\limits_{n\to\infty}y_n=0$

(D) 若 $\{x_n\}$ 有界，则 $\lim\limits_{n\to\infty}y_n=0$

(2) 当 $x\to0$ 时，与 x 等价的无穷小量为（　　）.

(A) $\sqrt{|x|}+\sin x$ \qquad\qquad (B) $\sqrt{1+x}-1$

(C) $\ln(1-x)$ \qquad\qquad (D) $x+\dfrac{1}{2}x^2$

3. 设函数 $f(x)=\begin{cases} e^{\frac{1}{x}}, & x<0 \\ a+\cos x, & x>0 \end{cases}$，问 a 为何值时，极限 $\lim\limits_{x\to0}f(x)$ 存在.

4. 求下列极限：

(1) $\lim\limits_{n\to\infty}\dfrac{a^n}{1+a^n}$ $(a\neq-1)$；

(2) $\lim\limits_{n\to\infty}(\sqrt{1+2+\cdots+n}-\sqrt{1+2+\cdots+(n-1)})$；

(3) $\lim\limits_{n\to\infty}\dfrac{n\arctan n^2}{\sqrt{n^2+1}}$；

(4) $\lim\limits_{n\to\infty}\left(\dfrac{1}{1\times2}+\dfrac{1}{2\times3}+\cdots+\dfrac{1}{n\times(n+1)}\right)$；

(5) $\lim\limits_{n\to\infty}\dfrac{\sqrt{n^2+1}+\sqrt{n}}{\sqrt[4]{n^3+n}-n}$；

(6) $\lim\limits_{n\to\infty}\dfrac{1+\frac{1}{2}+\frac{1}{4}+\cdots+\frac{1}{2^n}}{1+\frac{1}{3}+\frac{1}{9}+\cdots+\frac{1}{3^n}}$；

(7) $\lim\limits_{x \to 2} \dfrac{x^2+5}{x-3}$；

(8) $\lim\limits_{x \to \infty} \dfrac{1-x-3x^3}{1+x^2+3x^3}$；

(9) $\lim\limits_{x \to 1} \dfrac{x^m-1}{x^n-1}$（$m$，$n$ 是正整数）；

(10) $\lim\limits_{x \to 0} \dfrac{\sqrt{1+x^2}-1}{x}$；

(11) $\lim\limits_{x \to 1} \dfrac{\sqrt{3-x}-\sqrt{1+x}}{x^2-1}$；

(12) $\lim\limits_{x \to 1} \dfrac{\sqrt[3]{x}-1}{\sqrt{x}-1}$；

(13) $\lim\limits_{n \to \infty}\left(\dfrac{1}{n}\sin n - n\sin\dfrac{1}{n}\right)$；

(14) $\lim\limits_{n \to \infty}\left(1+\dfrac{1}{n}\right)^{6n+2}$；

(15) $\lim\limits_{x \to \infty}\left(\dfrac{x^3}{2x^2-1}-\dfrac{x^2}{2x+1}\right)$；

(16) $\lim\limits_{x \to \infty}\left(\dfrac{x^2}{x^2-1}\right)^x$；

(17) $\lim\limits_{x \to \frac{\pi}{2}}(1+\cos x)^{3\sec x}$；

(18) $\lim\limits_{x \to 1}\left(\dfrac{1}{\ln x}-\dfrac{x}{\ln x}\right)$；

(19) $\lim\limits_{x \to 0}\left(\dfrac{1+\tan x}{1+\sin x}\right)^{\frac{1}{x^3}}$；

(20) $\lim\limits_{n \to \infty}\sin(\pi\sqrt{n^2+1})$；

(21) $\lim\limits_{\alpha \to \beta} \dfrac{e^\alpha-e^\beta}{\alpha-\beta}$；

(22) $\lim\limits_{x \to \infty} \dfrac{x+1}{x^2+x}(2+\sin x)$.

5. 若函数 $f(x)$ 满足 $\lim\limits_{x \to 0} \dfrac{\sqrt{1+f(x)\sin x}-1}{e^{2x}-1}=3$，求极限 $\lim\limits_{x \to 0} f(x)$.

6. 已知 $\lim\limits_{x \to 2}\left(1+\dfrac{ax+b}{x^2-3x+2}\right)=8$，求常数 a，b 的值.

7. 求下列函数的间断点，并判断间断点的类型. 如果是可去间断点，则补充或改变定义，使其在该点连续.

(1) $y=\dfrac{\tan 2x}{x}$；

(2) $y=\dfrac{e^{\frac{1}{x}}+1}{e^{\frac{1}{x}}-1}$.

8. 讨论函数 $f(x)=\lim\limits_{n \to \infty} \dfrac{1-x}{1+x^{2n}}$ 的间断点，并判断其类型.

9. 判定下列说法的正确性. 如果正确，说明理由；如果错误，请给出一个反例.

(1) 如果数列 $\{x_n\}$，$\{y_n\}$ 均发散，则数列 $\{x_n y_n\}$ 必发散.

(2) 设函数 $f(x)$ 在 **R** 上连续，函数 $g(x)$ 在 **R** 上有定义且有间断点，则

  (i) 函数 $g[f(x)]$ 必有间断点；(ii) 函数 $f[g(x)]$ 未必有间断点.

(3) 如果函数 $f(x)g(x)$ 在点 x_0 处间断，则 $f(x)+g(x)$ 在点 x_0 处必间断.

10. 确定函数 $f(x)$ 的定义域，并求常数 a，b，使其在定义域内连续.

$$f(x)=\begin{cases} \dfrac{\sin 3x}{x}, & x<0 \\ a, & x=0. \\ \dfrac{\ln(1+x)}{x}+b, & x>0 \end{cases}$$

11. 证明方程 $x^3 - 3x = 1$ 至少有根介于 1 和 2 之间.

12. 证明方程 $x2^x = 1$ 至少有一个小于 1 的根.

13. 求 $\lim\limits_{n \to \infty} \sqrt[n]{1 + x^n}$ $(0 \leqslant x \leqslant 1)$.

14. 设 $f(x)$ 在 $[0, 2]$ 上连续，且 $f(0) = f(2)$，试证在 $[0, 1]$ 上至少存在一点 ξ，使得 $f(\xi) = f(\xi + 1)$ 成立.

*15. 设 $0 < x_1 < 3$，$x_{n+1} = \sqrt{x_n(3 - x_n)}$，问数列 $\{x_n\}$ 的极限是否存在. 若存在，求其值.

*16. 已知 $f(x)$ 为三次多项式，且 $\lim\limits_{x \to 2a} \dfrac{f(x)}{x - 2a} = \lim\limits_{x \to 4a} \dfrac{f(x)}{x - 4a} = 1$，其中 $a \neq 0$，求 $\lim\limits_{x \to 3a} \dfrac{f(x)}{x - 3a}$.

17. 设 $f(x)$ 在 $[0, +\infty)$ 上连续，且对任意自然数 n，$f(x)$ 在 $[n, n+1]$ 上单调，若 $f(n)f(n+1) < 0$，

(1) 证明：存在唯一的 $\xi_n \in (n, n+1)$，使得 $f(\xi_n) = 0$；

(2) 对 (1) 中的 ξ_n，求极限 $\lim\limits_{n \to \infty} n \sin \dfrac{2\pi}{\xi_n}$.

第3章 导数与微分

微积分学主要由微分学与积分学两大部分组成，而导数与微分是微分学的两个基本概念. 本章将主要介绍导数与微分的概念、计算方法及导数在经济学中的应用.

3.1 导数的概念

导数的概念最早源于 17 世纪，当时英国数学家牛顿（Newton）和德国数学家莱布尼茨（Leibniz）分别从速度问题和切线问题出发，提出了导数的概念. 下面先来讨论这两个问题.

3.1.1 引例

一、变速直线运动的瞬时速度

设有一质点沿同一方向作变速直线运动，其路程 s 是时间 t 的函数，记作 $s=s(t)$. 当时间 t 由 t_0 变化到 $t_0+\Delta t(\Delta t>0)$ 时，其经过的路程为 $\Delta s=s(t_0+\Delta t)-s(t_0)$. 易知，在 t_0 到 $t_0+\Delta t$ 的这段时间内，质点的平均速度 $\bar{v}$ 为

$$\bar{v}=\frac{\Delta s}{\Delta t}=\frac{s(t_0+\Delta t)-s(t_0)}{\Delta t},$$

当 Δt 很小时（如果 $s(t)$ 为连续函数），平均速度 $\bar{v}$ 与时刻 t_0 的瞬时速度近似相等. Δt 越小，近似程度越高，且当 Δt 足够小时，近似程度就足够高了. 于是，当 $\Delta t \to 0$ 时，平均速度 $\bar{v}$ 的极限值即为时刻 t_0 的瞬时速度，记为 $v(t_0)$，即有

$$v(t_0)=\lim_{\Delta t \to 0}\frac{\Delta s}{\Delta t}=\lim_{\Delta t \to 0}\frac{s(t_0+\Delta t)-s(t_0)}{\Delta t}.$$

二、曲线在某点处切线的斜率

设平面曲线 C 的方程为 $y=f(x)$，求该曲线在点 $M(x_0, y_0)$ 处切线的斜率，其中 $y_0=f(x_0)$.

那么，什么是曲线的切线呢？如图 3-1 所示，设点 $N(x_0+\Delta x, y_0+\Delta y)$ 为曲线 C

上的另一点，作割线 MN. 当动点 N 沿着曲线 C 趋近于点 M 时，割线 MN 的极限位置 MT 就是曲线 C 在点 M 处的**切线**.

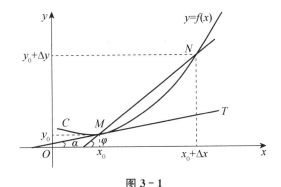

图 3-1

下面求该切线的斜率. 设割线 MN 的倾角为 φ，则割线的斜率为

$$\tan\varphi = \frac{\Delta y}{\Delta x} = \frac{f(x_0 + \Delta x) - f(x_0)}{\Delta x}.$$

当点 N 沿着曲线 C 无限接近点 M 时，即当 $\Delta x \to 0$ 时，割线 MN 的倾角 φ 就无限接近切线 MT 的倾角 α，于是有切线的斜率为

$$k = \tan\alpha = \lim_{\Delta x \to 0} \tan\varphi = \lim_{\Delta x \to 0} \frac{\Delta y}{\Delta x} = \lim_{\Delta x \to 0} \frac{f(x_0 + \Delta x) - f(x_0)}{\Delta x}.$$

3.1.2 导数的定义

上述两个引例的实际背景完全不同，但求解问题的思路相同，都可以归结为一种特殊形式的极限，即当自变量的改变量趋于零时函数的改变量与自变量的改变量之比的极限. 在自然科学、社会科学等诸多领域中还有很多问题，例如计算电流强度、角速度等都可以归结为这种形式的极限，这类实际问题的研究促使了导数概念的产生.

定义 3.1.1 设函数 $y = f(x)$ 在点 x_0 的某邻域内有定义，当自变量 x 在点 x_0 处取得改变量 Δx（点 $x_0 + \Delta x$ 仍在该邻域内）时，相应地，函数 y 取得改变量

$$\Delta y = f(x_0 + \Delta x) - f(x_0),$$

如果极限

$$\lim_{\Delta x \to 0} \frac{\Delta y}{\Delta x} = \lim_{\Delta x \to 0} \frac{f(x_0 + \Delta x) - f(x_0)}{\Delta x}$$

存在，则称函数 $y = f(x)$ 在点 x_0 处**可导**，并称此极限值为函数 $f(x)$ 在点 x_0 处的**导数**，记为 $f'(x_0)$，即

$$f'(x_0) = \lim_{\Delta x \to 0} \frac{\Delta y}{\Delta x} = \lim_{\Delta x \to 0} \frac{f(x_0 + \Delta x) - f(x_0)}{\Delta x}. \tag{3.1.1}$$

函数 $y=f(x)$ 在点 x_0 处的导数也可记为 $y'|_{x=x_0}$，$\dfrac{dy}{dx}\Big|_{x=x_0}$ 或 $\dfrac{df(x)}{dx}\Big|_{x=x_0}$.

如果式（3.1.1）中的极限不存在，则称函数 $f(x)$ 在点 x_0 处不可导，并称 x_0 为 $f(x)$ 的**不可导点**. 特别地，当 $\dfrac{\Delta y}{\Delta x}$（$\Delta x\to 0$）是无穷大量时，导数不存在，但为方便起见，类似地，也可借用极限的记号，记为 $f'(x_0)=\infty$，习惯上称 $f(x)$ 在点 x_0 处的导数为**无穷大**.

一般地，导数的定义也可写为

$$f'(x_0)=\lim_{h\to 0}\frac{f(x_0+h)-f(x_0)}{h},\tag{3.1.2}$$

若记 $x=x_0+\Delta x$，则有 $\Delta x\to 0\Leftrightarrow x\to x_0$，从而式（3.1.1）可写为

$$f'(x_0)=\lim_{x\to x_0}\frac{f(x)-f(x_0)}{x-x_0}.\tag{3.1.3}$$

3.1.3 单侧导数

有时需要讨论分段函数在分段点处的可导性，或函数在定义区间端点处的可导性，这时需要用到左、右导数的概念.

定义 3.1.2 设函数 $y=f(x)$ 在 $(x_0-\delta, x_0]$ 上有定义，如果极限

$$\lim_{\Delta x\to 0^-}\frac{f(x_0+\Delta x)-f(x_0)}{\Delta x}$$

存在，则称此极限值为 $y=f(x)$ 在点 x_0 处的**左导数**，记为 $f'_-(x_0)$，即

$$f'_-(x_0)=\lim_{\Delta x\to 0^-}\frac{f(x_0+\Delta x)-f(x_0)}{\Delta x},$$

或

$$f'_-(x_0)=\lim_{x\to x_0^-}\frac{f(x)-f(x_0)}{x-x_0}.$$

类似地，可定义函数 $y=f(x)$ 在点 x_0 处的**右导数**，即

$$f'_+(x_0)=\lim_{\Delta x\to 0^+}\frac{f(x_0+\Delta x)-f(x_0)}{\Delta x}=\lim_{x\to x_0^+}\frac{f(x)-f(x_0)}{x-x_0}.$$

左导数与右导数统称为**单侧导数**.

根据极限与单侧极限之间的关系定理 2.2.2，即得导数与单侧导数的关系.

定理 3.1.1 $f(x)$ 在点 x_0 处可导的充要条件是 $f(x)$ 在点 x_0 处的左导数 $f'_-(x_0)$ 与右导数 $f'_+(x_0)$ 都存在且相等.

如果函数 $y=f(x)$ 在开区间 (a,b) 内的每一点处都可导，则称 $f(x)$ 在开区间

(a, b) 内可导；如果 $f(x)$ 在 (a, b) 内可导，且 $f'_+(a)$ 与 $f'_-(b)$ 都存在，则称 $\boldsymbol{f(x)}$ 在闭区间 $[a, b]$ 上可导.

若函数 $y=f(x)$ 在区间 I 上可导，则对 $\forall x \in I$，都有唯一确定的导数值 $f'(x)$ 或单侧导数值与之对应，这样就构成了一个新的函数，该函数称为函数 $y=f(x)$ 的**导函数**，也简称**导数**，记作

$$f'(x), \quad y', \quad \frac{\mathrm{d}y}{\mathrm{d}x} \text{ 或 } \frac{\mathrm{d}f(x)}{\mathrm{d}x},$$

即

$$f'(x)=\lim_{\Delta x \to 0}\frac{f(x+\Delta x)-f(x)}{\Delta x}.$$

若 $f(x)$ 在点 x_0 的某邻域内可导，则

$$f'(x_0)=f'(x)\big|_{x=x_0}.$$

例 3.1.1 求函数 $y=C$ 的导数.

解 由于

$$\Delta y=f(x+\Delta x)-f(x)=C-C=0,$$

所以

$$\lim_{\Delta x \to 0}\frac{\Delta y}{\Delta x}=\lim_{\Delta x \to 0}0=0,$$

即

$$C'=0.$$

例 3.1.2 求函数 $y=x^\alpha$ $(\alpha \in \mathbf{R})$ 的导数①.

解 设 x 在幂函数 x^α 的定义域内，且 $x \neq 0$，则

$$\Delta y=f(x+\Delta x)-f(x)=(x+\Delta x)^\alpha-x^\alpha=x^\alpha\left[\left(1+\frac{\Delta x}{x}\right)^\alpha-1\right],$$

从而

$$\lim_{\Delta x \to 0}\frac{\Delta y}{\Delta x}=\lim_{\Delta x \to 0}\frac{x^\alpha\left[\left(1+\frac{\Delta x}{x}\right)^\alpha-1\right]}{\Delta x}=\lim_{\Delta x \to 0}\frac{x^\alpha \cdot \alpha\frac{\Delta x}{x}}{\Delta x}=\alpha x^{\alpha-1},$$

即

---

① 对于 $x=0$，当 $\alpha>1$ 时，利用导数定义可得 $f'(0)=0$ 或 $f'_+(0)=0$；当 $\alpha=1$ 时，利用导数定义可得 $f'(0)=1$；当 $0<\alpha<1$ 时，利用导数定义知，函数 $y=x^\alpha$ 在 $x=0$ 处不可导. 因此，当 $\alpha \geqslant 1$ 时，公式 $(x^\alpha)'=\alpha x^{\alpha-1}$ 对于 $x=0$ 也适用。

$$(x^\alpha)' = \alpha x^{\alpha-1}.$$

特别地，当 n 为正整数时，有

$$(x^n)' = nx^{n-1}.$$

例 3.1.3 求函数 $y = \sin x$ 的导数.

解 由于

$$\Delta y = \sin(x + \Delta x) - \sin x = 2\cos\left(x + \frac{\Delta x}{2}\right)\sin\frac{\Delta x}{2},$$

所以

$$\lim_{\Delta x \to 0}\frac{\Delta y}{\Delta x} = \lim_{\Delta x \to 0}\cos\left(x + \frac{\Delta x}{2}\right)\frac{\sin\frac{\Delta x}{2}}{\frac{\Delta x}{2}} = \cos x,$$

即

$$y' = (\sin x)' = \cos x.$$

类似地，可得

$$(\cos x)' = -\sin x.$$

例 3.1.4 求函数 $y = a^x$ $(a > 0,\ a \neq 1)$ 的导数.

解 由于

$$\Delta y = a^{x + \Delta x} - a^x = a^x(a^{\Delta x} - 1),$$

所以

$$\lim_{\Delta x \to 0}\frac{\Delta y}{\Delta x} = \lim_{\Delta x \to 0}a^x\frac{a^{\Delta x} - 1}{\Delta x} = a^x \ln a,$$

即

$$(a^x)' = a^x \ln a.$$

特别地，有

$$(e^x)' = e^x.$$

例 3.1.5 求函数 $y = \log_a x$ $(a > 0,\ a \neq 1)$ 的导数.

解 由于

$$\Delta y = \log_a(x + \Delta x) - \log_a x = \log_a\left(1 + \frac{\Delta x}{x}\right),$$

所以

$$\lim_{\Delta x \to 0}\frac{\Delta y}{\Delta x}=\lim_{\Delta x \to 0}\frac{\log_a\left(1+\frac{\Delta x}{x}\right)}{\Delta x}=\lim_{\Delta x \to 0}\frac{\ln\left(1+\frac{\Delta x}{x}\right)}{\Delta x \cdot \ln a}=\lim_{\Delta x \to 0}\frac{\frac{\Delta x}{x}}{\Delta x \cdot \ln a}=\frac{1}{x\ln a},$$

即

$$(\log_a x)'=\frac{1}{x\ln a}.$$

特别地，有

$$(\ln x)'=\frac{1}{x}.$$

例 3.1.6 设 $f(x)=\begin{cases}x, & x<0 \\ \sin x, & x\geq 0\end{cases}$，求 $f'(x)$.

解 当 $x<0$ 时，有

$$f'(x)=x'=1;$$

当 $x>0$ 时，有

$$f'(x)=(\sin x)'=\cos x;$$

在点 $x=0$ 处，由于

$$f'_-(0)=\lim_{\Delta x \to 0^-}\frac{f(0+\Delta x)-f(0)}{\Delta x}=\lim_{\Delta x \to 0^-}\frac{\Delta x-0}{\Delta x}=1,$$

$$f'_+(0)=\lim_{\Delta x \to 0^+}\frac{f(0+\Delta x)-f(0)}{\Delta x}=\lim_{\Delta x \to 0^+}\frac{\sin \Delta x-0}{\Delta x}=1,$$

由此得到，$f'_-(0)=f'_+(0)=1$，于是 $f'(0)=1$. 因此

$$f'(x)=\begin{cases}1, & x<0 \\ \cos x, & x\geq 0\end{cases}.$$

3.1.4　导数的几何意义

由 3.1.1 节中的第二个引例可知，$f'(x_0)$ 表示曲线 $y=f(x)$ 在点 $M(x_0, y_0)$ 处切线的斜率，如图 3-2 所示.

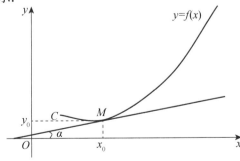

图 3-2

所以，若函数 $y=f(x)$ 在点 x_0 处可导，则曲线 $y=f(x)$ 在点 (x_0, y_0) 处的切线方程为

$$y-y_0=f'(x_0)(x-x_0);$$

法线方程为

$$y-y_0=-\frac{1}{f'(x_0)}(x-x_0), \quad f'(x_0) \neq 0.$$

若 $f'(x_0)=0$，则曲线 $y=f(x)$ 在点 (x_0, y_0) 处的切线方程为 $y=y_0$，法线方程为 $x=x_0$.

若 $f'(x_0)=\infty$，则曲线 $y=f(x)$ 在点 (x_0, y_0) 处的切线方程为 $x=x_0$，法线方程为 $y=y_0$.

例 3.1.7 求曲线 $y=\dfrac{1}{x}$ 在点 $\left(\dfrac{1}{2}, 2\right)$ 处的切线方程与法线方程.

解 由于 $y'=-\dfrac{1}{x^2}$，所以

$$y'\big|_{x=\frac{1}{2}}=-\frac{1}{x^2}\bigg|_{x=\frac{1}{2}}=-4,$$

所求切线方程为

$$y-2=-4\left(x-\frac{1}{2}\right),$$

即

$$4x+y-4=0.$$

所求法线方程为

$$y-2=\frac{1}{4}\left(x-\frac{1}{2}\right),$$

即

$$2x-8y+15=0.$$

3.1.5 可导与连续的关系

2.7 节讨论了函数的连续性，那么函数的连续性与可导性之间有什么联系呢？下面的定理回答了这个问题.

定理 3.1.2 如果函数 $y=f(x)$ 在点 x_0 处可导，则 $y=f(x)$ 在点 x_0 处连续.

证 由于 $y=f(x)$ 在点 x_0 处可导，即

$$\lim_{\Delta x \to 0}\frac{\Delta y}{\Delta x}=\lim_{\Delta x \to 0}\frac{f(x_0+\Delta x)-f(x_0)}{\Delta x}=f'(x_0),$$

于是

$$\lim_{\Delta x \to 0} \Delta y = \lim_{\Delta x \to 0} \left(\frac{\Delta y}{\Delta x} \cdot \Delta x \right) = \lim_{\Delta x \to 0} \frac{\Delta y}{\Delta x} \cdot \lim_{\Delta x \to 0} \Delta x = f'(x_0) \cdot 0 = 0.$$

所以 $y = f(x)$ 在点 x_0 处连续.

注　定理 3.1.2 的逆命题不一定成立, 即函数 $y = f(x)$ 在点 x_0 处连续, $y = f(x)$ 在点 x_0 处未必可导, 故可导是连续的充分非必要条件.

例 3.1.8　讨论函数 $f(x) = |x|$ 在点 $x = 0$ 处的连续性与可导性.

解　因为

$$\lim_{x \to 0^+} f(x) = 0 = \lim_{x \to 0^-} f(x),$$

所以

$$\lim_{x \to 0} f(x) = 0 = f(0),$$

于是函数 $f(x)$ 在点 $x = 0$ 处连续. 又因为

$$f'_-(0) = \lim_{\Delta x \to 0^-} \frac{f(\Delta x) - f(0)}{\Delta x} = \lim_{\Delta x \to 0^-} \frac{-\Delta x - 0}{\Delta x} = -1,$$

$$f'_+(0) = \lim_{\Delta x \to 0^+} \frac{f(\Delta x) - f(0)}{\Delta x} = \lim_{\Delta x \to 0^+} \frac{\Delta x - 0}{\Delta x} = 1,$$

即

$$f'_-(0) \neq f'_+(0),$$

因此, 函数 $f(x)$ 在点 $x = 0$ 处不可导.

例 3.1.9　讨论函数 $f(x) = \sqrt[3]{x}$ 在点 $x = 0$ 处的连续性与可导性.

解　由于函数 $f(x) = \sqrt[3]{x}$ 是初等函数, 在其定义域 $(-\infty, +\infty)$ 内连续, 所以其在点 $x = 0$ 处也连续. 而

$$\lim_{x \to 0} \frac{f(x) - f(0)}{x} = \lim_{x \to 0} \frac{\sqrt[3]{x}}{x} = \lim_{x \to 0} x^{-\frac{2}{3}} = \infty,$$

故 $f(x) = \sqrt[3]{x}$ 在点 $x = 0$ 处不可导.

例 3.1.10　讨论函数 $f(x) = \begin{cases} x^2 \sin \dfrac{1}{x}, & x \neq 0 \\ 0, & x = 0 \end{cases}$ 在点 $x = 0$ 处的连续

微课

例 3.1.10

性与可导性.

解　因为

$$\lim_{x \to 0} f(x) = \lim_{x \to 0} x^2 \sin \frac{1}{x} = 0 = f(0),$$

所以函数 $f(x)$ 在点 $x=0$ 处连续；又因为

$$\lim_{x \to 0} \frac{f(x)-f(0)}{x} = \lim_{x \to 0} \frac{x^2 \sin \dfrac{1}{x}}{x} = \lim_{x \to 0} x \sin \frac{1}{x} = 0,$$

所以 $f(x)$ 在点 $x=0$ 处可导且 $f'(0)=0$.

例 3.1.11 设 $f(x) = \begin{cases} \mathrm{e}^x, & x \leqslant 0 \\ x^2 + ax + b, & x > 0 \end{cases}$ 在点 $x=0$ 处可导，求 a，b 的值.

解 由于 $f(x)$ 在点 $x=0$ 处可导，故 $f(x)$ 在点 $x=0$ 处必连续，从而

$$\lim_{x \to 0^+} f(x) = f(0),$$

而

$$\lim_{x \to 0^+} f(x) = \lim_{x \to 0^+} (x^2 + ax + b) = b, \quad f(0) = 1,$$

于是，$b=1$. 又因为 $f(x)$ 在点 $x=0$ 处可导，则 $f'_-(0) = f'_+(0)$，而

$$f'_-(0) = \lim_{x \to 0^-} \frac{f(x)-f(0)}{x} = \lim_{x \to 0^-} \frac{\mathrm{e}^x - 1}{x} = 1,$$

$$f'_+(0) = \lim_{x \to 0^+} \frac{f(x)-f(0)}{x} = \lim_{x \to 0^+} \frac{x^2 + ax + 1 - 1}{x} = a,$$

故 $a=1$.

习题 3.1

1. 设 $f(x) = 2x^2 + 1$，用导数定义求 $f'(-1)$.

2. 设 $f'(x_0)$ 存在，求下列极限：

(1) $\lim\limits_{\Delta x \to 0} \dfrac{f(x_0 - \Delta x) - f(x_0)}{\Delta x}$; 　　　(2) $\lim\limits_{h \to 0} \dfrac{f(x_0) - f(x_0 + h)}{h}$;

(3) $\lim\limits_{h \to 0} \dfrac{f(x_0 + h) - f(x_0 - 2h)}{h}$; 　　　(4) $\lim\limits_{x \to 0} \dfrac{f(x)}{x}$ （设 $f(0)=0$，$f'(0)$ 存在）.

3. 设 $f(x) = \begin{cases} x^2, & x < 0 \\ -x, & x \geqslant 0 \end{cases}$，求 $f'_-(0)$，$f'_+(0)$，并判断 $f'(0)$ 是否存在.

4. 设 $f(x) = \begin{cases} \mathrm{e}^{2x}, & x \leqslant 0 \\ a + b\ln(1+2x), & x > 0 \end{cases}$ 在点 $x=0$ 处可导，求 a，b 的值.

5. 求曲线 $y=x^3$ 在点 $(1,1)$ 处的切线方程与法线方程.

6. 设函数 $f(x)$ 在点 $x=1$ 处连续，且 $\lim\limits_{x \to 1} \dfrac{f(x)}{x-1} = 2$，求 $f'(1)$.

7. 设函数 $f(x) = \begin{cases} x^n \sin \dfrac{1}{x}, & x \neq 0 \\ 0, & x = 0 \end{cases}$，其中 n 为正整数，讨论 $f(x)$ 在点 $x=0$ 处的

连续性与可导性.

3.2 求导法则

有时，利用导数的定义求函数的导数往往比较烦琐，有必要寻求求导数的一般法则，给出常用函数的求导公式，以简化求导运算. 本节主要讨论导数的运算法则.

3.2.1 导数的四则运算法则

定理 3.2.1 设函数 $u=u(x)$，$v=v(x)$ 在点 x 处可导，则它们的和、差、积、商（分母不为零）在点 x 处也可导，且

(1) $[u(x)\pm v(x)]'=u'(x)\pm v'(x)$；

(2) $[u(x)v(x)]'=u'(x)v(x)+v'(x)u(x)$；

(3) $\left[\dfrac{u(x)}{v(x)}\right]'=\dfrac{u'(x)v(x)-u(x)v'(x)}{v^2(x)}$，$v(x)\neq 0$.

证 在此仅给出式（3）的证明，式（1）和式（2）的证明请读者自行完成.

因为

$$\lim_{\Delta x\to 0}\frac{\dfrac{u(x+\Delta x)}{v(x+\Delta x)}-\dfrac{u(x)}{v(x)}}{\Delta x}$$

$$=\lim_{\Delta x\to 0}\frac{u(x+\Delta x)v(x)-u(x)v(x+\Delta x)}{v(x+\Delta x)v(x)\Delta x}$$

$$=\lim_{\Delta x\to 0}\frac{u(x+\Delta x)v(x)-u(x)v(x)-u(x)v(x+\Delta x)+u(x)v(x)}{v(x+\Delta x)v(x)\Delta x}$$

$$=\lim_{\Delta x\to 0}\frac{\dfrac{u(x+\Delta x)-u(x)}{\Delta x}v(x)-u(x)\dfrac{v(x+\Delta x)-v(x)}{\Delta x}}{v(x+\Delta x)v(x)}$$

$$=\frac{u'(x)v(x)-u(x)v'(x)}{v^2(x)},$$

所以 $\dfrac{u(x)}{v(x)}$ 在点 x 处可导，并且

$$\left[\frac{u(x)}{v(x)}\right]'=\frac{u'(x)v(x)-u(x)v'(x)}{v^2(x)}.$$

注 定理 3.2.1 中的公式也可简写为

(1) $(u\pm v)'=u'\pm v'$；

(2) $(uv)'=u'v+uv'$；

(3) $\left(\dfrac{u}{v}\right)'=\dfrac{u'v-uv'}{v^2}$，$v\neq 0$.

定理 3.2.1 中的法则 （1） 与 （2） 都可推广到有限个可导函数的情形. 例如，设 $u=u(x)$，$v=v(x)$，$w=w(x)$ 均可导，则有

$$(u\pm v\pm w)'=u'\pm v'\pm w',$$
$$(uvw)'=(uv)'w+uvw'=u'vw+uv'w+uvw'.$$

推论 3.2.1 设函数 $u=u(x)$ 在点 x 处可导，C 为常数，则

$$[Cu(x)]'=Cu'(x).$$

推论 3.2.2 若函数 $v=v(x)$ 在点 x 处可导，且 $v(x)\neq 0$，则

$$\left[\frac{1}{v(x)}\right]'=-\frac{v'(x)}{v^2(x)}.$$

例 3.2.1 求 $y=3x^2+4\mathrm{e}^x-2\sin x+\ln 3$ 的导数.

解 利用导数的四则运算法则，有

$$y'=(3x^2)'+(4\mathrm{e}^x)'-(2\sin x)'+(\ln 3)'=3(x^2)'+4(\mathrm{e}^x)'-2(\sin x)'+0$$
$$=6x+4\mathrm{e}^x-2\cos x.$$

例 3.2.2 求 $y=\cos x \cdot \ln x$ 的导数.

解 利用乘积的导数运算法则，有

$$y'=(\cos x)'\ln x+\cos x(\ln x)'=-\sin x\ln x+\frac{\cos x}{x}.$$

例 3.2.3 求 $y=\tan x$ 的导数.

解 利用商的导数运算法则，有

$$y'=(\tan x)'=\left(\frac{\sin x}{\cos x}\right)'=\frac{\cos x\cdot\cos x-\sin x\cdot(-\sin x)}{\cos^2 x}=\frac{1}{\cos^2 x}=\sec^2 x,$$

即

$$(\tan x)'=\sec^2 x.$$

同理可得

$$(\cot x)'=-\csc^2 x.$$

例 3.2.4 求 $y=\sec x$ 的导数.

解 利用商的导数运算法则，有

$$y'=(\sec x)'=\left(\frac{1}{\cos x}\right)'=-\frac{(\cos x)'}{\cos^2 x}=\frac{\sin x}{\cos^2 x}=\sec x\tan x,$$

即

$$(\sec x)' = \sec x \tan x.$$

同理可得

$$(\csc x)' = -\csc x \cot x.$$

例 3.2.5　求 $y = e^x x^2 \ln x$ 的导数.

解　利用乘积的导数运算法则，有

$$\begin{aligned}
y' &= (e^x x^2 \ln x)' = (e^x)' x^2 \ln x + e^x (x^2)' \ln x + e^x x^2 (\ln x)' \\
&= x e^x (x \ln x + 2 \ln x + 1).
\end{aligned}$$

3.2.2　反函数的求导法则

定理 3.2.2　设单调连续函数 $x = \varphi(y)$ 在点 y 处可导，且 $\varphi'(y) \neq 0$，则其反函数 $y = f(x)$ 在对应点 x 处可导，且

$$f'(x) = \frac{1}{\varphi'(y)} \quad \text{或} \quad \frac{dy}{dx} = \frac{1}{\dfrac{dx}{dy}}.$$

证　由于反函数 $y = f(x)$ 单调连续，当自变量的改变量 $\Delta x \neq 0$ 时，相应地，函数改变量 $\Delta y \neq 0$，且 $\Delta x \to 0 \Leftrightarrow \Delta y \to 0$，所以

$$f'(x) = \lim_{\Delta x \to 0} \frac{\Delta y}{\Delta x} = \lim_{\Delta y \to 0} \frac{1}{\dfrac{\Delta x}{\Delta y}} = \frac{1}{\lim\limits_{\Delta y \to 0} \dfrac{\Delta x}{\Delta y}} = \frac{1}{\varphi'(y)}.$$

例 3.2.6　求 $y = \arcsin x$ 的导数.

解　因为函数 $x = \sin y$ 在 $\left(-\dfrac{\pi}{2}, \dfrac{\pi}{2}\right)$ 内单调、可导，且

$$x' = (\sin y)' = \cos y \neq 0,$$

所以其反函数 $y = \arcsin x$ 在对应区间 $(-1, 1)$ 内可导，且

$$y' = (\arcsin x)' = \frac{1}{(\sin y)'} = \frac{1}{\cos y} = \frac{1}{\sqrt{1 - \sin^2 y}} = \frac{1}{\sqrt{1 - x^2}}, \quad x \in (-1, 1).$$

同理可得

$$(\arccos x)' = -\frac{1}{\sqrt{1 - x^2}}, \quad x \in (-1, 1).$$

例 3.2.7　求 $y = \arctan x$ 的导数.

解　因为函数 $x = \tan y$ 在 $\left(-\dfrac{\pi}{2}, \dfrac{\pi}{2}\right)$ 内单调、可导，且

$$x' = (\tan y)' = \sec^2 y \neq 0,$$

所以其反函数 $y = \arctan x$ 在对应区间 $(-\infty, +\infty)$ 内可导，且

$$y' = (\arctan x)' = \frac{1}{(\tan y)'} = \frac{1}{\sec^2 y} = \frac{1}{1+\tan^2 y} = \frac{1}{1+x^2}, \quad x \in (-\infty, +\infty).$$

同理可得

$$(\operatorname{arccot} x)' = -\frac{1}{1+x^2}, \quad x \in (-\infty, +\infty).$$

3.2.3 复合函数的求导法则

定理 3.2.3 如果函数 $u = \varphi(x)$ 在点 x 处可导，函数 $y = f(u)$ 在对应点 $u = \varphi(x)$ 处可导，则复合函数 $y = f[\varphi(x)]$ 在点 x 处可导，且其导数为

$$\{f[\varphi(x)]\}' = f'(u)\varphi'(x) \text{ 或 } \frac{\mathrm{d}y}{\mathrm{d}x} = \frac{\mathrm{d}y}{\mathrm{d}u} \cdot \frac{\mathrm{d}u}{\mathrm{d}x}.$$

*证 设 x 取得改变量 Δx，u 相应地取得改变量 Δu，从而 y 取得改变量 Δy. 因为 $y = f(u)$ 在点 u 处可导，所以

$$\lim_{\Delta u \to 0} \frac{\Delta y}{\Delta u} = f'(u).$$

于是，根据极限与无穷小量的关系有

$$\frac{\Delta y}{\Delta u} = f'(u) + \alpha, \qquad \Delta u \neq 0$$

其中 α 是当 $\Delta u \to 0$ 时的无穷小量. 从而

$$\Delta y = f'(u)\Delta u + \alpha \Delta u. \tag{3.2.1}$$

当 $\Delta u = 0$ 时，不妨规定 $\alpha = 0$，此时

$$\Delta y = f(u + \Delta u) - f(u) = 0,$$

而式（3.2.1）的右端也为零，于是，式（3.2.1）对 $\Delta u = 0$ 也成立. 故

$$\lim_{\Delta x \to 0} \frac{\Delta y}{\Delta x} = \lim_{\Delta x \to 0}\left[f'(u)\frac{\Delta u}{\Delta x} + \alpha \frac{\Delta u}{\Delta x}\right] = f'(u)\lim_{\Delta x \to 0}\frac{\Delta u}{\Delta x} + \lim_{\Delta x \to 0}\alpha \cdot \lim_{\Delta x \to 0}\frac{\Delta u}{\Delta x},$$

由 $u = \varphi(x)$ 可导可知 $u = \varphi(x)$ 必连续，故当 $\Delta x \to 0$ 时，$\Delta u \to 0$，从而

$$\lim_{\Delta x \to 0}\alpha = \lim_{\Delta u \to 0}\alpha = 0.$$

又因为 $u = \varphi(x)$ 在点 x 处可导，有

$$\lim_{\Delta x \to 0}\frac{\Delta u}{\Delta x} = \varphi'(x).$$

因此

$$\{f[\varphi(x)]\}'=\frac{\mathrm{d}y}{\mathrm{d}x}=\lim_{\Delta x\to 0}\frac{\Delta y}{\Delta x}=f'(u)\varphi'(x).$$

注　定理 3.2.3 可推广至含有两个及以上中间变量的情形，例如，设

$$y=f(u),\quad u=\varphi(v),\quad v=h(x).$$

则复合函数 $y=f\{\varphi[h(x)]\}$ 的导数为

$$\frac{\mathrm{d}y}{\mathrm{d}x}=\frac{\mathrm{d}y}{\mathrm{d}u}\cdot\frac{\mathrm{d}u}{\mathrm{d}v}\cdot\frac{\mathrm{d}v}{\mathrm{d}x}.$$

此处假定上式右端所出现的导数都存在.

例 3.2.8　设 $y=(\arctan x)^3$，求 y'.

解　因为 $y=(\arctan x)^3$ 可看作由 $y=u^3$，$u=\arctan x$ 复合而成的函数，所以，

$$\frac{\mathrm{d}y}{\mathrm{d}x}=\frac{\mathrm{d}y}{\mathrm{d}u}\cdot\frac{\mathrm{d}u}{\mathrm{d}x}=3u^2\cdot\frac{1}{1+x^2}=\frac{3(\arctan x)^2}{1+x^2}.$$

例 3.2.9　设 $y=\mathrm{e}^{\sin\frac{1}{x}}$，求 y'.

解　因为 $y=\mathrm{e}^{\sin\frac{1}{x}}$ 可看作由 $y=\mathrm{e}^u$，$u=\sin v$，$v=\frac{1}{x}$ 复合而成的函数，故

$$\frac{\mathrm{d}y}{\mathrm{d}x}=\frac{\mathrm{d}y}{\mathrm{d}u}\cdot\frac{\mathrm{d}u}{\mathrm{d}v}\cdot\frac{\mathrm{d}v}{\mathrm{d}x}=\mathrm{e}^u\cos v\left(-\frac{1}{x^2}\right)=-\frac{1}{x^2}\mathrm{e}^{\sin\frac{1}{x}}\cos\frac{1}{x}.$$

例 3.2.10　设 $y=x^{\sin x}\ (x>0)$，求 y'.

解　由对数恒等式知

$$y=x^{\sin x}=\mathrm{e}^{\ln x^{\sin x}}=\mathrm{e}^{\sin x\ln x},$$

所以，$y=x^{\sin x}$ 可看作由 $y=\mathrm{e}^u$，$u=\sin x\ln x$ 复合而成的函数，故

$$\frac{\mathrm{d}y}{\mathrm{d}x}=\frac{\mathrm{d}y}{\mathrm{d}u}\cdot\frac{\mathrm{d}u}{\mathrm{d}x}=\mathrm{e}^u\left(\cos x\ln x+\frac{\sin x}{x}\right)=x^{\sin x}\left(\cos x\ln x+\frac{\sin x}{x}\right).$$

例 3.2.11　设 $y=\ln|x|\ (x\neq 0)$，求 y'.

解　当 $x>0$ 时，$y'=(\ln x)'=\frac{1}{x}$. 当 $x<0$ 时，

$$y'=[\ln(-x)]'=\frac{1}{-x}(-x)'=\frac{1}{-x}(-1)=\frac{1}{x},$$

所以

$$(\ln|x|)'=\frac{1}{x}\ (x\neq 0).$$

例 3. 2. 12 设 $y = \ln \dfrac{\sqrt{x^2+1}}{\sqrt[3]{x-2}}$ $(x>2)$，求 y'.

解 因为

$$y = \frac{1}{2}\ln(x^2+1) - \frac{1}{3}\ln(x-2),$$

所以

$$y' = \frac{1}{2}\frac{2x}{x^2+1} - \frac{1}{3}\frac{1}{x-2} = \frac{x}{x^2+1} - \frac{1}{3(x-2)}.$$

例 3. 2. 13 设 $y = f(\mathrm{e}^{2x}) \cdot \mathrm{e}^{f(x)}$，其中 f 可导，求 y'.

解 由题意知

$$\begin{aligned}
y' &= [f(\mathrm{e}^{2x})]'\mathrm{e}^{f(x)} + f(\mathrm{e}^{2x})[\mathrm{e}^{f(x)}]' \\
&= f'(\mathrm{e}^{2x})2\mathrm{e}^{2x}\mathrm{e}^{f(x)} + f(\mathrm{e}^{2x})\mathrm{e}^{f(x)}f'(x) \\
&= \mathrm{e}^{f(x)}[2\mathrm{e}^{2x}f'(\mathrm{e}^{2x}) + f(\mathrm{e}^{2x})f'(x)].
\end{aligned}$$

微课

例 3.2.13

*3.2.4 参数方程表示的函数的导数

若参数方程

$$\begin{cases} x = \varphi(t) \\ y = \psi(t) \end{cases} \tag{3.2.2}$$

确定 y 为 x 的函数 $y = f(x)$，则称此函数关系所表示的函数为**参数方程**所确定的函数.

在实际问题中，有时需要计算由参数方程（3.2.2）所表示的函数的导数，但从式 (3.2.2) 中消去参数 t 有时会比较困难. 于是，希望寻找一种方法，能够直接从参数方程 (3.2.2) 出发来计算其所表示的函数的导数. 下面讨论其求导方法.

在式（3.2.2）中，若函数 $x = \varphi(t)$ 具有单调连续的反函数 $t = \varphi^{-1}(x)$，且此反函数 又能与函数 $y = \psi(t)$ 构成复合函数，则参数方程（3.2.2）所表示的函数可看作复合函数 $y = \psi[\varphi^{-1}(x)]$. 现在计算此复合函数的导数.

设函数 $x = \varphi(t)$、$y = \psi(t)$ 都可导，且 $\varphi'(t) \neq 0$. 故由复合函数以及反函数的求导法 则知

$$\frac{\mathrm{d}y}{\mathrm{d}x} = \frac{\mathrm{d}y}{\mathrm{d}t} \cdot \frac{\mathrm{d}t}{\mathrm{d}x} = \frac{\mathrm{d}y}{\mathrm{d}t} \cdot \frac{1}{\dfrac{\mathrm{d}x}{\mathrm{d}t}} = \frac{\psi'(t)}{\varphi'(t)},$$

即

$$\frac{\mathrm{d}y}{\mathrm{d}x} = \frac{\psi'(t)}{\varphi'(t)} \quad \text{或} \quad \frac{\mathrm{d}y}{\mathrm{d}x} = \frac{\dfrac{\mathrm{d}y}{\mathrm{d}t}}{\dfrac{\mathrm{d}x}{\mathrm{d}t}}.$$

例 3.2.14 求由参数方程 $\begin{cases} x = e^t \sin t \\ y = e^t \cos t \end{cases}$ 所表示的函数 $y = f(x)$ 的导数 $\dfrac{dy}{dx}$.

解

$$\frac{dy}{dx} = \frac{\dfrac{dy}{dt}}{\dfrac{dx}{dt}} = \frac{e^t \cos t - e^t \sin t}{e^t \sin t + e^t \cos t} = \frac{\cos t - \sin t}{\cos t + \sin t}.$$

3.2.5 导数的基本公式

以下导数公式需要读者熟练掌握.

(1) $C' = 0$;

(2) $(x^a)' = a x^{a-1}$;

(3) $(a^x)' = a^x \ln a$, $a > 0$, $a \neq 1$;

(4) $(e^x)' = e^x$;

(5) $(\log_a |x|)' = \dfrac{1}{x \ln a}$, $a > 0$, $a \neq 1$;

(6) $(\ln |x|)' = \dfrac{1}{x}$;

(7) $(\sin x)' = \cos x$;

(8) $(\cos x)' = -\sin x$;

(9) $(\tan x)' = \dfrac{1}{\cos^2 x} = \sec^2 x$;

(10) $(\cot x)' = -\dfrac{1}{\sin^2 x} = -\csc^2 x$;

(11) $(\sec x)' = \sec x \tan x$;

(12) $(\csc x)' = -\csc x \cot x$;

(13) $(\arcsin x)' = \dfrac{1}{\sqrt{1-x^2}}$;

(14) $(\arccos x)' = -\dfrac{1}{\sqrt{1-x^2}}$;

(15) $(\arctan x)' = \dfrac{1}{1+x^2}$;

(16) $(\text{arccot}\, x)' = -\dfrac{1}{1+x^2}$.

习题 3.2

1. 求下列函数的导数:

(1) $y = 2\sqrt{x} - \dfrac{3}{x^2} + 5$;

(2) $y = 2^x \cos x$;

(3) $y = e^x \ln x$;

(4) $y = 2\tan x + \sec x - 1$;

(5) $y = \dfrac{x}{1+x^2}$;

(6) $y = 3\log_3 x - 2\sin x + \pi$;

(7) $y = \dfrac{2\csc x}{1+x^2}$;

(8) $y = (x^2 - 1)\text{arccot}\, x$;

(9) $y = x^3 \ln x \sin x$.

2. 求下列函数的导数:

(1) $y = (2x+1)^{10}$;

(2) $y = \arcsin \dfrac{x}{3}$;

(3) $y = \ln\tan \dfrac{x}{2}$;

(4) $y = \ln\sqrt{x} + \sqrt{\ln x}$;

(5) $y = x^{\frac{1}{e}} + e^{\frac{1}{x}}$；

(6) $y = \sqrt{x + \sqrt{x}}$；

(7) $y = e^{-\cos^2 \frac{1}{x}}$；

(8) $y = \sin[\sin(\sin x)]$；

(9) $y = \arctan \dfrac{2x}{1 - x^2}$；

(10) $y = 2^{\cot \frac{1}{x^2}}$；

(11) $y = \sec(1 - x^3)$；

(12) $y = \dfrac{1}{\sqrt{3 - x^2}}$.

3. 求下列函数在指定点处的导数：

(1) $y = \sin x - \cos x$，求 $y'|_{x = \frac{\pi}{4}}$；

(2) $y = \dfrac{5}{3 - x} + \dfrac{x^3}{2}$，求 $y'|_{x = 2}$；

(3) $y = \ln \dfrac{\sqrt{x + 1} - 1}{\sqrt{x + 1} + 1}$，求 $y'|_{x = 1}$；

(4) $y = e^{-x} \sqrt[3]{x + 1}$，求 $y'|_{x = 0}$.

4. 设 f 可导，求下列函数的导数 $\dfrac{dy}{dx}$：

(1) $y = f(\sin^2 x) + f(\cos^2 x)$；　(2) $y = f(e^x + x^e)$；　(3) $y = f\{f[f(x)]\}$.

5. 设 $f(1 - x) = x e^{-x}$，其中 f 可导，求 $f'(x)$.

6. 设 $\varphi(y)$ 是可导函数 $f(x)$ 的反函数，且 $f(1) = 2$，$f'(1) = -\dfrac{\sqrt{3}}{3}$，求 $\varphi'(2)$.

3.3　隐函数的求导法则

3.3.1　隐函数的导数

3.1 节和 3.2 节所介绍的求导法则适用于因变量 y 与自变量 x 之间有显式函数关系 $y = f(x)$ 的情形，这种用显式解析式表达的函数称为**显函数**. 而有些函数的表达式不是这样的，例如，方程

$$x^2 - 3y + 2 = 0$$

表示 y 为 x 的函数，因为当 x 在 $(-\infty, +\infty)$ 内取值时，变量 y 有唯一确定的值与其对应. 这样的函数称为**隐函数**.

如果变量 x 与 y 满足方程 $F(x, y) = 0$，在一定条件下，当 x 在某区间内取任一值时，相应地，都有满足此方程的唯一的 y 与之对应，那么称方程 **$F(x, y) = 0$ 在此区间内确定了一个隐函数**.

有些隐函数可以化为显函数，例如，由方程 $x^2 - 3y + 2 = 0$ 可解得 $y = \dfrac{x^2 + 2}{3}$，即将方程 $x^2 - 3y + 2 = 0$ 确定的隐函数化成了显函数. 但有些隐函数虽然存在，却不易或无法化

为显函数. 例如，方程 $e^{x+y}+xy=1$ 确定了隐函数 $y=f(x)$，但无法从此方程中解出 y，即此隐函数不能化为显函数. 实际问题中还有很多这样的隐函数，而有时又需要计算其导数，那么该如何求导呢？下面来讨论其求导方法.

假设方程 $F(x,y)=0$ 确定的隐函数为 $y=f(x)$，于是将其代回方程 $F(x,y)=0$ 中，则有恒等式

$$F[x,f(x)]\equiv 0.$$

上式两边同时对自变量 x 求导，并将 y 看作中间变量，即 y 是 x 的函数，运用复合函数的求导法则进行求导，从中解出 y'. 这就是**隐函数的求导法则**.

例 3.3.1　求方程 $y\cos x+\sin(y-x)=0$ 所确定的隐函数 $y=y(x)$ 的导数 y'.

解　方程两边对 x 求导，并将 y 视为 x 的函数，有

$$y'\cos x-y\sin x+(y'-1)\cos(y-x)=0,$$

从中解出 y'，即得

$$y'=\frac{\cos(y-x)+y\sin x}{\cos x+\cos(y-x)}.$$

例 3.3.2　求方程 $e^{x+y}+xy=1$ 所确定的隐函数 $y=y(x)$ 的导数 $y'(0)$.

解　方程两边同时对 x 求导，并将 y 视为 x 的函数，则

$$e^{x+y}(1+y')+y+xy'=0,$$

解得

$$y'=-\frac{e^{x+y}+y}{e^{x+y}+x},$$

将 $x=0$ 代入原方程解得 $y=0$，所以

$$y'(0)=-\left.\frac{e^{x+y}+y}{e^{x+y}+x}\right|_{\substack{x=0\\y=0}}=-1.$$

3.3.2　对数求导法则

对于形如

$$y=\left(\frac{x}{1+x^2}\right)^{x^3}\quad(x>0)$$

的幂指函数以及形如

$$y=\frac{(x+5)^3\sqrt{x+6}}{(x-1)^2 e^{4x}}$$

的多个函数的乘积进行求导时，直接利用前面介绍的求导法则求解比较烦琐. 对于这样的

函数 $y=f(x)$，可以先对函数 $y=f(x)$ 的两边取对数，然后等式两边同时对自变量 x 求导，最后解出 y 的导数. 这种求导方法称为**对数求导法则**.

例 3.3.3 设 $y=\left(\dfrac{x}{1+x^2}\right)^{x^3}$ $(x>0)$，求 y'.

解 等式两边取对数，得

$$\ln y=x^3\ln\left(\frac{x}{1+x^2}\right),$$

上式两边对 x 求导，并将 y 视为 x 的函数，得到

$$\frac{y'}{y}=3x^2\ln\left(\frac{x}{1+x^2}\right)+x^3\left(\frac{1}{x}-\frac{2x}{1+x^2}\right)=x^2\left[3\ln\left(\frac{x}{1+x^2}\right)+\frac{1-x^2}{1+x^2}\right],$$

于是

$$y'=yx^2\left[3\ln\left(\frac{x}{1+x^2}\right)+\frac{1-x^2}{1+x^2}\right]=x^2\left(\frac{x}{1+x^2}\right)^{x^3}\left[3\ln\left(\frac{x}{1+x^2}\right)+\frac{1-x^2}{1+x^2}\right].$$

例 3.3.4 设 $y=x^{\sin x}$ $(x>0)$，求 y'.

解 等式两边取对数，得

$$\ln y=\sin x\ln x,$$

上式两边对 x 求导，并将 y 视为 x 的函数，则

$$\frac{y'}{y}=\cos x\ln x+\frac{\sin x}{x},$$

于是

$$y'=y\left(\cos x\ln x+\frac{\sin x}{x}\right)=x^{\sin x}\left(\cos x\ln x+\frac{\sin x}{x}\right).$$

例 3.3.5 设 $y=\dfrac{(x+5)^3\sqrt{x+6}}{(x-1)^2 e^{4x}}$，求 y'.

解 等式两边取对数，得

$$\ln|y|=3\ln|x+5|+\frac{1}{2}\ln|x+6|-2\ln|x-1|-4x,$$

上式两边对 x 求导，并将 y 视为 x 的函数，得到

$$\frac{y'}{y}=\frac{3}{x+5}+\frac{1}{2(x+6)}-\frac{2}{x-1}-4,$$

于是

$$y'=y\left[\frac{3}{x+5}+\frac{1}{2(x+6)}-\frac{2}{x-1}-4\right]$$

$$= \frac{(x+5)^3 \sqrt{x+6}}{(x-1)^2 e^{4x}} \left[\frac{3}{x+5} + \frac{1}{2(x+6)} - \frac{2}{x-1} - 4 \right].$$

习题 3.3

1. 设下列方程确定了隐函数 $y = f(x)$，求 y'：

(1) $y^2 - 3xy + x^3 = 0$； 　　　　　(2) $e^y + xy = \pi$；

(3) $xy = e^{x+y}$； 　　　　　　　　(4) $\ln y - \cos xy + 1 = 0$；

(5) $\arctan \dfrac{y}{x} = \ln \sqrt{x^2 + y^2}$； 　　(6) $x = \sin(x+y)$.

2. 求曲线 $\cos y = \ln(2x+y)$ 在点 $\left(\dfrac{e}{2}, 0 \right)$ 处的切线方程与法线方程.

3. 求下列函数的导数：

(1) $y = \left(\dfrac{x}{1+x} \right)^{\ln x}$； 　　(2) $y = (\tan x)^{\sin x}$； 　　(3) $y = \sqrt[5]{\dfrac{x-3}{\sqrt[4]{x^2+1}}}$.

3.4 高阶导数

由 3.1 节的引例可知，作变速直线运动且路程函数为 $s = s(t)$ 的物体的瞬时速度为 $v(t) = s'(t)$. 而加速度 $a(t)$ 又是速度 $v(t)$ 对时间 t 的导数，即 $a(t) = v'(t)$，从而 $a(t) = [s'(t)]'$. 这种导数的导数 $[s'(t)]'$ 称为 $s(t)$ 对时间 t 的**二阶导数**，记为 $s''(t)$. 这就产生了高阶导数的概念.

定义 3.4.1 如果函数 $f(x)$ 的导数 $f'(x)$ 在点 x 处可导，则称 $f'(x)$ 在点 x 处的导数为函数 $y = f(x)$ 在点 x 处的**二阶导数**，记作

$$f''(x), \quad y'', \quad \frac{d^2 y}{dx^2} \ \text{或} \ \frac{d^2 f(x)}{dx^2},$$

即

$$f''(x) = \lim_{\Delta x \to 0} \frac{f'(x + \Delta x) - f'(x)}{\Delta x},$$

此时称 $f(x)$ 在点 x 处**二阶可导**.

类似地，$f(x)$ 的二阶导数的导数称为 $f(x)$ 的**三阶导数**，记为

$$f'''(x), \quad y''', \quad \frac{d^3 y}{dx^3} \ \text{或} \ \frac{d^3 f(x)}{dx^3}.$$

一般地，函数 $f(x)$ 的 $n-1$ 阶导数的导数称为 $f(x)$ 的 **n 阶导数**，记为

$$f^{(n)}(x), \quad y^{(n)}, \quad \frac{\mathrm{d}^n y}{\mathrm{d}x^n} \ \text{或} \ \frac{\mathrm{d}^n f(x)}{\mathrm{d}x^n},$$

即有

$$f^{(n)}(x) = \left[f^{(n-1)}(x) \right]'.$$

二阶及二阶以上的导数称为**高阶导数**. 通常，称 $f(x)$ 为函数 $f(x)$ 的**零阶导数**，称 $f'(x)$ 为 $f(x)$ 的**一阶导数**. 若 $f(x)$ 的 n 阶导数存在，则称 $f(x)$ **n 阶可导**.

例 3.4.1 设 $y = \arctan x$，求 $y''(0)$.

解 因为

$$y' = \frac{1}{1+x^2}, \quad y'' = \left(\frac{1}{1+x^2} \right)' = \frac{-2x}{(1+x^2)^2},$$

所以

$$y''(0) = \frac{-2x}{(1+x^2)^2} \bigg|_{x=0} = 0.$$

例 3.4.2 设 $y = \mathrm{e}^x$，求 $y^{(n)}$.

解 $y' = \mathrm{e}^x$, $y'' = \mathrm{e}^x$, $y''' = \mathrm{e}^x$, $\cdots$.

一般地，可得

$$y^{(n)} = \mathrm{e}^x,$$

即

$$(\mathrm{e}^x)^{(n)} = \mathrm{e}^x.$$

类似地，有

$$(a^x)^{(n)} = a^x (\ln a)^n \quad (a > 0, a \neq 1).$$

例 3.4.3 设 $y = a_n x^n + a_{n-1} x^{n-1} + \cdots + a_1 x + a_0$，其中 $a_0, a_1, \cdots, a_n$ 为常数，求 $y^{(n)}$.

解 因为

$$y' = n a_n x^{n-1} + (n-1) a_{n-1} x^{n-2} + \cdots + a_1,$$
$$y'' = n(n-1) a_n x^{n-2} + (n-1)(n-2) a_{n-1} x^{n-3} + \cdots + 2a_2,$$
$$y''' = n(n-1)(n-2) a_n x^{n-3} + (n-1)(n-2)(n-3) a_{n-1} x^{n-4} + \cdots + 6a_3,$$
$$\cdots\cdots$$

一般地，可得

$$y^{(n)} = n! \, a_n.$$

例 3.4.4 设 $y = \sin x$，求 $y^{(n)}$.

解 由题意，得

$$y' = \cos x = \sin\left(x + \frac{\pi}{2}\right),$$

$$y'' = \cos\left(x + \frac{\pi}{2}\right) = \sin\left(x + \frac{\pi}{2} + \frac{\pi}{2}\right) = \sin\left(x + \frac{2\pi}{2}\right),$$

$$y''' = \cos(x + \pi) = \sin\left(x + \pi + \frac{\pi}{2}\right) = \sin\left(x + \frac{3\pi}{2}\right),$$

$$\cdots\cdots$$

一般地，可得

$$y^{(n)} = (\sin x)^{(n)} = \sin\left(x + \frac{n\pi}{2}\right).$$

同理可得

$$(\cos x)^{(n)} = \cos\left(x + \frac{n\pi}{2}\right).$$

例 3.4.5 设 $y = \ln(1+x)$，求 $y^{(n)}$.

解 $y' = \dfrac{1}{1+x} = (1+x)^{-1},$

$y'' = -(1+x)^{-2},$

$y''' = (-1) \times (-2)(1+x)^{-3},$

$$\cdots\cdots$$

一般地，可得

$$y^{(n)} = [\ln(1+x)]^{(n)} = (-1)^{n-1}(n-1)!\,(1+x)^{-n}$$

$$= \frac{(-1)^{n-1}(n-1)!}{(1+x)^n}\,(n \geqslant 1).$$

例 3.4.6 设 $f(x) = \begin{cases} x^2, & x \geqslant 0 \\ -x^2, & x < 0 \end{cases}$，讨论 $f(x)$ 在点 $x = 0$ 处是否二阶可导.

解 当 $x > 0$ 时，$f'(x) = 2x$；当 $x < 0$ 时，$f'(x) = -2x$. 在点 $x = 0$ 处

$$f'_+(0) = \lim_{x \to 0^+} \frac{f(x) - f(0)}{x} = \lim_{x \to 0^+} \frac{x^2 - 0}{x} = 0,$$

$$f'_-(0) = \lim_{x \to 0^-} \frac{f(x) - f(0)}{x} = \lim_{x \to 0^-} \frac{-x^2 - 0}{x} = 0,$$

于是 $f'(0) = 0$. 所以

$$f'(x) = \begin{cases} 2x, & x \geqslant 0 \\ -2x, & x < 0 \end{cases},$$

又因为

$$f''_+(0) = \lim_{x \to 0^+} \frac{f'(x) - f'(0)}{x} = \lim_{x \to 0^+} \frac{2x - 0}{x} = 2,$$

$$f''_-(0) = \lim_{x \to 0^-} \frac{f'(x) - f'(0)}{x} = \lim_{x \to 0^-} \frac{-2x - 0}{x} = -2,$$

故 $f''_+(0) \neq f''_-(0)$. 因此 $f(x)$ 在点 $x = 0$ 处的二阶导数不存在.

例 3.4.7 设方程 $x + \arctan y = y$ 确定了隐函数 $y = f(x)$，求 $y''(x)$.

解 方程两边同时对 x 求导，并视 y 为 x 的函数，有

$$1 + \frac{y'}{1 + y^2} = y',$$

解得

$$y' = \frac{1 + y^2}{y^2},$$

再对 x 求导，从而

$$y'' = \frac{2y \cdot y' \cdot y^2 - (1 + y^2) \cdot 2y \cdot y'}{y^4} = \frac{-2(1 + y^2)}{y^5}.$$

例 3.4.8 设方程 $x^4 - xy + y^4 = 1$ 确定 y 是 x 的函数，求 y'' 在点 $(0, 1)$ 处的值.

解 方程两边同时对 x 求导，并视 y 为 x 的函数，有

$$4x^3 - y - xy' + 4y^3 \cdot y' = 0, \tag{3.4.1}$$

微课
例 3.4.8

将方程 (3.4.1) 两边对 x 求导，得

$$12x^2 - 2y' - xy'' + 12y^2 \cdot (y')^2 + 4y^3 \cdot y'' = 0, \tag{3.4.2}$$

将 $x = 0$，$y = 1$ 代入式 (3.4.1)，有 $y'\big|_{\substack{x=0 \\ y=1}} = \frac{1}{4}$，代入式 (3.4.2)，有

$$y''\big|_{\substack{x=0 \\ y=1}} = -\frac{1}{16}.$$

若 $u = u(x)$，$v = v(x)$ 均 n 阶可导，则

$$(u \pm v)^{(n)} = u^{(n)} \pm v^{(n)}.$$

对于乘积，其求导法则较为复杂一些. 可以看到

$$(uv)' = u'v + uv',$$
$$(uv)'' = (u'v + uv')' = u''v + 2u'v' + uv'',$$
$$(uv)''' = (u''v + 2u'v' + uv'')' = u'''v + 3u''v' + 3u'v'' + uv''',$$

用数学归纳法可以证明：

$$(uv)^{(n)} = \sum_{k=0}^{n} C_n^k u^{(n-k)} v^{(k)}$$

$$= u^{(n)} v^{(0)} + n u^{(n-1)} v' + \frac{n(n-1)}{2!} u^{(n-2)} v'' + \cdots$$

$$+ \frac{n(n-1)\cdots(n-k+1)}{k!} u^{(n-k)} v^{(k)} + \cdots + u^{(0)} v^{(n)},$$

其中 $u^{(0)} = u$，$v^{(0)} = v$，$C_n^k = \dfrac{n!}{k!(n-k)!}$. 这个公式称为**莱布尼茨公式**.

利用复合函数的求导法则，可证得以下常用结论：

$$[Cu(x)]^{(n)} = C u^{(n)}(x);$$

$$[u(ax+b)]^{(n)} = a^n u^{(n)}(ax+b) \quad (a \neq 0).$$

例如，由幂函数的 n 阶导数公式，可得

$$\left(\frac{1}{ax+b}\right)^{(n)} = (-1)^n \frac{n! \, a^n}{(ax+b)^{n+1}}.$$

例 3.4.9　设 $y = x^2 \sin x$，求 $y^{(10)}$.

解　设 $u = \sin x$，$v = x^2$，则

$$u^{(k)} = \sin\left(x + \frac{k\pi}{2}\right) \quad (k = 1, 2, \cdots, 10),$$

$$v' = 2x, \quad v'' = 2, \quad v^{(k)} = 0 \quad (k = 3, 4, \cdots, 10).$$

由莱布尼茨公式可得

$$y^{(10)} = \sin\left(x + \frac{10\pi}{2}\right) \cdot x^2 + 10 \sin\left(x + \frac{9\pi}{2}\right) \cdot 2x + \frac{10 \times 9}{2!} \sin\left(x + \frac{8\pi}{2}\right) \cdot 2$$

$$= (90 - x^2) \sin x + 20 x \cos x.$$

例 3.4.10　设 $y = \dfrac{1}{x^2 - 1}$，求 $y^{(2\,018)}$.

解　因为

$$y = \frac{1}{x^2 - 1} = \frac{1}{2}\left(\frac{1}{x-1} - \frac{1}{x+1}\right),$$

所以

$$y^{(2\,018)} = \frac{1}{2}\left[\frac{2\,018!}{(x-1)^{2\,019}} - \frac{2\,018!}{(x+1)^{2\,019}}\right].$$

习题 3.4

1. 求下列函数的二阶导数：

(1) $y = (\arcsin x)^2$；

(2) $y = x e^{-x^2}$；

(3) $y=\ln(1-x^2)$；　　　　　　　　　(4) $y=\dfrac{1-x}{1+x}$.

2. 求下列函数在指定点处的二阶导数：

(1) $y=e^{3x-1}$，$x=1$；　　　　　　　(2) $y=\ln\ln x$，$x=e^2$；

(3) $y=x^2\sin x$，$x=\pi$；　　　　　　(4) $y=\arctan 2x$，$x=0$.

3. 求下列方程所确定的隐函数 $y=y(x)$ 的二阶导数：

(1) $x^2-xy+y^2=0$；　　　(2) $y=1+xe^y$；　　　(3) $y=\tan(x+y)$.

4. 求下列函数的 n 阶导数：

(1) $y=\cos(3x+1)$；　　　(2) $y=x^2 e^{3x}$；　　　(3) $y=\dfrac{x}{x^2-5x+4}$.

5. 设 $f(x)$ 二阶可导，求下列函数的二阶导数：

(1) $y=f(\ln x)$；　　　(2) $y=\arctan[f(x)]$；　　　(3) $y=f^2(x)$.

3.5　微　分

在实际问题中，有时需要在自变量 x 有微小变化的情形下计算函数 $y=f(x)$ 的微小改变量 Δy. 而对于有些比较复杂的函数 $f(x)$，其改变量 Δy 并不易求出. 于是，就设想当 $|\Delta x|$ 很小时，将 Δy 近似表示为 Δx 的线性函数，从而将复杂问题简单化. 微分就是将 Δy 近似线性表示的一种数学模型.

3.5.1　微分概念

一、引例

先考察一个具体问题. 设有一个正方形金属薄片，其边长为 x，则其面积为 $S=x^2$. 若该薄片受温度变化的影响，其边长由 x 变为 $x+\Delta x$，如图 3-3 所示，则其面积的改变量为

$$\Delta S=(x+\Delta x)^2-x^2=2x\Delta x+(\Delta x)^2.$$

从上式可以看到，ΔS 由两部分组成：第一部分 $2x\Delta x$ 是 Δx 的线性函数（图 3-3 中阴影部分的两个矩形面积之和）；第二部分 $(\Delta x)^2$ 是 Δx 的高阶无穷小量（$\Delta x\to 0$）（图 3-3 中带有方格线的小正方形的面积）. 因此，当 $|\Delta x|$ 很小时，面积改变量 ΔS 可以近似地用第一部分 $2x\Delta x$ 来代替，且 $|\Delta x|$ 越小，近似程度越高.

实际中，还有许多类似问题，在数学上可统一归结为：当自变量从 x_0 变为 $x_0+\Delta x$ 时，相应的函数改变量 $\Delta y=f(x_0+\Delta x)-f(x_0)$ 可以表示为

$$\Delta y=A\Delta x+o(\Delta x),\quad \Delta x\to 0,$$

其中，A 是不依赖于 Δx 的常数. 因此，当 $|\Delta x|$ 很小时，可以用 Δx 的线性函数 $A\Delta x$ 来近似代替 Δy. 从类似的近似计算中可以抽象出一个数学概念——微分.

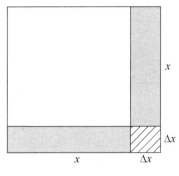

图 3 - 3

二、微分的定义

定义 3.5.1 设函数 $y=f(x)$ 在点 x_0 的某邻域内有定义，当自变量 x 在点 x_0 处取得改变量 Δx 时（点 $x_0+\Delta x$ 仍在该邻域内），相应的函数改变量 $\Delta y=f(x_0+\Delta x)-f(x_0)$ 可以表示为

$$\Delta y=A\Delta x+o(\Delta x),\quad \Delta x\rightarrow 0,$$

其中 A 与 Δx 无关，但可与 x_0 有关，则称函数 $y=f(x)$ 在点 x_0 处**可微**，并称 $A\Delta x$ 为 $y=f(x)$ 在点 x_0 处的**微分**，记为 $\mathrm{d}y\big|_{x=x_0}$，即

$$\mathrm{d}y\big|_{x=x_0}=A\Delta x.$$

注 由定义 3.5.1 可见，函数的微分 $\mathrm{d}y$ 是 Δx 的线性函数，且与改变量 Δy 仅相差一个 Δx 的高阶无穷小量，所以，当 $|\Delta x|$ 很小时，有近似表达式

$$\Delta y\approx \mathrm{d}y.$$

当 $A\neq 0$ 时，也称微分 $\mathrm{d}y$ 是改变量 Δy 的**线性主部**，且当 $A\neq 0$，$\Delta x\rightarrow 0$ 时，$\mathrm{d}y$ 和 Δy 是等价无穷小量. 事实上

$$\lim_{\Delta x\rightarrow 0}\frac{\Delta y}{\mathrm{d}y}=\lim_{\Delta x\rightarrow 0}\frac{A\Delta x+o(\Delta x)}{A\Delta x}=1+\lim_{\Delta x\rightarrow 0}\frac{o(\Delta x)}{A\Delta x}=1+0=1.$$

3.5.2 可微的条件

定理 3.5.1 函数 $y=f(x)$ 在点 x_0 处可微的充要条件是 $y=f(x)$ 在点 x_0 处可导.

证 （必要性）设 $y=f(x)$ 在点 x_0 处可微，由定义 3.5.1 知

$$\Delta y=A\Delta x+o(\Delta x),\quad \Delta x\rightarrow 0,$$

于是

$$\lim_{\Delta x\rightarrow 0}\frac{\Delta y}{\Delta x}=\lim_{\Delta x\rightarrow 0}\left(A+\frac{o(\Delta x)}{\Delta x}\right)=A+\lim_{\Delta x\rightarrow 0}\frac{o(\Delta x)}{\Delta x}=A,$$

即 $y=f(x)$ 在点 x_0 处可导，且 $f'(x_0)=A$.

（充分性）设 $y=f(x)$ 在点 x_0 处可导，则有

$$\lim_{\Delta x \to 0}\frac{\Delta y}{\Delta x}=f'(x_0),$$

由极限与无穷小量的关系（定理 2.3.1）可知，

$$\frac{\Delta y}{\Delta x}=f'(x_0)+\alpha,$$

其中 $\lim\limits_{\Delta x \to 0}\alpha=0$. 于是

$$\Delta y=f'(x_0)\Delta x+\alpha \cdot \Delta x=f'(x_0)\Delta x+o(\Delta x), \quad \Delta x \to 0,$$

其中 $f'(x_0)$ 与 Δx 无关，由微分的定义 3.5.1 知，$y=f(x)$ 在点 x_0 处可微，且 $A=f'(x_0)$.

由定理 3.5.1 可知，若 $y=f(x)$ 在点 x_0 处可微，则

$$dy=f'(x_0)\Delta x.$$

因为 $dx=x'|_{x=x_0}\Delta x=\Delta x$，于是，定义自变量的微分等于其改变量，即 $dx=\Delta x$，从而函数的微分可进一步表示为

$$dy=f'(x_0)dx. \tag{3.5.1}$$

定义 3.5.2 如果函数 $y=f(x)$ 在区间 (a,b) 内的每一点处都可微，则称 $f(x)$ 是 (a,b) 内的可微函数，函数 $y=f(x)$ 在 (a,b) 内的任一点 x 处的微分称为函数的微分，记为 dy 或 $df(x)$，即

$$dy=f'(x)dx. \tag{3.5.2}$$

由式（3.5.2）可知，

$$f'(x)=\frac{dy}{dx},$$

即函数的导数可视为函数的微分 dy 与自变量的微分 dx 的商，因此，导数也称为**微商**.

例 3.5.1 求 $y=x^2$ 当 $x=1$，$\Delta x=0.02$ 时的微分.

解 因为函数 $y=x^2$ 在点 x 处的微分为

$$dy=(x^2)'\Delta x=2x\Delta x,$$

将 $x=1$，$\Delta x=0.02$ 代入上式，即得

$$dy\Big|_{\substack{x=1 \\ \Delta x=0.02}}=0.04.$$

例 3.5.2 求 $y=\sin x+\ln x$ 的微分.

解 因为 $y'=\cos x+\dfrac{1}{x}$，所以

$$\mathrm{d}y = \left(\cos x + \frac{1}{x} \right) \mathrm{d}x.$$

3.5.3 微分的几何意义

在直角坐标系中，函数 $y = f(x)$ 的图形是一条曲线. 设 $M(x_0, y_0)$ 为此曲线上一定点，当自变量 x 在点 x_0 处取得改变量 Δx 时，得到曲线上另一点 $N(x_0 + \Delta x, y_0 + \Delta y)$. 由图 3-4 可知，$|MP| = \Delta x$，$|PN| = \Delta y$. 过点 M 作曲线的切线 MT，其倾角为 α，则

$$|PQ| = |MP| \tan \alpha = \Delta x f'(x_0),$$

即 $\qquad \mathrm{d}y = |PQ| = f'(x_0) \Delta x.$

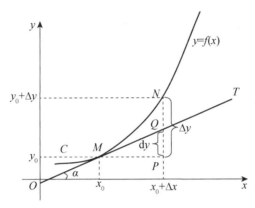

图 3-4

由此可见，对于可微函数 $y = f(x)$ 而言，当 Δy 是曲线 $y = f(x)$ 上点的纵坐标的改变量时，$\mathrm{d}y$ 就是曲线的切线上点的纵坐标的相应改变量. 当 $|\Delta x|$ 很小时，$|\Delta y - \mathrm{d}y| = |QN|$ 比 $|\Delta x|$ 小很多. 于是，在点 M 附近，可以用 $\mathrm{d}y$ 近似代替 Δy，即在点 $M(x_0, y_0)$ 附近可以用切线段 MQ 近似代替曲线弧 MN，且 N 点越接近 M 点，近似程度越高.

3.5.4 基本公式与运算法则

由于函数 $y = f(x)$ 的微分公式为 $\mathrm{d}y = f'(x) \mathrm{d}x$，所以由导数的基本公式与运算法则，可得到相应的微分公式及微分运算法则.

一、基本初等函数的微分公式

(1) $\mathrm{d}C = 0$；

(2) $\mathrm{d}(x^\alpha) = \alpha x^{\alpha-1} \mathrm{d}x$（$\alpha$ 为任意实数）；

(3) $\mathrm{d}(a^x) = a^x \ln a \, \mathrm{d}x$（$a > 0$, $a \neq 1$）；

(4) $\mathrm{d}(\mathrm{e}^x) = \mathrm{e}^x \mathrm{d}x$；

(5) $\mathrm{d}(\log_a |x|) = \frac{1}{x \ln a} \mathrm{d}x$（$a > 0$, $a \neq 1$）；

(6) $\mathrm{d}(\ln|x|) = \frac{1}{x} \mathrm{d}x$；

(7) $\mathrm{d}(\sin x) = \cos x \, \mathrm{d}x$；

(8) $\mathrm{d}(\cos x) = -\sin x \, \mathrm{d}x$；

(9) $\mathrm{d}(\tan x) = \sec^2 x \, \mathrm{d}x$；

(10) $\mathrm{d}(\cot x) = -\csc^2 x \, \mathrm{d}x$；

(11) $\mathrm{d}(\sec x) = \sec x \tan x \, \mathrm{d}x$；

(12) $\mathrm{d}(\csc x) = -\csc x \cot x \, \mathrm{d}x$；

(13) $\mathrm{d}(\arcsin x) = \frac{1}{\sqrt{1-x^2}} \mathrm{d}x$；

(14) $\mathrm{d}(\arccos x) = -\frac{1}{\sqrt{1-x^2}} \mathrm{d}x$；

(15) $d(\arctan x) = \dfrac{1}{1+x^2}dx$;   (16) $d(\text{arccot}x) = -\dfrac{1}{1+x^2}dx$.

注 式 (5) 和式 (6) 中的 $\log_a|x|$ 和 $\ln|x|$ 虽然不是基本初等函数，但由于使用较多，故也在此列出.

二、微分的四则运算法则

设函数 $u=u(x)$ 和 $v=v(x)$ 在点 x 处均可微，则有

(1) $d(u \pm v) = du \pm dv$;

(2) $d(uv) = vdu + udv$;

(3) $d\left(\dfrac{u}{v}\right) = \dfrac{vdu - udv}{v^2}$，$v \neq 0$.

三、复合函数的微分法则

设函数 $u=\varphi(x)$ 在点 x 处可微，$y=f(u)$ 在对应点 $u=\varphi(x)$ 处可微，则复合函数 $y=f[\varphi(x)]$ 在点 x 处可微，且

$$dy = y'(x)dx = f'(u)\varphi'(x)dx.$$

由于 $du=\varphi'(x)dx$，所以 $y=f[\varphi(x)]$ 的微分也可以表示为

$$dy = f'(u)du.$$

这说明对于函数 $y=f(u)$，不论 u 是自变量还是中间变量，其微分都可以表示为如下形式：

$$dy = f'(u)du.$$

这一性质称为一阶微分形式不变性.

例 3.5.3 设 $y=\cos(3x-1)$，求 dy.

解 由一阶微分形式不变性知

$$dy = -\sin(3x-1) \cdot d(3x-1) = -3\sin(3x-1)dx.$$

例 3.5.4 设 $y=e^{2x+1}\sin x$，求 dy.

解 应用乘积的微分运算法则及一阶微分形式不变性，有

$$
\begin{aligned}
dy &= e^{2x+1}d(\sin x) + \sin x d(e^{2x+1}) \\
&= e^{2x+1}\cos x dx + \sin x \cdot 2e^{2x+1}dx \\
&= e^{2x+1}(\cos x + 2\sin x)dx.
\end{aligned}
$$

例 3.5.5 求由方程 $y^2 + \ln y = x^4$ 确定的隐函数 $y=y(x)$ 的微分.

解 对方程两边同时求微分，有

$$2ydy + \dfrac{1}{y}dy = 4x^3dx,$$

从而

$$dy = \dfrac{4x^3 y}{2y^2 + 1}dx.$$

3.5.5　微分在近似计算中的应用

设函数 $f(x)$ 在点 x_0 处可微，则当 $\Delta x \to 0$ 时，有

$$f(x_0 + \Delta x) - f(x_0) = f'(x_0)\Delta x + o(\Delta x),$$

当 $|\Delta x|$ 很小时，有

$$f(x_0 + \Delta x) - f(x_0) \approx f'(x_0)\Delta x,$$

即

$$f(x_0 + \Delta x) \approx f(x_0) + f'(x_0)\Delta x. \tag{3.5.3}$$

在式 (3.5.3) 中，令 $x = x_0 + \Delta x$，即 $\Delta x = x - x_0$，则式 (3.5.3) 可改写为

$$f(x) \approx f(x_0) + f'(x_0)(x - x_0). \tag{3.5.4}$$

事实上，这种近似计算就是用 x 的线性函数 $f(x_0) + f'(x_0)(x - x_0)$ 近似表示函数 $f(x)$.

例 3.5.6　求 $\sin 33°$ 的近似值.

解　先将 33° 化为弧度，有

$$33° = \frac{\pi}{6} + \frac{\pi}{60},$$

微课

例 3.5.6

由于所求的是正弦函数的值，故设 $f(x) = \sin x$，于是 $f'(x) = \cos x$. 取

$$x_0 = \frac{\pi}{6}, \quad \Delta x = 3° = \frac{\pi}{60},$$

则

$$f\left(\frac{\pi}{6}\right) = \frac{1}{2}, \quad f'\left(\frac{\pi}{6}\right) = \frac{\sqrt{3}}{2}.$$

代入式 (3.5.3)，有

$$\sin 33° = \sin\left(\frac{\pi}{6} + \frac{\pi}{60}\right) \approx \sin\frac{\pi}{6} + \cos\frac{\pi}{6} \cdot \frac{\pi}{60} = \frac{1}{2} + \frac{\sqrt{3}}{2} \cdot \frac{\pi}{60} \approx 0.545.$$

例 3.5.7　证明：当 $|x|$ 很小时，$\sqrt[n]{1+x} \approx 1 + \frac{1}{n}x$.

证　令 $f(x) = \sqrt[n]{1+x}$，则有 $f(0) = 1$，$f'(0) = \frac{1}{n}$. 当 $|x|$ 很小时，

$$f(x) \approx f(0) + f'(0)x,$$

故有

$$\sqrt[n]{1+x} \approx 1 + \frac{1}{n}x.$$

在式 (3.5.4) 中，取 $x_0 = 0$，有

$$f(x) \approx f(0) + f'(0)x. \tag{3.5.5}$$

假设 $|x|$ 很小，利用式（3.5.5）可以推导出以下几个常用的近似公式：

(1) $e^x \approx 1 + x$；

(2) $\ln(1+x) \approx x$；

(3) $(1+x)^a \approx 1 + ax \ (a \in \mathbf{R})$；

(4) $\sin x \approx x$；

(5) $\tan x \approx x$.

例 3.5.8 在一个半径 $r = 10\text{cm}$ 的球表面镀一层厚度为 0.02cm 的某种合金. 若已知这种合金的密度为 9.5g/cm^3. 问镀一个球大约需要多少这种合金？

解 用 V 表示半径为 r 的球体的体积，则有

$$V = \frac{4}{3}\pi r^3.$$

由已知 $r = 10\text{cm}$，$\Delta r = 0.02\text{cm}$，所需合金的体积为球体镀上一层合金后增加的体积 ΔV，因为 Δr 相对于 r 较小，所以可以用微分 dV 近似代替 ΔV. 于是有

$$\Delta V \approx dV = 4\pi r^2 \Delta r = 4\pi \times 10^2 \times 0.02 = 8\pi \ (\text{cm}^3),$$

所以镀一个球大约需要这种合金

$$9.5 \Delta V = 76\pi \approx 238.64(\text{g}).$$

习题 3.5

1. 已知 $y = (x-1)^2$，求当 $x = 0$，$\Delta x = 0.05$ 时的 Δy 及 dy.

2. 求下列函数的微分：

(1) $y = \sqrt{1 - x^2}$；

(2) $y = x\sin 3x$；

(3) $y = 2^{\ln\cos x}$；

(4) $y = e^{-x}\cos(2+x)$；

(5) $y = \tan^2(1 + x^2)$；

(6) $y = \frac{1}{x} + 3\sqrt{x}$.

3. 设下列方程确定了隐函数 $y = y(x)$，求 dy：

(1) $y = 1 + xe^y$；

(2) $y = \cos(xy) - x$；

(3) $y = \sin(x+y)$；

(4) $xy = e^{x+y}$.

4. 在下列括号内填入适当的函数，使等式成立：

(1) $d(\ln\sqrt{1-x^3}) = (\quad)d(\sqrt{1-x^3}) = (\quad)d(1-x^3) = (\quad)dx$；

(2) $d(e^{\sin^2 x}) = (\quad)d(\sin^2 x) = (\quad)d(\sin x) = (\quad)dx$.

5. 计算下列各式的近似值：

(1) $\sqrt{1.05}$；

(2) $\sin 30°30'$.

6. 设 $a > 0$，且 $|b|$ 与 a^n 相比是很小的量，证明

$$\sqrt[n]{a^n + b} \approx a + \frac{b}{na^{n-1}}.$$

7. 边长为 20cm 的正方形金属薄片加热后，边长伸长了 0.05cm，求面积大约增加了多少.

3.6 导数在经济学中的应用

3.6.1 常用的经济函数

一、需求函数与供给函数

需求函数是指在一定时期内，市场上某种商品的需求量与决定其需求量的各因素之间的数量关系.

影响某种商品需求量的因素有很多，其中，商品价格是很重要的因素. 假定其他因素不变，则一般情况下商品需求量 Q 是关于商品价格 P 的单调减少函数，记为

$$Q = f_d(P).$$

最简单的需求函数是线性需求函数，即 $Q = a - bP$，一般地，$a > 0$，$b > 0$.

供给函数是指在一定时期内，市场上某种商品的供给量与决定其供给量的各因素之间的数量关系.

同样地，若假定其他因素不变，则一般情况下商品供给量 Q 是关于商品价格 P 的单调增加函数，记为

$$Q = f_s(P).$$

最简单的供给函数是线性供给函数，即 $Q = dP - c$，一般地，$c > 0$，$d > 0$.

需求函数与供给函数密切相关，对于一种商品而言，如果需求量等于供给量，则这种商品达到了供需平衡（或市场均衡），使产品的需求量与供给量相等的价格 P_0 称为**均衡价格**，如图 3-5 所示，其中 $f_d(P)$ 为需求函数，$f_s(P)$ 为供给函数. 而此时的需求量与供给量称为**均衡产量**，常用 Q_0 表示.

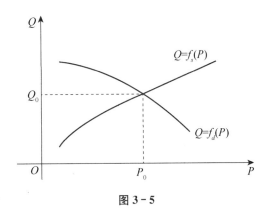

图 3-5

例3.6.1 已知鸡蛋的收购价格为每千克 5 元，每月能收购 6 000 千克. 若收购价格每千克提高 0.2 元，则每月收购量可增加 500 千克. 求鸡蛋每月的线性供给函数.

解 设鸡蛋的线性供给函数为

$$f_s(P)=dP-c,$$

其中 P 为收购价格. 由题意有

$$\begin{cases} 6\,000=5d-c \\ 6\,500=5.2d-c \end{cases}.$$

解得 $d=2\,500$，$c=6\,500$. 从而所求供给函数为

$$f_s(P)=2\,500P-6\,500.$$

例3.6.2 设某种商品的需求函数与供给函数分别为

$$f_d(P)=90-5P,\quad f_s(P)=20P-10,$$

求该商品的均衡价格（单位：元）和均衡产量（单位：件）.

解 由均衡条件 $f_d(P)=f_s(P)$，可得

$$90-5P=20P-10,$$

解得 $P_0=P=4$. 于是

$$Q_0=90-5P_0=70.$$

即均衡价格为 4 元，均衡产量为 70 件.

二、成本函数、收入函数及利润函数

总成本是指生产一定数量的某种产品所需投入的总费用，它是产量的函数，一般用 C 表示. 设某产品产量为 x 时所需要的总成本 $C=C(x)(x\geqslant 0)$，称 $C(x)$ 为**总成本函数**，简称**成本函数**. 总成本由**固定成本** C_0（与产量无关的资源投入，如厂房、设备等）及**可变成本** $C_1(x)$（与产量有关的资源投入，如原料、人力等）两部分组成，即

$$C(x)=C_0+C_1(x).$$

产量 $x=0$ 时的成本 $C(0)$ 就是产品的固定成本. 又称

$$\bar{C}(x)=\frac{C(x)}{x}\quad (x>0)$$

为平均成本函数.

一般而言，成本函数是产量的单调增加函数.

总收入是指生产者出售一定数量的产品所得的全部收入，一般用 R 表示，总收入等于价格与销售量的乘积. 由于销售量与价格存在一定的关系，故我们可根据所讨论的问题将总收入表示为销售量或价格的函数. 设某种产品的价格为 P 时的销售量为 x，将总收入表示为销售量的函数

$$R = R(x) = xP,$$

称 $R(x)$ 为**总收入函数**，简称**收入函数**.

总利润是指生产者将生产的产品售出并扣除成本后所得到的收入，即总收入减去总成本，一般用 L 表示. 假设销售量等于产量（即产销平衡），当某种产品的产量为 x 时，总成本函数为 $C(x)$，总收入函数为 $R(x)$，则有

$$L(x) = R(x) - C(x),$$

称 $L(x)$ 为**总利润函数**，简称**利润函数**.

例 3.6.3 设某工厂生产一种产品，每日最多生产 100 件. 其日固定成本为 1 000 元，单位产品的可变成本为 18 元，求该厂日总成本函数与平均成本函数.

解 由题意知，$C_0 = 1\,000$，$C_1(x) = 18x$，于是，总成本函数为

$$C(x) = 1\,000 + 18x, \quad x \in [0, 100],$$

平均成本函数为

$$\overline{C}(x) = \frac{C(x)}{x} = 18 + \frac{1\,000}{x}.$$

例 3.6.4 设某厂生产 x 件产品的总成本为 $C(x) = 4x + 150$（单位：元），且该产品的需求量 x 是价格 P（单位：元）的函数 $x = 100 - P$（单位：件），求其总利润函数.

解 由需求函数 $x = 100 - P$ 可知

$$P = 100 - x.$$

于是，总收入函数为

$$R(x) = xP = x(100 - x) = 100x - x^2,$$

故总利润函数为

$$L(x) = R(x) - C(x) = 96x - x^2 - 150.$$

3.6.2 边际分析与弹性分析

一、边际分析

在经济学中，常用边际概念来描述经济变量的变化率，即经济变量的导数.

（1）边际成本.

当产量由 x 变为 $x + \Delta x$ 时，总成本的改变量为 $\Delta C = C(x + \Delta x) - C(x)$. 设产量是连续变化的，且函数 $C(x)$ 可导，则称其导数 $C'(x)$ 是产量为 x 时的**边际成本**. 由导数定义知

$$C'(x) = \lim_{\Delta x \to 0} \frac{\Delta C}{\Delta x} = \lim_{\Delta x \to 0} \frac{C(x + \Delta x) - C(x)}{\Delta x}.$$

边际成本 $C'(x)$ 的经济意义是：$C'(x)$ 近似等于当产量为 x 时，再多生产一单位产品所

增加的成本. 这是因为

$$C(x+1)-C(x)=\Delta C\approx dC=C'(x).$$

类似于边际成本的讨论, 可以得到边际收入与边际利润的概念.

（2）边际收入.

若总收入函数 $R(x)$ 在点 x 处可导, 则收入函数的变化率

$$R'(x)=\lim_{\Delta x\to 0}\frac{\Delta R}{\Delta x}=\lim_{\Delta x\to 0}\frac{R(x+\Delta x)-R(x)}{\Delta x}$$

称为销售量为 x 时的**边际收入**. 其经济意义为: $R'(x)$ 近似等于当销售量为 x 时, 再多销售一单位产品所增加的收入.

（3）边际利润.

若总利润函数 $L(x)$ 在点 x 处可导, 则称 $L'(x)$ 是销售量为 x 时的**边际利润**. 其经济意义为: $L'(x)$ 近似等于当销售量为 x 时, 再多销售一单位产品所增加的利润.

由 $L(x)=R(x)-C(x)$, 有

$$L'(x)=R'(x)-C'(x),$$

即边际利润等于边际收入与边际成本的差.

例 3.6.5 设某种产品的需求量 x 是价格 P（单位: 元）的函数 $x=20\,000-100P$（单位: 件）, 求边际收入函数及需求量分别为 $9\,000$, $10\,000$, $11\,000$ 时的边际收入, 并说明其经济意义.

解 由已知 $x=20\,000-100P$, 得 $P=200-0.01x$, 所以总收入函数为

$$R(x)=xP=200x-0.01x^2,$$

于是, 边际收入函数为

$$R'(x)=200-0.02x.$$

因此

$$R'(9\,000)=20, \quad R'(10\,000)=0, \quad R'(11\,000)=-20.$$

其经济意义分别为: 在供需平衡时, 当销售量为 $9\,000$ 件时, 如果再多销售一单位产品, 则总收入大约增加 20 元; 在供需平衡时, 当销售量为 $10\,000$ 件时, 如果再多销售一单位产品, 则总收入近似不变; 在供需平衡时, 当销售量为 $11\,000$ 件时, 如果再多销售一单位产品, 则总收入大约减少 20 元.

例 3.6.6 设某产品的总成本函数为 $C(x)=2\,000+450x+0.02x^2$（单位: 元）, 若每件产品售价为 490 元, 求:

（1）边际成本函数、边际利润函数;

（2）边际利润为 0 时的产量和总利润.

解 （1）由于总成本函数为 $C(x)=2\,000+450x+0.02x^2$, 所以边际

微课

例 3.6.6

成本函数为

$$C'(x)=450+0.04x,$$

由题意知，总收入函数为

$$R(x)=Px=490x,$$

故总利润函数为

$$L(x)=R(x)-C(x)=40x-0.02x^2-2\,000,$$

则边际利润函数为

$$L'(x)=40-0.04x.$$

（2）当边际利润为 0，即 $L'(x)=40-0.04x=0$ 时，解得 $x=1\,000$，从而总利润为

$$L(1\,000)=18\,000,$$

即边际利润为 0 时的产量是 $1\,000$ 件，相应的总利润是 $18\,000$ 元.

二、弹性分析

弹性是经济学中的另一个重要概念，常被用来描述一个经济变量对另一个经济变量变化的反应程度，也就是说，一个经济变量变动百分之一会使另一个经济变量变动百分之几. 下面给出弹性的定义.

定义 3.6.1 设函数 $y=f(x)$ 在点 x_0 处可导，函数的相对改变量

$$\frac{\Delta y}{f(x_0)}\quad(f(x_0)\neq0)$$

与自变量的相对改变量 $\dfrac{\Delta x}{x_0}$ 的比值 $\dfrac{\Delta y/f(x_0)}{\Delta x/x_0}$ 称为函数 $f(x)$ 在 x_0 与 $x_0+\Delta x$ 两点间的**弧弹性**. 称极限

$$\lim_{\Delta x\to0}\frac{\Delta y/f(x_0)}{\Delta x/x_0}=x_0\frac{f'(x_0)}{f(x_0)}$$

为函数 $f(x)$ 在点 x_0 处的**点弹性**，简称**弹性**，记为 $\left.\dfrac{Ey}{Ex}\right|_{x=x_0}$ 或 $\dfrac{E}{Ex}f(x_0)$，即

$$\left.\frac{Ey}{Ex}\right|_{x=x_0}=x_0\frac{f'(x_0)}{f(x_0)}.$$

显然，当 $|\Delta x|$ 很小时，有

$$\left.\frac{Ey}{Ex}\right|_{x=x_0}\approx\frac{\Delta y/f(x_0)}{\Delta x/x_0},$$

即表明：当自变量 x 在点 x_0 处的相对改变量为 1% 时，因变量 y 的相对改变量近似等于 $\left.\dfrac{Ey}{Ex}\right|_{x=x_0}\%$.

定义 3.6.2 如果函数 $y=f(x)$ 在某区间内可导，且 $f(x)\neq0$，则称 $x\dfrac{f'(x)}{f(x)}$ 为 $f(x)$ 在该区间内的**点弹性函数**，简称**弹性函数**或**弹性**，记为 $\dfrac{\mathrm{E}y}{\mathrm{E}x}$ 或 $\dfrac{\mathrm{E}}{\mathrm{E}x}f(x)$，即

$$\frac{\mathrm{E}y}{\mathrm{E}x}=x\frac{f'(x)}{f(x)}.$$

例 3.6.7 设函数 $f(x)=\mathrm{e}^{-2x}$，求其弹性函数及在点 $x=2$ 处的弹性.

解 由于 $f'(x)=-2\mathrm{e}^{-2x}$，所以弹性函数为

$$\frac{\mathrm{E}y}{\mathrm{E}x}=x\frac{f'(x)}{f(x)}=-2x,$$

于是，$f(x)$ 在点 $x=2$ 处的弹性为

$$\left.\frac{\mathrm{E}y}{\mathrm{E}x}\right|_{x=2}=-4.$$

函数的弹性表示的是变量 y 对变量 x 的变化的反应程度或灵敏度. 在经济问题中，经常需要在不同产品之间进行比较，而这些产品使用的计量单位会不同. 由定义可知，弹性是一个无量纲的常数，使用起来可以不受计量单位的限制，这使弹性概念在经济学中得到了广泛应用.

下面介绍经济学中常用的需求函数对价格的弹性，即需求价格弹性.

定义 3.6.3 设某产品的需求函数 $Q=f(P)$ 可导，其中 Q 为需求量，P 为价格，称

$$\frac{\mathrm{E}Q}{\mathrm{E}P}=P\frac{f'(P)}{f(P)}$$

为该产品的需求价格弹性，简称需求弹性，通常记为 η，即

$$\eta=P\frac{f'(P)}{f(P)}.$$

注 （1）因需求函数通常为价格的单调减少函数，故一般地有 $f'(P)<0$，从而 $\eta<0$.
（2）当 $|\eta|>1$ 时，该商品具有高弹性；当 $|\eta|<1$ 时，该商品具有低弹性；当 $|\eta|=1$ 时，该商品具有单位弹性。

需求价格弹性的经济意义为：在商品价格为 P 时，若商品价格上涨（或下跌）1%，则需求量将大约减少（或增加）$|\eta|\%$.

在经济学中，经常遇到价格变动对总收入的影响问题. 利用需求价格弹性，可以分析提价或降价时总收入的变化情况，参见第 4 章.

例 3.6.8 设某商品的需求函数为 $Q=f(P)=20-\dfrac{P}{4}$，求价格为 16 元时的需求价格弹性，并解释其经济意义.

解　因为需求价格弹性为

$$\eta = P\,\frac{f'(P)}{f(P)} = \frac{P}{P-80},$$

当 $P=16$ 时，有

$$\eta = \frac{16}{16-80} = -0.25.$$

其经济意义是：当该商品的价格为 16 元时，$|\eta| = 0.25 < 1$，为低弹性，此时若价格上涨（或下跌）1‰，需求量将大约减少（或增加）0.25‰.

习题 3.6

1. 某电视机当每台售价为 600 元时，每月可销售 2 000 台；当每台售价降为 550 元时，每月可多销售 400 台. 求该电视机每月的线性需求函数.

2. 设某产品的总成本函数为 $C(x) = 6\,000 + 900x - 0.8x^2$（单位：元），求生产 100 单位产品时的平均成本及边际成本，并解释后者的经济意义.

3. 设某产品的固定成本为 1 000 元，生产 x 件产品的可变成本为 $0.01x^2 + 10x$. 若每件产品售价为 30 元，求边际利润函数以及边际利润为 0 时的产量.

4. 设某商品的需求函数为 $Q = 20\mathrm{e}^{-P}$，求 P 取何值时需求价格弹性是高弹性.

5. 设某商品的需求函数为 $Q = 150 - 2P^2$，求 $P=6$ 元时的需求价格弹性并说明其经济意义.

本章小结

本章主要介绍了导数与微分的概念、运算法则及导数在经济学中的应用.

函数 $f(x)$ 在点 x_0 处可导的充要条件是 $f(x)$ 在点 x_0 处的左导数与右导数都存在且相等. 若函数 $f(x)$ 在点 x_0 处可导，则 $f(x)$ 在点 x_0 处必连续，反之不然. 对于曲线 $y=f(x)$，函数 $f(x)$ 在点 x_0 处的导数表示该曲线在点 $(x_0,\,f(x_0))$ 处的切线斜率.

本章给出了导数的基本公式、导数的四则运算法则、反函数求导法则以及复合函数求导法则. 在此基础上，又给出了隐函数求导法则与对数求导法则. 利用这些基本公式与求导法则，可以直接求初等函数的导数. 对于分段函数，分段点处的导数用导数定义计算，区间内的导数用求导法则计算.

函数 $y=f(x)$ 在点 x 处可微的充要条件是 $y=f(x)$ 在点 x 处可导. 对于可微函数 $y=f(x)$，无论 x 是自变量还是复合函数的中间变量，都有 $\mathrm{d}y = f'(x)\mathrm{d}x$.

边际是指经济变量的瞬时变化率，即经济变量的导数. 弹性描述一个经济变量对另一个经济变量变化的反应程度. 弹性是一个无量纲的量，使用起来可以不受计量单位的限制，这使弹性概念在经济学中得到了广泛应用.

总复习题 3

1. 已知 $f'(1)=-3$，求 $\lim\limits_{x\to 0}\dfrac{x}{f(1-2x)-f(1-4x)}$.

2. 设 $f(x)$ 在点 $x=0$ 处可导，且 $f(0)=0$，求 $\lim\limits_{x\to 0}\dfrac{f(1-\cos x)}{\tan x^2}$.

3. 设 $f(x)=x(x-1)(x-2)\cdots(x-100)$，求 $f'(0)$.

4. 若 $f(x)=\begin{cases} g(x)\sin\dfrac{1}{x}, & x\neq 0 \\ 0, & x=0 \end{cases}$，且 $g'(0)=g(0)=0$，求 $f'(0)$.

5. 设 $f(x)=(x-a)\varphi(x)$，其中 $\varphi(x)$ 在点 $x=a$ 处连续，求 $f'(a)$.

6. 设 $f(x)$ 对任何 x 满足 $f(x+1)=2f(x)$，且 $f'(0)=C$（常数），求 $f'(1)$.

7. 设 $x=g(y)$ 是 $f(x)=\ln x+\arctan x$ 的反函数，求 $g'\left(\dfrac{\pi}{4}\right)$.

8. 已知 $y=f\left(\dfrac{3x-2}{3x+2}\right)$，$f'(x)=\arctan x^2$，求 $\dfrac{\mathrm{d}y}{\mathrm{d}x}\Big|_{x=0}$.

9. 求曲线 $y=x-\dfrac{1}{x}$ 与 x 轴交点处的切线方程.

10. 设函数 $f(x)=\begin{cases} 2\mathrm{e}^x+a, & x<0 \\ x^2+bx+1, & x\geqslant 0 \end{cases}$ 在点 $x=0$ 处可导，求 a，b 的值.

11. 求下列函数的导数：

(1) $y=\dfrac{1-x^3}{\sqrt{x}}$;

(2) $y=\dfrac{1-x^2}{1+x+x^2}$;

(3) $y=\mathrm{e}^{\sqrt{1+x}}$;

(4) $y=\sqrt{1+\ln^2 x}$;

(5) $y=x\sin x\ln x$;

(6) $y=\left(\arcsin\dfrac{x}{2}\right)^2$;

(7) $y=\left(\dfrac{x}{1+x}\right)^x$;

(8) $y=\dfrac{\sqrt{x+2}\,(3-x)^4}{(x+1)^5}$;

(9) $y=(\tan 2x)^{\cot\frac{x}{2}}$.

12. 求下列函数的二阶导数：

(1) $y=\ln(1-x^2)$;

(2) $y=x\mathrm{e}^{x^2}$;

(3) $y=\dfrac{1-x^2}{1+x^2}$.

13. 求下列方程所确定的隐函数 $y=y(x)$ 的导数：

(1) $\mathrm{e}^{xy}+y^3-5x=0$;

(2) $\sin y=\ln(x+y)$.

14. 设函数 $y=y(x)$ 由 $x^3-y^3-6x-3y=0$ 确定，求 y''.

15. 设函数 $y=y(x)$ 由方程 $e^y+xy=e$ 确定，求 $y''(0)$.

16. 求下列函数的 n 阶导数：

(1) $y=\ln\dfrac{1+x}{1-x}$；

(2) $y=\dfrac{1}{x^2-5x+6}$.

17. 求下列函数的微分：

(1) $y=\arcsin\sqrt{x}$；

(2) $y=\sec^3(\ln x)$；

(3) $y=[xf(x^2)]^2$，其中 f 为可导函数.

18. 设某产品的总成本函数和总收入函数分别为 $C(x)=3+2\sqrt{x}$，$R(x)=\dfrac{5x}{x+1}$，其中 x 为该产品的销售量，求该产品的边际成本、边际收入和边际利润.

19. 设某种商品的需求函数为 $Q=12-\dfrac{P}{2}$，其中 P（单位：元）为商品的价格，求：

(1) 需求价格弹性函数；

(2) 价格为 4 元与 14 元时的需求价格弹性，并说明其经济意义.

20. 求下列各式的近似值：

(1) $\cos 29°$；

(2) $\sqrt[3]{7.95}$.

21. 设 $f(x)$ 是可导的偶函数，证明：$f'(x)$ 为奇函数.

22. 设 $f(x)$ 是 **R** 上的非零函数，对任意的 x，$y\in\mathbf{R}$，有 $f(x+y)=f(x)f(y)$，且 $f'(0)=1$，证明：$f'(x)=f(x)$.

第 4 章　微分中值定理与导数的应用

导数作为函数的变化率，在自然科学、工程技术、社会经济等众多领域中得到了广泛的应用. 本章将讨论如何运用导数来研究函数的极限、单调性与凹凸性、极值与最值、图形等函数的性态. 本章首先介绍微分学中的几个中值定理，它们是导数应用的理论基础.

4.1　微分中值定理

中值定理是运用导数研究函数性质的理论基础，可以揭示函数在某区间上的整体性质与函数在该区间内某一点的导数之间的关系，是沟通函数与其导数的一座桥梁. 本节将介绍三个中值定理，先介绍罗尔定理，然后根据它推导出拉格朗日中值定理和柯西中值定理.

4.1.1　罗尔定理

首先，观察这样一种几何现象. 如图 4-1 所示，函数 $y=f(x)$ 在区间 $[a,b]$ 上的图形是一条连续的曲线弧 $\overset{\frown}{AB}$，除端点外处处有不垂直于 x 轴的切线，并且两个端点的纵坐标相等. 可以发现，在曲线的最高点或最低点处，曲线总是存在水平切线，即该点的导数为零. 这个几何现象用分析语言描述出来，就可以得到下面的罗尔定理.

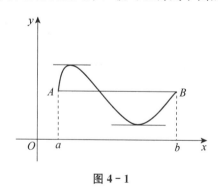

图 4-1

定理 4.1.1（罗尔（Rolle）定理）　若函数 $f(x)$ 满足以下三个条件：

(1) $f(x)$ 在闭区间 $[a,b]$ 上连续，

（2）$f(x)$ 在开区间 (a, b) 内可导，

（3）$f(a)=f(b)$,

则在 (a, b) 内至少存在一点 ξ，使得

$$f'(\xi)=0. \tag{4.1.1}$$

证 因为 $f(x)$ 在 $[a, b]$ 上连续，所以 $f(x)$ 在 $[a, b]$ 上一定可以取到最大值 M 与最小值 m，分以下两种情形进行讨论.

（1）若 $m=M$，则 $f(x)$ 在 $[a, b]$ 上必为常数，从而对任意 $x \in (a, b)$，都有 $f'(x)=0$，定理结论显然成立.

（2）若 $m<M$，则由于 $f(a)=f(b)$，所以 m 与 M 中至少有一个在 (a, b) 内部取到. 不妨设最大值 M 在 $\xi \in (a, b)$ 处取得，即

$$M=f(\xi) \geqslant f(x), \quad x \in [a, b].$$

由题意，$f(x)$ 在点 ξ 处可导. 下面证明

$$f'(\xi)=0.$$

当 $\xi+\Delta x \in [a, b]$ 时，有

$$f(\xi+\Delta x)-f(\xi) \leqslant 0,$$

从而，当 $\Delta x<0$ 时，

$$\frac{f(\xi+\Delta x)-f(\xi)}{\Delta x} \geqslant 0,$$

由导数定义及极限的保号性，有

$$f'_-(\xi)=\lim_{\Delta x \to 0^-} \frac{f(\xi+\Delta x)-f(\xi)}{\Delta x} \geqslant 0.$$

同理，当 $\Delta x>0$ 时，

$$\frac{f(\xi+\Delta x)-f(\xi)}{\Delta x} \leqslant 0,$$

从而

$$f'_+(\xi)=\lim_{\Delta x \to 0^+} \frac{f(\xi+\Delta x)-f(\xi)}{\Delta x} \leqslant 0.$$

又因为

$$f'(\xi)=f'_-(\xi)=f'_+(\xi),$$

所以

$$f'(\xi)=0, \quad \xi \in (a, b).$$

罗尔定理的几何意义是：如果 $\overset{\frown}{AB}$ 是一条连续的曲线弧，除端点外处处具有不垂直于 x 轴的切线，并且两个端点的纵坐标相等，那么该曲线弧上至少存在一条水平切线，如图 4-1 所示.

注 若定理 4.1.1 中的三个条件缺少任何一个，则结论不一定成立. 如图 4-2 所示，图中给出的函数均不满足定理的条件，结论不成立.

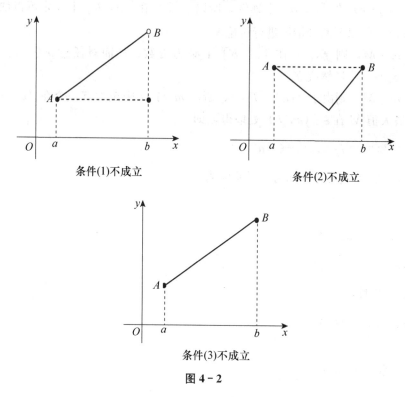

图 4-2

罗尔定理仅仅给出了导函数零点存在的充分条件，对于不满足罗尔定理条件的函数，其导函数的零点也可能存在；罗尔定理可以用来证明导函数零点的存在性，导函数的零点可能不唯一.

例 4.1.1 设 $f(x)=x(x+1)(x-1)(x-2)$，证明方程 $f'(x)=0$ 有且仅有三个实根，并指出它们所在的区间.

证 由 $f(x)$ 为四次多项式，可得 $f(x)$ 在 $(-\infty,+\infty)$ 内可导，并且 $f'(x)$ 为三次多项式. 易见

$$f(0)=f(-1)=f(1)=f(2)=0,$$

所以 $f(x)$ 在区间 $[-1,0]$，$[0,1]$，$[1,2]$ 上均满足罗尔定理的条件. 由罗尔定理知，至少存在 $\xi_1\in(-1,0)$，$\xi_2\in(0,1)$，$\xi_3\in(1,2)$，使得

$$f'(\xi_1)=f'(\xi_2)=f'(\xi_3)=0,$$

即 ξ_1，ξ_2，ξ_3 为 $f'(x)=0$ 的三个实根.

又因为 $f'(x)$ 为三次多项式,所以 $f'(x)=0$ 最多有三个实根.

综上所述,方程 $f'(x)=0$ 有且仅有三个实根,且它们分别在区间 $(-1,0)$,$(0,1)$,$(1,2)$ 内.

例 4.1.2 设函数 $f(x)$ 在 $[0,1]$ 上连续,在 $(0,1)$ 内可导,且 $f(1)=0$,证明在 $(0,1)$ 内至少存在一点 ξ,使得 $f'(\xi)=-\dfrac{1}{\xi}f(\xi)$.

证 待证式等价于 $f'(\xi)+\dfrac{1}{\xi}f(\xi)=0$,即

$$\xi f'(\xi)+f(\xi)=0.$$

故构造辅助函数

$$F(x)=xf(x),$$

则 $F(x)$ 在 $[0,1]$ 上连续,在 $(0,1)$ 内可导,且

$$F(0)=0,\quad F(1)=f(1)=0.$$

由罗尔定理可得,在 $(0,1)$ 内至少存在一点 ξ,使得

$$F'(\xi)=f(\xi)+\xi f'(\xi)=0,$$

即

$$f'(\xi)=-\frac{1}{\xi}f(\xi).$$

罗尔定理中的前两个条件对于一般函数来说都比较容易满足,但第三个条件比较苛刻,限制了定理的使用.如果去掉第三个条件,并相应地改变结论,就得到了微分学中十分重要的拉格朗日中值定理.

4.1.2　拉格朗日中值定理

定理 4.1.2 (拉格朗日(**Lagrange**)中值定理)　若函数 $y=f(x)$ 满足条件:

(1) $f(x)$ 在闭区间 $[a,b]$ 上连续,

(2) $f(x)$ 在开区间 (a,b) 内可导,

则在 (a,b) 内至少存在一点 ξ,使得

$$f'(\xi)=\frac{f(b)-f(a)}{b-a}. \tag{4.1.2}$$

显然,当 $f(a)=f(b)$ 时,定理 4.1.2 的结论即为罗尔定理的结论,这表明罗尔定理是拉格朗日中值定理的一种特殊情形.

拉格朗日中值定理的几何意义是:如果 $\overset{\frown}{AB}$ 是一条连续的曲线弧,除端点外处处具有不垂直于 x 轴的切线,那么该曲线弧上至少存在一点处的切线平行于弦 AB,如图 4-3 所示.

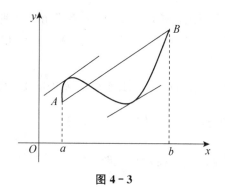

图 4 - 3

证 要证明式（4.1.2）成立，即证

$$f'(\xi)-\frac{f(b)-f(a)}{b-a}=0,$$

而上式左端可看成函数

$$F(x)=f(x)-\frac{f(b)-f(a)}{b-a}x$$

在点 ξ 处的导数. 故构造辅助函数

$$F(x)=f(x)-\frac{f(b)-f(a)}{b-a}x,$$

则 $F(x)$ 在 $[a,b]$ 上连续，在 (a,b) 内可导，并且

$$F(a)=f(a)-\frac{[f(b)-f(a)]a}{b-a}=\frac{bf(a)-af(b)}{b-a},$$

$$F(b)=f(b)-\frac{[f(b)-f(a)]b}{b-a}=\frac{bf(a)-af(b)}{b-a},$$

即 $F(a)=F(b)$. 这说明 $F(x)$ 在 $[a,b]$ 上满足罗尔定理的条件，所以在 (a,b) 内至少存在一点 ξ，使得

$$F'(\xi)=f'(\xi)-\frac{f(b)-f(a)}{b-a}=0,$$

即

$$f'(\xi)=\frac{f(b)-f(a)}{b-a}.$$

当 $a>b$ 时，式（4.1.2）也成立. 称式（4.1.2）为**拉格朗日中值公式**.

拉格朗日中值定理反映了函数在 $[a,b]$ 上的平均变化率 $\frac{f(b)-f(a)}{b-a}$ 与 (a,b) 内某点 ξ 处的变化率之间的关系，将函数的增量与函数的导数紧密联系在一起，这使得我们可以利用导数来研究函数. 拉格朗日中值定理在微分学中占有重要地位，有时也将其称为微分中值定理.

拉格朗日中值公式有以下等价形式：

$$f(b)-f(a)=f'(\xi)(b-a),\tag{4.1.3}$$

其中 ξ 介于 a 与 b 之间；

$$f(b)-f(a)=f'[a+\theta(b-a)](b-a),\tag{4.1.4}$$

其中 $0<\theta<1$.

式 (4.1.4) 将**中值点** ξ 表示成了 $a+\theta(b-a)$ 的形式，使得无论 a,b 大小如何，总有 $0<\theta<1$.

设 $x\in[a,b]$，且 $x+\Delta x\in[a,b]$，在 $[x,x+\Delta x]$ 或 $[x+\Delta x,x]$ 上应用拉格朗日中值定理，得

$$f(x+\Delta x)-f(x)=f'(x+\theta\Delta x)\Delta x\quad(0<\theta<1),\tag{4.1.5}$$

即

$$\Delta y=f'(x+\theta\Delta x)\Delta x\quad(0<\theta<1).\tag{4.1.6}$$

由微分的概念可知，函数的微分 $\mathrm{d}y=f'(x)\Delta x$ 是函数的增量 Δy 在点 x 的某邻域内（$|\Delta x|$ 一般比较小）的近似表达式，以 $\mathrm{d}y$ 近似代替 Δy 时所产生的误差是 Δx 的高阶无穷小，并且一般当 $\Delta x\to 0$ 时误差才趋于零. 而式 (4.1.6) 给出了自变量取得有限增量 Δx（$|\Delta x|$ 不一定很小）时，函数增量 Δy 的准确表达式，这使得拉格朗日中值定理有了广泛的应用. 式 (4.1.6) 称为**有限增量公式**.

显然，如果 $f(x)$ 在某区间上是一个常数，那么 $f(x)$ 在该区间上的导数恒为零. 反过来，它的逆命题是否成立呢？下面的结论给出了肯定的回答.

推论 4.1.1　若函数 $f(x)$ 在区间 I 上可导，并且恒有

$$f'(x)=0,\quad x\in I,$$

则 $f(x)$ 在区间 I 上为常数，即

$$f(x)\equiv C,\quad x\in I, \text{其中 } C \text{ 为某常数.}$$

证　任取两个不同的点 $x_1,x_2\in I$，不妨设 $x_1<x_2$. 在区间 $[x_1,x_2]$ 上应用拉格朗日中值定理，得至少存在一点 $\xi\in(x_1,x_2)$，使得

$$f(x_2)-f(x_1)=f'(\xi)(x_2-x_1).$$

由已知，$f'(\xi)=0$，所以

$$f(x_2)-f(x_1)=0,$$

即

$$f(x_1)=f(x_2).$$

这说明 $f(x)$ 在区间 I 上任意两点处的函数值均相等，即 $f(x)$ 在区间 I 上为常数.

由推论 4.1.1，可以进一步得到如下结论.

推论 4.1.2 若函数 $f(x)$ 和 $g(x)$ 均在区间 I 上可导，并且恒有

$$f'(x)=g'(x), \quad x\in I,$$

则在区间 I 上 $f(x)$ 和 $g(x)$ 只相差某个常数，即

$$f(x)-g(x)\equiv C, \quad x\in I,$$

其中 C 为某常数.

证 由已知可得，函数 $f(x)-g(x)$ 在区间 I 上可导，并且

$$\left[f(x)-g(x)\right]'=f'(x)-g'(x)=0.$$

由推论 4.1.1 可得

$$f(x)-g(x)=C, \quad x\in I,$$

即

$$f(x)=g(x)+C, \quad x\in I.$$

例 4.1.3 证明当 $x>0$ 时，不等式 $\dfrac{x}{1+x}<\ln(1+x)<x$ 成立.

证 设 $f(t)=\ln(1+t)$，则 $f(t)$ 在 $[0, x]$ 上连续，在 $(0, x)$ 内可导. 由拉格朗日中值定理得，在 $(0, x)$ 内至少存在一点 ξ，使得

$$\ln(1+x)-\ln 1=f'(\xi)x,$$

即

$$\ln(1+x)=\frac{x}{1+\xi}.$$

又因为 $0<\xi<x$，所以

$$\frac{x}{1+x}<\frac{x}{1+\xi}<x,$$

从而当 $x>0$ 时，有

$$\frac{x}{1+x}<\ln(1+x)<x.$$

例 4.1.4 证明当 $x\in[-1, 1]$ 时，$\arcsin x+\arccos x=\dfrac{\pi}{2}$.

证 设 $f(x)=\arcsin x+\arccos x$，则当 $x\in(-1, 1)$ 时，

$$f'(x)=\frac{1}{\sqrt{1-x^2}}-\frac{1}{\sqrt{1-x^2}}=0,$$

所以当 $x\in(-1, 1)$ 时，$f(x)=C$. 由 $f(0)=\dfrac{\pi}{2}$，得 $C=\dfrac{\pi}{2}$，从而当 $x\in(-1, 1)$ 时，

$$\arcsin x+\arccos x=\dfrac{\pi}{2}.$$

又因为 $f(-1)=f(1)=\dfrac{\pi}{2}$，所以当 $x\in[-1, 1]$ 时，

$$\arcsin x+\arccos x=\dfrac{\pi}{2}.$$

注　$f(x)$ 在端点处的函数值也可由连续性求得. 由 $f(x)$ 在 $x=-1$ 处右连续，得

$$f(-1)=\lim_{x\to-1^+}f(x)=\dfrac{\pi}{2}.$$

同理可得 $f(1)=\dfrac{\pi}{2}$.

4.1.3　柯西中值定理

将拉格朗日中值定理应用于参数方程情形，可以得到形式更一般的结论，即柯西中值定理.

拉格朗日中值定理说明：如果 $\overset{\frown}{AB}$ 是一条连续的曲线弧，并且除端点外处处具有不垂直于 x 轴的切线，那么该曲线弧上至少存在一点 C，使曲线在点 C 处的切线平行于弦 AB. 设曲线弧 $\overset{\frown}{AB}$ 的参数方程为

$$\begin{cases}x=g(t)\\y=f(t)\end{cases}\quad(a\leqslant t\leqslant b),$$

其中 t 为参数，如图 4-4 所示.

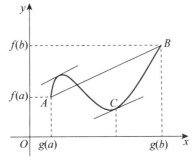

图 4-4

曲线弧 $\overset{\frown}{AB}$ 上点 (x, y) 处切线的斜率为

$$\dfrac{\mathrm{d}y}{\mathrm{d}x}=\dfrac{f'(t)}{g'(t)},$$

弦 AB 的斜率为

$$\frac{f(b)-f(a)}{g(b)-g(a)}.$$

假定点 C 对应于参数 $t=\xi$，那么由曲线弧 $\overset{\frown}{AB}$ 在点 C 处的切线平行于弦 AB，可得

$$\frac{f'(\xi)}{g'(\xi)}=\frac{f(b)-f(a)}{g(b)-g(a)}.$$

一般地，有下面的柯西中值定理.

定理 4.1.3 （柯西（Cauchy）中值定理） 若函数 $f(x)$ 与 $g(x)$ 满足：

（1）在闭区间 $[a,b]$ 上均连续，

（2）在开区间 (a,b) 内均可导，且 $g'(x)\neq0$，

则在 (a,b) 内至少存在一点 ξ，使得

$$\frac{f'(\xi)}{g'(\xi)}=\frac{f(b)-f(a)}{g(b)-g(a)}. \tag{4.1.7}$$

证 首先注意到定理条件（2）：在 (a,b) 内 $g'(x)\neq0$，可保证式（4.1.7）中的 $g'(\xi)\neq0$，

且

$$g(b)-g(a)=g'(\eta)(b-a)\neq0, \quad \eta\in(a,b).$$

其次，式（4.1.7）可以恒等变形为

$$f'(\xi)-\frac{f(b)-f(a)}{g(b)-g(a)}g'(\xi)=0,$$

上式左端可看成函数

$$F(x)=f(x)-\frac{f(b)-f(a)}{g(b)-g(a)}g(x)$$

在点 ξ 处的导数.

故构造辅助函数

$$F(x)=f(x)-\frac{f(b)-f(a)}{g(b)-g(a)}g(x),$$

易知，$F(x)$ 在 $[a,b]$ 上连续，在 (a,b) 内可导，并且

$$F(a)=f(a)-\frac{f(b)-f(a)}{g(b)-g(a)}g(a)=\frac{f(a)g(b)-g(a)f(b)}{g(b)-g(a)},$$

$$F(b)=f(b)-\frac{f(b)-f(a)}{g(b)-g(a)}g(b)=\frac{f(a)g(b)-g(a)f(b)}{g(b)-g(a)},$$

即

$$F(a)=F(b).$$

由罗尔定理得，在 (a, b) 内至少存在一点 ξ，使得

$$F'(\xi)=f'(\xi)-\frac{f(b)-f(a)}{g(b)-g(a)}g'(\xi)=0,$$

从而

$$\frac{f'(\xi)}{g'(\xi)}=\frac{f(b)-f(a)}{g(b)-g(a)}.$$

易见，当 $g(x)=x$ 时，柯西中值定理即为拉格朗日中值定理，故拉格朗日中值定理为柯西中值定理当 $g(x)=x$ 时的一种特殊情形.

例 4.1.5 设 $f(x)$ 在 $[a, b]$ $(a>0)$ 上连续，在 (a, b) 内可导，证明：至少存在一点 $\xi\in(a, b)$，使得

$$f(b)-f(a)=\xi f'(\xi)\ln\frac{b}{a}.$$

证 设 $g(x)=\ln x$，则 $g(x)$ 在 $[a, b]$ 上连续，在 (a, b) 内可导，并且 $g'(x)=\frac{1}{x}\neq 0$. 由柯西中值定理得，至少存在一点 $\xi\in(a, b)$，使得

$$\frac{f(b)-f(a)}{\ln b-\ln a}=\frac{f'(\xi)}{\frac{1}{\xi}},$$

即

$$f(b)-f(a)=\xi f'(\xi)\ln\frac{b}{a}.$$

例 4.1.6 设 $f(x)$，$g(x)$ 在 $[a, b]$ 上连续，在 (a, b) 内可导，且 $f(a)=f(b)=0$，证明：至少存在一点 $\xi\in(a, b)$，使得 $f'(\xi)+f(\xi)g'(\xi)=0$.

证 因函数 $f(x)e^{g(x)}$ 的导数为 $f'(x)e^{g(x)}+f(x)e^{g(x)}g'(x)=[f'(x)+f(x)g'(x)]e^{g(x)}$，故构造辅助函数

$$F(x)=f(x)e^{g(x)},$$

则 $F(x)$ 在 $[a, b]$ 上连续，在 (a, b) 内可导，且 $F(a)=F(b)=0$. 由罗尔定理得，至少存在一点 $\xi\in(a, b)$，使得

$$F'(\xi)=f'(\xi)e^{g(\xi)}+f(\xi)e^{g(\xi)}g'(\xi)=0,$$

又由 $e^{g(\xi)}\neq 0$ 可得

$$f'(\xi)+f(\xi)g'(\xi)=0.$$

例 4.1.7 设 $f(x)$ 在 $[0, 2]$ 上连续，在 $(0, 2)$ 内可导，且 $f(0)=f(2)=0$，$f(1)=2$，证明：在 $(0, 2)$ 内至少存在一点 ξ，使得 $f'(\xi)=1$.

分析 $f'(\xi)=1$ 等价于 $f'(\xi)-1=0$，左端可看作 $f(x)-x$ 在点 ξ 处的导数. 故可构造辅助函数 $F(x)=f(x)-x$，再利用罗尔定理进行证明.

证 构造辅助函数 $F(x)=f(x)-x$，则 $F(x)$ 在 $[0, 2]$ 上连续，在 $(0, 2)$ 内可导，且

$$F(0)=0, \quad F(2)=-2, \quad F(1)=1.$$

微课
例 4.1.7

$F(x)$ 在 $[1, 2]$ 上满足零点定理的条件，所以存在 $\eta\in(1, 2)$，使得

$$F(\eta)=0.$$

$F(x)$ 在 $[0, \eta]$ 上满足罗尔定理的条件，于是存在 $\xi\in(0, \eta)$，使得

$$F'(\xi)=0,$$

即

$$f'(\xi)=1.$$

习题 4.1

1. 下列函数在给定区间上是否满足罗尔定理的条件？如果满足，求出定理结论中的 ξ.

(1) $f(x)=x\sqrt{4-x}$，$x\in[0, 4]$；

(2) $f(x)=\ln\sin x$，$x\in\left[\dfrac{\pi}{6}, \dfrac{5\pi}{6}\right]$.

2. 下列函数在给定区间上是否满足拉格朗日中值定理的条件？如果满足，求出定理结论中的 ξ.

(1) $f(x)=\ln x$，$x\in[1, e]$；

(2) $f(x)=x^3-1$，$x\in[0, 2]$.

3. 函数 $f(x)=2x$ 与 $g(x)=\dfrac{1}{2}x^2-1$ 在 $[0, 1]$ 上是否满足柯西中值定理的条件？若满足，求出定理结论中的 ξ.

4. 设函数 $f(x)=px^2+qx+r$，其中 p，q，r 为常数，且 $p\neq0$. 证明：对该函数应用拉格朗日中值定理求得的点 ξ 总是位于区间的中点.

5. 若 4 次方程 $a_4x^4+a_3x^3+a_2x^2+a_1x+a_0=0$ 有 4 个不同的实根，其中 a_i $(i=0, 1, 2, 3, 4)$ 为常数，且 $a_4\neq0$，证明方程

$$4a_4x^3+3a_3x^2+2a_2x+a_1=0$$

的所有根均为实根.

6. 证明方程 $x^5+x-1=0$ 不可能有两个不同的实根.

7. 设函数 $f(x)$ 在 $[a,b]$ 上连续,在 (a,b) 内二阶可导,且 $f(a)=f(b)=f(c)$ $(a<c<b)$,证明至少存在一点 $\xi\in(a,b)$,使得 $f''(\xi)=0$.

8. 设 a,b,c 是任意实数,证明方程 $\mathrm{e}^x=ax^2+bx+c$ 最多有 3 个不同的实根.

9. 证明下列不等式:

(1) $|\sin x-\sin y|\leqslant|x-y|$;

(2) 当 $x_2>x_1>0$ 时,$\dfrac{x_2-x_1}{x_2}<\ln\dfrac{x_2}{x_1}<\dfrac{x_2-x_1}{x_1}$;

(3) 当 $x>1$ 时,$\mathrm{e}^x>\mathrm{e}x$.

10. 证明当 $x\geqslant1$ 时,有 $2\arctan x+\arcsin\dfrac{2x}{1+x^2}=\pi$.

11. 设 $f(x)$ 在 $[a,b]$ 上连续,在 (a,b) 内可导,且 $f(a)=f(b)=0$,证明:

(1) 在 (a,b) 内至少存在一点 ξ,使得 $f'(\xi)+f(\xi)=0$;

(2) 在 (a,b) 内至少存在一点 ξ,使得 $f'(\xi)-f(\xi)=0$.

12. 若函数 $f(x)$ 在 $(-\infty,+\infty)$ 上满足关系式 $f'(x)=f(x)$,且 $f(0)=1$,证明:$f(x)=\mathrm{e}^x$.

13. 设 $f(x)$ 在 $[a,b]$ 上连续,在 (a,b) 内二阶可导,且 $f(a)=f(b)=0$,$f(c)>0$ $(a<c<b)$.证明:

(1) 在 (a,b) 内至少存在一点 ξ_1,使得 $f'(\xi_1)>0$;在 (a,b) 内至少存在一点 ξ_2,使得 $f'(\xi_2)<0$.

(2) 在 (a,b) 内至少存在一点 ξ,使得 $f''(\xi)<0$.

14. 设 $f(x)$ 在 $[a,b]$ $(a>0)$ 上连续,在 (a,b) 内可导,证明:存在 $\xi\in(a,b)$,使得

$$2\xi[f(b)-f(a)]=(b^2-a^2)f'(\xi).$$

4.2　洛必达法则

前面已经讨论过两个无穷小量(或无穷大量)比值的极限,这种极限可能存在,也可能不存在,通常把这种极限称为**未定式**,并分别简记为 $\dfrac{0}{0}$ 或 $\dfrac{\infty}{\infty}$. 例如重要极限 $\lim\limits_{x\to0}\dfrac{\sin x}{x}$ 就是 $\dfrac{0}{0}$ 型未定式. 本节将借助柯西中值定理,给出利用导数计算未定式的方法,通常称这个方法为洛必达(L'Hospital)法则.

4.2.1　$\dfrac{0}{0}$ 型未定式

下面以 $x\to x_0$ 时的未定式为例进行讨论.

定理 4.2.1 （**洛必达法则**） 设函数 $f(x)$ 和 $g(x)$ 满足

（1） $\lim\limits_{x \to x_0} f(x) = \lim\limits_{x \to x_0} g(x) = 0$,

（2） $f(x)$ 和 $g(x)$ 在点 x_0 的某空心邻域内可导，且 $g'(x) \neq 0$,

（3） $\lim\limits_{x \to x_0} \dfrac{f'(x)}{g'(x)}$ 存在 （或为无穷大），

则有

$$\lim_{x \to x_0} \frac{f(x)}{g(x)} = \lim_{x \to x_0} \frac{f'(x)}{g'(x)}.$$

证 由于 $\lim\limits_{x \to x_0} \dfrac{f(x)}{g(x)}$ 存在与否与 $f(x)$ 和 $g(x)$ 在点 x_0 处有无定义无关，所以不妨补充 （或修改） 定义 $f(x_0) = g(x_0) = 0$，使得 $f(x)$ 和 $g(x)$ 在点 x_0 处连续，从而 $f(x)$ 和 $g(x)$ 在点 x_0 的某邻域内连续.

任取该邻域内异于 x_0 的点 x，则 $f(x)$ 和 $g(x)$ 在区间 $[x_0, x]$ （或 $[x, x_0]$） 上满足柯西中值定理的条件，从而

$$\frac{f(x)}{g(x)} = \frac{f(x) - f(x_0)}{g(x) - g(x_0)} = \frac{f'(\xi)}{g'(\xi)},$$

其中 ξ 介于 x_0 与 x 之间. 当 $x \to x_0$ 时，$\xi \to x_0$，于是有

$$\lim_{x \to x_0} \frac{f(x)}{g(x)} = \lim_{\xi \to x_0} \frac{f'(\xi)}{g'(\xi)} = \lim_{x \to x_0} \frac{f'(x)}{g'(x)}.$$

注 若将定理 4.2.1 中自变量的变化过程换成 $x \to x_0^-$，$x \to x_0^+$，$x \to \infty$，$x \to +\infty$ 或 $x \to -\infty$，则只需对定理中的条件 （2） 做相应修改，定理结论仍然成立.

如果 $\lim\limits_{x \to x_0} \dfrac{f'(x)}{g'(x)}$ 仍是 $\dfrac{0}{0}$ 型未定式，并且满足洛必达法则的条件，就可以再次使用洛必达法则，即有

$$\lim_{x \to x_0} \frac{f(x)}{g(x)} = \lim_{x \to x_0} \frac{f'(x)}{g'(x)} = \lim_{x \to x_0} \frac{f''(x)}{g''(x)}.$$

依此类推，可以多次使用洛必达法则，只要每次使用时均满足定理的条件即可.

例 4.2.1 求 $\lim\limits_{x \to 2} \dfrac{x^4 - x - 14}{x^2 - 4}$.

解 这是 $\dfrac{0}{0}$ 型未定式，由洛必达法则得

$$\lim_{x \to 2} \frac{x^4 - x - 14}{x^2 - 4} = \lim_{x \to 2} \frac{4x^3 - 1}{2x} = \frac{31}{4}.$$

例 4.2.2 求 $\lim\limits_{x \to +\infty} \dfrac{\dfrac{\pi}{2} - \arctan x}{\dfrac{1}{x}}$.

解 这是 $\dfrac{0}{0}$ 型未定式，由洛必达法则得

$$\lim_{x\to+\infty}\frac{\dfrac{\pi}{2}-\arctan x}{\dfrac{1}{x}}=\lim_{x\to+\infty}\frac{-\dfrac{1}{1+x^2}}{-\dfrac{1}{x^2}}=\lim_{x\to+\infty}\frac{x^2}{1+x^2}=\lim_{x\to+\infty}\frac{1}{x^{-2}+1}=1.$$

例 4.2.3 求 $\displaystyle\lim_{x\to0}\frac{(x+1)^2-e^{2x}}{x^3-x^2}$.

解 $\displaystyle\lim_{x\to0}\frac{(x+1)^2-e^{2x}}{x^3-x^2}=\lim_{x\to0}\frac{2(x+1)-2e^{2x}}{3x^2-2x}=\lim_{x\to0}\frac{2-4e^{2x}}{6x-2}=\frac{-2}{-2}=1.$

注 多次使用洛必达法则时，每次使用前必须先判断是否满足条件. 上式中的 $\displaystyle\lim_{x\to0}\frac{2-4e^{2x}}{6x-2}$ 已不是未定式，不能继续使用洛必达法则.

4.2.2 $\dfrac{\infty}{\infty}$ 型未定式

定理 4.2.2（洛必达法则） 设函数 $f(x)$ 和 $g(x)$ 满足

(1) $\displaystyle\lim_{x\to x_0}f(x)=\infty$，$\displaystyle\lim_{x\to x_0}g(x)=\infty$，

(2) $f(x)$ 和 $g(x)$ 在点 x_0 的某空心邻域内可导，且 $g'(x)\neq0$，

(3) $\displaystyle\lim_{x\to x_0}\frac{f'(x)}{g'(x)}$ 存在（或为无穷大），

则有

$$\lim_{x\to x_0}\frac{f(x)}{g(x)}=\lim_{x\to x_0}\frac{f'(x)}{g'(x)}.$$

证明从略. 若将定理 4.2.2 中自变量的变化过程换成 $x\to x_0^-$，$x\to x_0^+$，$x\to\infty$，$x\to+\infty$ 或 $x\to-\infty$，则只需对定理中的条件（2）做相应修改，定理的结论仍然成立.

例 4.2.4 求 $\displaystyle\lim_{x\to+\infty}\frac{\ln x}{x^a}$ $(\alpha>0)$.

解 这是 $\dfrac{\infty}{\infty}$ 型未定式，由洛必达法则得

$$\lim_{x\to+\infty}\frac{\ln x}{x^a}=\lim_{x\to+\infty}\frac{\dfrac{1}{x}}{\alpha x^{a-1}}=\lim_{x\to+\infty}\frac{1}{\alpha x^a}=0.$$

例 4.2.5 求 $\displaystyle\lim_{x\to+\infty}\frac{e^x}{x^3}$.

解 这是 $\dfrac{\infty}{\infty}$ 型未定式，连续使用洛必达法则得

$$\lim_{x \to +\infty} \frac{e^x}{x^3} = \lim_{x \to +\infty} \frac{e^x}{3x^2} = \lim_{x \to +\infty} \frac{e^x}{6x} = \lim_{x \to +\infty} \frac{e^x}{6} = +\infty.$$

事实上，如果例 4.2.5 中的 x^3 换为 $x^\alpha (\alpha > 0)$，极限仍为无穷大.

注 由例 4.2.4 和例 4.2.5 可以看到，对数函数 $\ln x$、幂函数 $x^\alpha (\alpha > 0)$ 和指数函数 e^x 均为 $x \to +\infty$ 时的无穷大量，但是增大的"速度"很不一样. 指数函数增大的"速度"远远快于幂函数增大的"速度"，而幂函数增大的"速度"远远快于对数函数增大的"速度".

例 4.2.6 求 $\lim\limits_{x \to \infty} \dfrac{x - \sin x}{x + \sin x}$.

解 这是 $\dfrac{\infty}{\infty}$ 型未定式，但是

$$\lim_{x \to \infty} \frac{(x - \sin x)'}{(x + \sin x)'} = \lim_{x \to \infty} \frac{1 - \cos x}{1 + \cos x},$$

上式极限不存在且不是无穷大，不满足洛必达法则（定理 4.2.2）的第三个条件，所以不能使用洛必达法则. 正确的解法为

$$\lim_{x \to \infty} \frac{x - \sin x}{x + \sin x} = \lim_{x \to \infty} \frac{1 - \dfrac{1}{x} \sin x}{1 + \dfrac{1}{x} \sin x} = \frac{1 - 0}{1 + 0} = 1.$$

例 4.2.6 说明，当 $\lim \dfrac{f'(x)}{g'(x)}$ 不存在且不是 ∞ 时，原极限 $\lim \dfrac{f(x)}{g(x)}$ 仍可能存在，只不过不能使用洛必达法则，应该考虑用其他方法.

4.2.3 其他类型的未定式

未定式除了 $\dfrac{0}{0}$ 型或 $\dfrac{\infty}{\infty}$ 型两种基本类型外，还有 $0 \cdot \infty$，$\infty - \infty$，1^∞，0^0，∞^0 五种类型. 经过简单变换，这五种类型一般均可化为 $\dfrac{0}{0}$ 型或 $\dfrac{\infty}{\infty}$ 型未定式. 下面举例说明.

例 4.2.7 求 $\lim\limits_{x \to 0^+} x \ln x$.

解 这是 $0 \cdot \infty$ 型未定式，可以转化为 $\dfrac{\infty}{\infty}$ 型未定式，

$$\lim_{x \to 0^+} x \ln x = \lim_{x \to 0^+} \frac{\ln x}{\dfrac{1}{x}} = \lim_{x \to 0^+} \frac{\dfrac{1}{x}}{-\dfrac{1}{x^2}} = -\lim_{x \to 0^+} x = 0.$$

例 4.2.8 求 $\lim\limits_{x \to 1} (1 - x) \tan \dfrac{\pi x}{2}$.

解 这是 $0 \cdot \infty$ 型未定式，可以转化为 $\dfrac{0}{0}$ 型未定式，

$$\lim_{x \to 1}(1-x)\tan\frac{\pi x}{2}=\lim_{x \to 1}\frac{1-x}{\cot\dfrac{\pi x}{2}}=\lim_{x \to 1}\frac{-1}{-\dfrac{\pi}{2}\csc^2\dfrac{\pi x}{2}}=\frac{2}{\pi}\lim_{x \to 1}\sin^2\frac{\pi x}{2}=\frac{2}{\pi}.$$

例 4.2.9 求 $\lim\limits_{x \to \frac{\pi}{2}}(\sec x - \tan x)$.

解 这是 $\infty - \infty$ 型未定式，可以转化为 $\dfrac{0}{0}$ 型未定式，

$$\lim_{x \to \frac{\pi}{2}}(\sec x - \tan x)=\lim_{x \to \frac{\pi}{2}}\frac{1-\sin x}{\cos x}=\lim_{x \to \frac{\pi}{2}}\frac{-\cos x}{-\sin x}=0.$$

例 4.2.10 求 $\lim\limits_{x \to 0}(\cos x)^{\frac{1}{x^2}}$.

解 这是 1^{∞} 型未定式，结合对数恒等式，有

$$\lim_{x \to 0}(\cos x)^{\frac{1}{x^2}}=\lim_{x \to 0}e^{\frac{1}{x^2}\ln\cos x}=e^{\lim\limits_{x \to 0}\frac{\ln\cos x}{x^2}},$$

其中 $\lim\limits_{x \to 0}\dfrac{\ln\cos x}{x^2}$ 为 $\dfrac{0}{0}$ 型未定式. 由洛必达法则得

$$\lim_{x \to 0}\frac{\ln\cos x}{x^2}=\lim_{x \to 0}\frac{-\tan x}{2x}=-\frac{1}{2},$$

所以

$$\lim_{x \to 0}(\cos x)^{\frac{1}{x^2}}=e^{-\frac{1}{2}}.$$

例 4.2.11 求 $\lim\limits_{x \to 0^+}x^x$.

解 这是 0^0 型未定式，

$$\lim_{x \to 0^+}x^x=\lim_{x \to 0^+}e^{x\ln x}=e^{\lim\limits_{x \to 0^+}x\ln x}=e^{\lim\limits_{x \to 0^+}\frac{\ln x}{\frac{1}{x}}}=e^{\lim\limits_{x \to 0^+}\frac{\frac{1}{x}}{-\frac{1}{x^2}}}=e^0=1.$$

例 4.2.12 求 $\lim\limits_{x \to +\infty}(x+\sqrt{1+x^2})^{\frac{1}{\ln x}}$.

解 这是 ∞^0 型未定式，

$$\lim_{x \to +\infty}(x+\sqrt{1+x^2})^{\frac{1}{\ln x}}=\lim_{x \to +\infty}e^{\frac{\ln(x+\sqrt{1+x^2})}{\ln x}}=e^{\lim\limits_{x \to +\infty}\frac{\ln(x+\sqrt{1+x^2})}{\ln x}}=e,$$

其中

$$\lim_{x \to +\infty}\frac{\ln(x+\sqrt{1+x^2})}{\ln x}=\lim_{x \to +\infty}\frac{\dfrac{1}{\sqrt{1+x^2}}}{\dfrac{1}{x}}=1.$$

例 4.2.13 求 $\lim\limits_{n\to\infty}\sqrt[n]{n}$.

证 这是 ∞^0 型未定式. 由于洛必达法则是求可导函数未定式的方法, 而数列不连续, 从而不可导, 所以洛必达法则不能应用于数列. 这时可利用海涅定理, 先计算相应形式的函数极限

$$\lim_{x\to+\infty} x^{\frac{1}{x}},$$

然后得到数列极限 $\lim\limits_{n\to\infty}\sqrt[n]{n}$.

解 由于

$$\lim_{x\to+\infty} x^{\frac{1}{x}}=\lim_{x\to+\infty} \mathrm{e}^{\frac{1}{x}\ln x}=\mathrm{e}^{\lim\limits_{x\to+\infty}\frac{\ln x}{x}}=\mathrm{e}^{\lim\limits_{x\to+\infty}\frac{\frac{1}{x}}{1}}=\mathrm{e}^0=1 ,$$

所以

$$\lim_{n\to\infty}\sqrt[n]{n}=\lim_{n\to\infty} n^{\frac{1}{n}}=\lim_{x\to+\infty} x^{\frac{1}{x}}=1.$$

洛必达法则是求未定式的一种非常有效的方法, 但是单纯使用时, 有时会比较烦琐. 在求极限时, 应尽量结合等价无穷小量替换等方法以简化计算.

例 4.2.14 求 $\lim\limits_{x\to0}\dfrac{\mathrm{e}^{\tan x}-\mathrm{e}^x}{x^2\sin x}$.

微课

例 4.2.14

解
$$\lim_{x\to0}\frac{\mathrm{e}^{\tan x}-\mathrm{e}^x}{x^2\sin x}=\lim_{x\to0}\frac{\mathrm{e}^x(\mathrm{e}^{\tan x-x}-1)}{x^3}=\lim_{x\to0}\mathrm{e}^x\cdot\lim_{x\to0}\frac{\tan x-x}{x^3}$$
$$=\lim_{x\to0}\frac{\sec^2 x-1}{3x^2}=\lim_{x\to0}\frac{\tan^2 x}{3x^2}=\lim_{x\to0}\frac{x^2}{3x^2}=\frac{1}{3}.$$

习题 4.2

1. 计算下列极限:

(1) $\lim\limits_{x\to0}\dfrac{\sin 3x-x}{2x+\tan x}$;

(2) $\lim\limits_{x\to0}\dfrac{x^2}{\ln\cos x}$;

(3) $\lim\limits_{x\to1}\dfrac{x^m-1}{x^n-1}$ (m, n 为正整数);

(4) $\lim\limits_{x\to0}\dfrac{\ln\cos 3x}{\ln\cos 4x}$;

(5) $\lim\limits_{x\to4}\dfrac{\sqrt{2x+1}-3}{\sqrt{x-2}-\sqrt{2}}$;

(6) $\lim\limits_{x\to0}\dfrac{\sin 4x^2}{\sqrt{x^2+1}-1}$;

(7) $\lim\limits_{x\to1}\dfrac{\ln\cos(x-1)}{1-\sin\frac{\pi}{2}x}$;

(8) $\lim\limits_{x\to0}\dfrac{x-\sin x}{x^2(\mathrm{e}^x-1)}$;

(9) $\lim\limits_{x\to0}\dfrac{\cot x\ln(1+x^3)}{1-\cos x}$;

(10) $\lim\limits_{x\to0}\dfrac{(x+1)^2-\mathrm{e}^{2x}}{x^3-x^2}$;

(11) $\lim\limits_{x\to0}\dfrac{a^x-a^{\sin x}}{x^3}$ ($a>0$, $a\neq1$);

(12) $\lim\limits_{x\to+\infty}\dfrac{x^n}{\mathrm{e}^{ax}}$ (常数 $a>0$, n 为正整数);

(13) $\lim\limits_{x\to 0^+}\dfrac{\ln\cot x}{\ln x}$;

(14) $\lim\limits_{x\to\infty}\dfrac{x+\cos x}{x-\sin x}$.

2. 计算下列极限:

(1) $\lim\limits_{x\to 0}\left[\dfrac{1}{\ln(1+x)}-\dfrac{1}{x}\right]$;

(2) $\lim\limits_{x\to 0}\left(\dfrac{e^x}{x}-\dfrac{1}{e^x-1}\right)$;

(3) $\lim\limits_{x\to +\infty}\left[\sqrt{x+2\sqrt{x}}-\sqrt{x}\right]$;

(4) $\lim\limits_{x\to 0}\left(\dfrac{1}{\sin^2 x}-\dfrac{\cos^2 x}{x^2}\right)$;

(5) $\lim\limits_{x\to +\infty}\left[x-x^2\ln(1+\dfrac{1}{x})\right]$;

(6) $\lim\limits_{x\to 0}(1+x e^x)^{\frac{1}{x}}$;

(7) $\lim\limits_{x\to 0}\left(\dfrac{\sin x}{x}\right)^{\frac{1}{1-\cos x}}$;

(8) $\lim\limits_{x\to\infty}\left(\sin\dfrac{1}{x}+\cos\dfrac{1}{x}\right)^x$;

(9) $\lim\limits_{x\to 0^+}(\cot x)^{\frac{1}{\ln x}}$;

(10) $\lim\limits_{x\to 0^+}\left(\dfrac{1}{x}\right)^{\tan x}$;

(11) $\lim\limits_{x\to 0^+}x^{\sqrt{x}}$;

(12) $\lim\limits_{x\to\frac{\pi}{2}^-}(\cos x)^{\frac{\pi}{2}-x}$.

3. 设 $f''(x_0)$ 存在，证明 $f''(x_0)=\lim\limits_{h\to 0}\dfrac{f(x_0+h)-2f(x_0)+f(x_0-h)}{h^2}$.

4.3 泰勒公式

对于一些较复杂的函数，为了便于研究，希望能够用一些简单的函数来近似表达. 由于多项式函数是各类函数中最简单的一类，只需要对自变量进行有限次加、减、乘运算，就能计算出其函数值，因此用多项式来逼近函数有重要的理论价值和应用价值.

在学习微分时已经知道，如果函数 $f(x)$ 在点 x_0 处可导，则有

$$f(x)=f(x_0)+f'(x_0)(x-x_0)+o(x-x_0) \quad (x\to x_0),$$

即在点 x_0 附近，可以用一次多项式

$$f(x_0)+f'(x_0)(x-x_0)$$

来逼近函数 $f(x)$，其误差为 $(x-x_0)$ 的高阶无穷小量. 但是在一般情况下，这种近似的精确度不高. 为了提高精确度，希望用更高次的多项式来逼近函数 $f(x)$.

考察任意一个 n 次多项式

$$p_n(x)=a_0+a_1(x-x_0)+a_2(x-x_0)^2+\cdots+a_n(x-x_0)^n,$$

逐次求它在点 x_0 处的各阶导数，可得

$$p_n(x_0)=a_0, \quad p_n'(x_0)=a_1, \quad p_n''(x_0)=2!a_2, \cdots, p_n^{(n)}(x_0)=n!a_n,$$

即

$$a_0 = p_n(x_0), \quad a_1 = p_n'(x_0), \quad a_2 = \frac{p_n''(x_0)}{2!}, \cdots, a_n = \frac{p_n^{(n)}(x_0)}{n!}.$$

由此可见，多项式 $p_n(x)$ 的各项系数由其在点 x_0 处的各阶导数值唯一确定.

对于一般函数 $f(x)$，如果 $f(x)$ 在点 x_0 处存在直到 n 阶的各阶导数，就会希望构造一个 n 次多项式来逼近 $f(x)$. 自然地，希望该多项式与 $f(x)$ 在点 x_0 处的函数值以及前 n 阶导数值均相等，因此构造多项式

$$T_n(x) = f(x_0) + f'(x_0)(x-x_0) + \frac{f''(x_0)}{2!}(x-x_0)^2 + \cdots + \frac{f^{(n)}(x_0)}{n!}(x-x_0)^n.$$
$$(4.3.1)$$

由以上讨论易知，$T_n(x)$ 与 $f(x)$ 在点 x_0 处的函数值以及直到 n 阶的导数值均相等，即

$$T_n^{(k)}(x_0) = f^{(k)}(x_0), \quad k = 0, 1, 2, \cdots, n.$$

多项式 $T_n(x)$ 称为函数 $f(x)$ 在点 x_0 处（或按 $(x-x_0)$ 的幂展开）的 **n 次泰勒 (Taylor) 多项式**，泰勒多项式 $T_n(x)$ 的各项系数称为**泰勒系数**.

以下定理表明，用泰勒多项式 $T_n(x)$ 来逼近 $f(x)$ 时，其误差为 $(x-x_0)^n$ 的高阶无穷小量.

4.3.1 带有皮亚诺型余项的泰勒公式

定理 4.3.1 若函数 $f(x)$ 在点 x_0 处具有 n 阶导数，则存在 x_0 的某邻域 $U(x_0)$，使得对任意 $x \in U(x_0)$，有

$$f(x) = f(x_0) + f'(x_0)(x-x_0) + \frac{f''(x_0)}{2!}(x-x_0)^2 + \cdots$$
$$+ \frac{f^{(n)}(x_0)}{n!}(x-x_0)^n + R_n(x),$$
$$(4.3.2)$$

其中

$$R_n(x) = o((x-x_0)^n) \quad (x \to x_0).$$
$$(4.3.3)$$

证 记 $R_n(x) = f(x) - T_n(x)$. 由

$$f^{(k)}(x_0) = T_n^{(k)}(x_0), \quad k = 0, 1, 2, \cdots, n$$

得

$$R_n(x_0) = R_n'(x_0) = R_n''(x_0) = \cdots = R_n^{(n)}(x_0) = 0.$$

因为 $f(x)$ 在点 x_0 处有 n 阶导数，所以存在 x_0 的某邻域 $U(x_0)$，使得 $f(x)$ 在 $U(x_0)$ 内具有直到 $(n-1)$ 阶的导数，从而 $R_n(x)$ 也在该邻域 $U(x_0)$ 内存在直到 $(n-1)$ 阶的导数. 连续使用洛必达法则，得

$$\lim_{x \to x_0} \frac{R_n(x)}{(x-x_0)^n} = \lim_{x \to x_0} \frac{R'_n(x)}{n(x-x_0)^{n-1}} = \lim_{x \to x_0} \frac{R''_n(x)}{n(n-1)(x-x_0)^{n-2}}$$

$$= \cdots = \lim_{x \to x_0} \frac{R_n^{(n-1)}(x)}{n!(x-x_0)} = \frac{1}{n!} \lim_{x \to x_0} \frac{R_n^{(n-1)}(x) - R_n^{(n-1)}(x_0)}{x-x_0}$$

$$= \frac{1}{n!} R_n^{(n)}(x_0) = 0,$$

其中倒数第二个等号应用了 $R_n(x)$ 在 x_0 处的 n 阶导数的定义式，因此

$$R_n(x) = o((x-x_0)^n) \quad (x \to x_0).$$

证毕.

式 （4.3.2） 称为函数 $f(x)$ 在点 x_0 处（或按 $(x-x_0)$ 的幂展开）的**带有皮亚诺 (Peano) 型余项的 n 阶泰勒公式**，其中 $R_n(x)$ 称为**泰勒公式的余项**. 形如式 （4.3.3） 的余项 $R_n(x)$ 称为**皮亚诺型余项**.

皮亚诺型余项刻画了当用 n 次泰勒多项式 $T_n(x)$ 来逼近 $f(x)$ 时所产生的误差，误差是当 $x \to x_0$ 时比 $(x-x_0)^n$ 高阶的无穷小量，但是不能具体估算出误差的大小. 下面给出带有另一种余项形式的泰勒中值定理.

可以证明，若函数 $f(x)$ 在点 x_0 处具有 n 阶导数，则满足

$$f(x) = p_n(x) + o((x-x_0)^n) \quad (x \to x_0)$$

的多项式 $p_n(x) = a_0 + a_1(x-x_0) + a_2(x-x_0)^2 + \cdots + a_n(x-x_0)^n$ 一定是唯一的，并且只可能是 $f(x)$ 的泰勒多项式

$$T_n(x) = f(x_0) + f'(x_0)(x-x_0) + \frac{f''(x_0)}{2!}(x-x_0)^2 + \cdots + \frac{f^{(n)}(x_0)}{n!}(x-x_0)^n,$$

即 $a_k = \dfrac{f^{(k)}(x_0)}{k!}$，$k = 0, 1, 2, \cdots, n$，我们可以利用该结论求 $f(x)$ 的高阶导数.

4.3.2　带有拉格朗日型余项的泰勒公式

定理 4.3.2（泰勒中值定理）　若函数 $f(x)$ 在含有 x_0 的某个开区间 (a, b) 内具有直到 $(n+1)$ 阶的导数，则对任意 $x \in (a, b)$，有

$$f(x) = f(x_0) + f'(x_0)(x-x_0) + \frac{f''(x_0)}{2!}(x-x_0)^2 + \cdots$$

$$+ \frac{f^{(n)}(x_0)}{n!}(x-x_0)^n + R_n(x), \tag{4.3.4}$$

其中

$$R_n(x) = \frac{f^{(n+1)}(\xi)}{(n+1)!}(x-x_0)^{n+1}, \tag{4.3.5}$$

ξ 为介于 x_0 与 x 之间的某个数.

证 记 $R_n(x) = f(x) - T_n(x)$，只需证明

$$R_n(x) = \frac{f^{(n+1)}(\xi)}{(n+1)!}(x-x_0)^{n+1},$$

即证

$$\frac{R_n(x)}{(x-x_0)^{n+1}} = \frac{f^{(n+1)}(\xi)}{(n+1)!},$$

其中 ξ 为介于 x_0 与 x 之间的某个数.

由假设可得，$R_n(x)$ 在 (a, b) 内具有直到 $(n+1)$ 阶的导数，并且

$$R_n(x_0) = R_n'(x_0) = R_n''(x_0) = \cdots = R_n^{(n)}(x_0) = 0.$$

对任意 $x \in (a, b)$，函数 $R_n(x)$ 和 $(x-x_0)^{n+1}$ 在以 x_0 和 x 为端点的区间上满足柯西中值定理的条件，从而应用柯西中值定理，得

$$\frac{R_n(x)}{(x-x_0)^{n+1}} = \frac{R_n(x) - R_n(x_0)}{(x-x_0)^{n+1} - 0} = \frac{R_n'(\xi_1)}{(n+1)(\xi_1-x_0)^n},$$

其中 ξ_1 为介于 x_0 与 x 之间的某个数.

函数 $R_n'(x)$ 和 $(n+1)(x-x_0)^n$ 在以 x_0 和 ξ_1 为端点的区间上依然满足柯西中值定理的条件，从而有

$$\frac{R_n'(\xi_1)}{(n+1)(\xi_1-x_0)^n} = \frac{R_n'(\xi_1) - R_n'(x_0)}{(n+1)(\xi_1-x_0)^n - 0} = \frac{R_n''(\xi_2)}{(n+1)n(\xi_2-x_0)^{n-1}},$$

其中 ξ_2 为介于 x_0 与 ξ_1 之间的某个数.

依此类推，应用 $(n+1)$ 次柯西中值定理后，可得

$$\frac{R_n(x)}{(x-x_0)^{n+1}} = \frac{R_n^{(n+1)}(\xi)}{(n+1)!},$$

其中 ξ 介于 x_0 与 ξ_n 之间，因而介于 x_0 与 x 之间.

由 $T_n^{(n+1)}(x) = 0$，得

$$R_n^{(n+1)}(x) = f^{(n+1)}(x),$$

所以

$$\frac{R_n(x)}{(x-x_0)^{n+1}} = \frac{f^{(n+1)}(\xi)}{(n+1)!},$$

其中 ξ 为介于 x_0 与 x 之间的某个数. 证毕.

式 （4.3.4）称为函数 $f(x)$ 在点 x_0 处（或按 $(x-x_0)$ 的幂展开）的带有拉格朗日型余项的 n 阶泰勒公式，其中形如式 （4.3.5）的余项称为**拉格朗日型余项**.

注 当 $n=0$ 时，泰勒公式即为拉格朗日中值公式：

$$f(x)=f(x_0)+f'(\xi)(x-x_0),$$

其中 ξ 介于 x_0 与 x 之间，因此泰勒中值定理可以看作是拉格朗日中值定理的推广.

由泰勒中值定理可知，用泰勒多项式 $T_n(x)$ 近似函数 $f(x)$ 时，其误差为 $|R_n(x)|$. 如果对于某个固定的 n，$|f^{(n+1)}(x)|\leqslant M$，$x\in(a,b)$，则有误差估计式

$$|R_n(x)|=\left|\frac{f^{(n+1)}(\xi)}{(n+1)!}(x-x_0)^{n+1}\right|\leqslant\frac{M}{(n+1)!}|x-x_0|^{n+1}.$$

函数 $f(x)$ 在点 $x_0=0$ 处的泰勒公式也称为麦克劳林（Maclaurin）公式. 具体地，在泰勒公式 (4.3.2) 中取 $x_0=0$，可得带有皮亚诺型余项的麦克劳林公式

$$f(x)=f(0)+f'(0)x+\frac{f''(0)}{2!}x^2+\cdots+\frac{f^{(n)}(0)}{n!}x^n+o(x^n). \tag{4.3.6}$$

在泰勒公式 (4.3.4) 中取 $x_0=0$，则 ξ 介于 0 与 x 之间，可记 $\xi=\theta x$（$0<\theta<1$），从而得到带有拉格朗日型余项的麦克劳林公式

$$f(x)=f(0)+f'(0)x+\frac{f''(0)}{2!}x^2+\cdots+\frac{f^{(n)}(0)}{n!}x^n$$
$$+\frac{f^{(n+1)}(\theta x)}{(n+1)!}x^{n+1}\quad(0<\theta<1). \tag{4.3.7}$$

例 4.3.1　分别求函数 $f(x)=e^x$ 的带有皮亚诺型余项和拉格朗日型余项的 n 阶麦克劳林公式.

解　由 $f^{(k)}(x)=e^x$，k 为任意自然数，得

$$f(0)=f'(0)=\cdots=f^{(n)}(0)=1,\quad f^{(n+1)}(\theta x)=e^{\theta x},$$

所以 $f(x)=e^x$ 的带有皮亚诺型余项的 n 阶麦克劳林公式为

$$e^x=1+x+\frac{x^2}{2!}+\cdots+\frac{x^n}{n!}+o(x^n)\quad(x\to0),$$

$f(x)=e^x$ 的带有拉格朗日型余项的 n 阶麦克劳林公式为

$$e^x=1+x+\frac{x^2}{2!}+\cdots+\frac{x^n}{n!}+\frac{e^{\theta x}}{(n+1)!}x^{n+1},\ 0<\theta<1,\ x\in\mathbf{R}.$$

例 4.3.2　分别求函数 $f(x)=\sin x$ 的带有皮亚诺型余项和拉格朗日型余项的麦克劳林公式.

解　因为

$$f^{(k)}(x)=\sin\left(x+\frac{k\pi}{2}\right)\quad(k\text{ 为任意自然数}),$$

所以

$$f^{(2m-1)}(0)=\sin\left(m\pi-\frac{\pi}{2}\right)=(-1)^{m-1},$$

$$f^{(2m)}(0)=\sin m\pi=0 \quad (m=1,2,3,\cdots).$$

于是 $f(x)=\sin x$ 的带有皮亚诺型余项的 $2m$ 阶麦克劳林公式为

$$\sin x=x-\frac{x^3}{3!}+\frac{x^5}{5!}-\cdots+(-1)^{m-1}\frac{x^{2m-1}}{(2m-1)!}+o(x^{2m}) \quad (x\to 0),$$

又因为

$$f^{(2m+1)}(\theta x)=\sin\left[\theta x+\frac{(2m+1)\pi}{2}\right]=(-1)^m\cos\theta x,$$

因此 $f(x)=\sin x$ 的带有拉格朗日型余项的 $2m$ 阶麦克劳林公式为

$$\sin x=x-\frac{x^3}{3!}+\frac{x^5}{5!}-\cdots+(-1)^{m-1}\frac{x^{2m-1}}{(2m-1)!}+(-1)^m\frac{\cos\theta x}{(2m+1)!}x^{2m+1},0<\theta<1,x\in R.$$

注 由于 $f(x)=\sin x$ 的 $(2m-1)$ 阶泰勒多项式 $T_{2m-1}(x)$ 与 $2m$ 阶泰勒多项式 $T_{2m}(x)$ 相同，所以皮亚诺型余项既可写为 $o(x^{2m-1})$，也可写为 $o(x^{2m})$. 不过由于 $o(x^{2m})$ 的结论更好，故一般写为 $o(x^{2m})$.

类似可得以下几个常用的初等函数的带有皮亚诺型余项的麦克劳林展开式：

$$\cos x=1-\frac{x^2}{2!}+\frac{x^4}{4!}-\cdots+(-1)^m\frac{x^{2m}}{(2m)!}+o(x^{2m+1}) \quad (x\to 0);$$

$$\ln(1+x)=x-\frac{x^2}{2}+\frac{x^3}{3}+\cdots+(-1)^{n-1}\frac{x^n}{n}+o(x^n) \quad (x\to 0);$$

$$(1+x)^\alpha=1+\alpha x+\frac{\alpha(\alpha-1)}{2!}x^2+\cdots+\frac{\alpha(\alpha-1)\cdots(\alpha-n+1)}{n!}x^n+o(x^n) \quad (x\to 0);$$

$$\frac{1}{1-x}=1+x+x^2+\cdots+x^n+o(x^n) \quad (x\to 0).$$

相应地，带有拉格朗日型余项的麦克劳林展开式如下：

$$\cos x=1-\frac{x^2}{2!}+\frac{x^4}{4!}-\cdots(-1)^m\frac{x^{2m}}{(2m)!}+\frac{(-1)^{m+1}\cos(\theta x)}{(2m+2)!}x^{2m+2},0<\theta<1,x\in R;$$

$$\ln(1+x)=x-\frac{x^2}{2}+\frac{x^3}{3}-\cdots+(-1)^{n-1}\frac{x^n}{n}+(-1)^n\frac{x^{n+1}}{(n+1)(1+\theta x)^{n+1}},0<\theta<1,x>-1;$$

$$(1+x)^\alpha=1+\alpha x+\frac{\alpha(\alpha-1)}{2!}x^2+\cdots+\frac{\alpha(\alpha-1)\cdots(\alpha-n+1)}{n!}x^n$$

$$+\frac{\alpha(\alpha-1)\cdots(\alpha-n)(1+\theta x)^{\alpha-n-1}}{(n+1)!}x^{n+1},\alpha\ 为任意实数,0<\theta<1,x>-1;$$

$$\frac{1}{1-x}=1+x+x^2+\cdots+x^n+\frac{x^{n+1}}{(1-\theta x)^{n+2}},0<\theta<1,x<1.$$

例 4.3.3 求 $f(x)=\mathrm{e}^{-\frac{x^2}{2}}$ 的带有皮亚诺型余项的麦克劳林公式，并求 $f^{(98)}(0)$ 与 $f^{(99)}(0)$.

解　由题意

$$e^x = 1 + x + \frac{x^2}{2!} + \cdots + \frac{x^n}{n!} + o(x^n) \quad (x \to 0),$$

用 $-\dfrac{x^2}{2}$ 替换公式中的 x，得

$$e^{-\frac{x^2}{2}} = 1 - \frac{x^2}{2} + \frac{x^4}{2^2 \cdot 2!} + \cdots + (-1)^n \frac{x^{2n}}{2^n n!} + o(x^{2n}) \quad (x \to 0).$$

由逼近多项式的唯一性可知上式中逼近多项式即为泰勒多项式. 分别比较 x^{98} 和 x^{99} 的系数，可得

$$\frac{1}{98!} f^{(98)}(0) = (-1)^{49} \frac{1}{2^{49} \cdot 49!}, \quad \frac{1}{99!} f^{(99)}(0) = 0.$$

从而

$$f^{(98)}(0) = -\frac{98!}{2^{49} \cdot 49!}, \quad f^{(99)}(0) = 0.$$

例 4.3.4　求 $f(x) = \ln x$ 在点 $x = 2$ 处的带有皮亚诺型余项的泰勒公式.

解　由于

$$\ln x = \ln[2 + (x-2)] = \ln 2 + \ln\left(1 + \frac{x-2}{2}\right),$$

所以

$$\begin{aligned}
\ln x &= \ln 2 + \frac{x-2}{2} - \frac{\left(\frac{x-2}{2}\right)^2}{2} + \frac{\left(\frac{x-2}{2}\right)^3}{3} + \cdots + (-1)^{n-1} \frac{\left(\frac{x-2}{2}\right)^n}{n} + o\left(\left(\frac{x-2}{2}\right)^n\right) \\
&= \ln 2 + \frac{1}{2}(x-2) - \frac{1}{2 \cdot 2^2}(x-2)^2 + \frac{1}{3 \cdot 2^3}(x-2)^3 + \cdots \\
&\quad + (-1)^{n-1} \frac{1}{n \cdot 2^n}(x-2)^n + o((x-2)^n).
\end{aligned}$$

例 4.3.5　利用泰勒公式求极限：

(1) $\displaystyle\lim_{x \to 0} \frac{\sin x - x}{x^2 \tan x}$；(2) $\displaystyle\lim_{x \to 0} \frac{\cos x - e^{-\frac{x^2}{2}}}{\ln(1+x^2) - x^2}$.

解　(1) 当 $x \to 0$ 时，$\sin x = x - \dfrac{x^3}{3!} + o(x^3)$，从而

$$\sin x - x = -\frac{x^3}{6} + o(x^3),$$

所以

$$\lim_{x \to 0} \frac{\sin x - x}{x^2 \tan x} = \lim_{x \to 0} \frac{-\dfrac{x^3}{6} + o(x^3)}{x^3} = -\frac{1}{6} + \lim_{x \to 0} \frac{o(x^3)}{x^3} = -\frac{1}{6}.$$

微课

例 4.3.5

（2）当 $x \to 0$ 时，

$$\cos x = 1 - \frac{x^2}{2!} + \frac{x^4}{4!} + o(x^4),$$

$$e^{-\frac{x^2}{2}} = 1 - \frac{x^2}{2} + \frac{x^4}{8} + o(x^4),$$

$$\ln(1+x^2) = x^2 - \frac{x^4}{2} + o(x^4),$$

所以

$$\cos x - e^{-\frac{x^2}{2}} = -\frac{x^4}{12} + o(x^4),$$

$$\ln(1+x^2) - x^2 = -\frac{x^4}{2} + o(x^4),$$

从而

$$\lim_{x \to 0} \frac{\cos x - e^{-\frac{x^2}{2}}}{\ln(1+x^2) - x^2} = \lim_{x \to 0} \frac{-\frac{x^4}{12} + o(x^4)}{-\frac{x^4}{2} + o(x^4)} = \lim_{x \to 0} \frac{-\frac{1}{12} + \frac{o(x^4)}{x^4}}{-\frac{1}{2} + \frac{o(x^4)}{x^4}} = \frac{1}{6},$$

其中

$$\lim_{x \to 0} \frac{o(x^4)}{x^4} = 0.$$

*4.3.3　泰勒公式在近似计算中的应用

例 4.3.6　计算 e 的值，使其误差不超过 10^{-6}.

解　由例 4.3.1 可知，若 $f(x) = e^x$ 用它的 n 次泰勒多项式近似，即

$$e^x \approx 1 + x + \frac{x^2}{2!} + \cdots + \frac{x^n}{n!},$$

这时产生的误差为

$$|R_n(x)| = \left| \frac{e^{\theta x}}{(n+1)!} x^{n+1} \right| < \frac{e^{|x|} |x|^{n+1}}{(n+1)!}.$$

取 $x = 1$，则得无理数 e 的近似值为

$$e \approx 1 + 1 + \frac{1}{2!} + \cdots + \frac{1}{n!},$$

其误差

$$|R_n| < \frac{e}{(n+1)!} < \frac{3}{(n+1)!}.$$

当 $n=9$ 时，可计算出 $\mathrm{e} \approx 2.718\,281\,5$，其误差不超过 10^{-6}.

例 4.3.7　用泰勒多项式近似 $\sin x$，使其误差不超过 10^{-3}. 试以例 4.3.2 中 $m=1$ 和 $m=2$ 两种情形分别讨论 x 的取值范围.

解　由例 4.3.2 可知，若 $f(x)=\sin x$ 用它的 $2m$ 次泰勒多项式近似，即

$$\sin x \approx x - \frac{x^3}{3!} + \frac{x^5}{5!} - \cdots + (-1)^{(m-1)} \frac{x^{2m-1}}{(2m-1)!},$$

这时产生的误差为

$$|R_{2m}(x)| = \left| \frac{(-1)^m \cos\theta x}{(2m+1)!} x^{2m+1} \right| \leqslant \frac{|x|^{2m+1}}{(2m+1)!}.$$

当 $m=1$ 时，$\sin x \approx x$，其误差 $|R_2(x)| \leqslant \dfrac{|x|^3}{6}$. 若要使其误差不超过 10^{-3}，只需使

$$\frac{|x|^3}{6} \leqslant 10^{-3},$$

解得 $|x| \leqslant 0.181\,7$（弧度），即大约在原点左右 $10°24'40''$ 范围内用 x 近似 $\sin x$ 时，误差不超过 10^{-3}.

当 $m=2$ 时，$\sin x \approx x - \dfrac{x^3}{3!}$，其误差 $|R_4(x)| \leqslant \dfrac{|x|^5}{5!}$. 若要使其误差不超过 10^{-3}，只需使

$$\frac{|x|^5}{5!} \leqslant 10^{-3},$$

解得 $|x| \leqslant 0.654\,4$（弧度），即大约在原点左右 $37°29'38''$ 范围内用 $x - \dfrac{x^3}{3!}$ 近似 $\sin x$ 时，误差不超过 10^{-3}.

如果用更高次的泰勒多项式来近似 $\sin x$，x 能在更大范围内满足同一误差. 如图 $4-5$ 所示，可以看到 $\sin x$ 与其泰勒多项式（$m=1$，2，3，4，5）在原点附近的逼近差异情况.

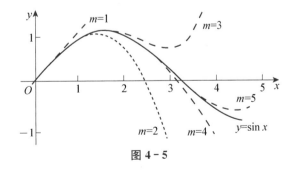

图 $4-5$

习题 4.3

1. 将多项式 $f(x)=5x^5+4x^3+2x+1$ 按 $(x-1)$ 的幂展开.

2. 求函数 $f(x)=\tan x$ 的带有皮亚诺型余项的 3 阶麦克劳林公式.

3. 求函数 $f(x)=\sqrt{x}$ 在点 $x=4$ 处的带有拉格朗日型余项的 3 阶泰勒公式.

4. 求函数 $f(x)=\sin 3x$ 的带有皮亚诺型余项的 $2m$ 阶麦克劳林公式，其中 $m=1$，2，$\cdots$.

5. 求 $f(x)=x^2 e^x$ 的带有皮亚诺型余项的 n 阶麦克劳林公式.

6. 求函数 $f(x)=\ln(2+4x)$ 的带有皮亚诺型余项的 n 阶麦克劳林公式.

7. 求函数 $f(x)=\dfrac{1}{4-x}$ 在点 $x=1$ 处的带有皮亚诺型余项的 n 阶泰勒公式.

8. 利用泰勒公式计算下列极限：

(1) $\lim\limits_{x\to 0}\dfrac{\cos x-e^{-\frac{x^2}{2}}}{x^4}$;

(2) $\lim\limits_{x\to 0}\dfrac{\sqrt{1+x^2}-1-\dfrac{1}{2}x^2}{(\cos x-e^{x^2})\sin^2 x}$;

(3) $\lim\limits_{x\to\infty}\left[x-x^2\ln\left(1+\dfrac{1}{x}\right)\right]$.

4.4 函数的单调性

1.3 节介绍了单调函数的定义，由于直接用定义来判别函数的单调性一般比较麻烦，因此本节将介绍利用导数来判别函数单调性的简便方法.

如果函数 $f(x)$ 在区间 $[a,b]$ 上单调增加（单调减少），如图 4-6 所示，那么表现在图形上是曲线在该区间上沿 x 轴正向上升（下降）. 这时，如果曲线处处存在切线，那么曲线在该区间上各点处的切线斜率是非负（非正）的，即 $f'(x)\geqslant 0$ （$f'(x)\leqslant 0$）. 由此可见，函数的单调性与其导数的符号有着密切的联系. 由此我们得到如下启示：可以利用导数的符号来判定函数的单调性.

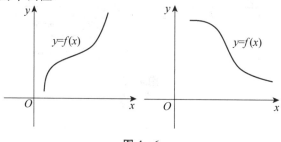

图 4-6

定理 4.4.1　设函数 $f(x)$ 在 $[a, b]$ 上连续，在 (a, b) 内可导. 若在 (a, b) 内恒有 $f'(x) > 0 (f'(x) < 0)$，则 $f(x)$ 在 $[a, b]$ 上单调增加（单调减少）.

证　在 $[a, b]$ 上任取两点 x_1, x_2，且 $x_1 < x_2$. 由定理条件可知 $f(x)$ 在 $[x_1, x_2]$ 上满足拉格朗日中值定理的条件，因此，至少存在一点 $\xi \in (x_1, x_2)$，使得

$$f(x_2) - f(x_1) = f'(\xi)(x_2 - x_1).$$

若在 (a, b) 内恒有 $f'(x) > 0$，则 $f'(\xi) > 0$，从而 $f(x_2) > f(x_1)$，所以 $f(x)$ 在 $[a, b]$ 上单调增加.

同理可证 $f'(x) < 0$ 的情形.

显然，如果将定理 4.4.1 中的闭区间换成其他各种区间（包括无穷区间），定理结论也成立.

注　定理 4.4.1 仅仅给出了函数在区间上单调的充分条件，但不是必要条件. 例如，$f(x) = x^3$，由图形可知它在 $(-\infty, +\infty)$ 上单调增加，但是 $f'(x) = 3x^2 \geqslant 0$，而不是恒大于零.

下面给出函数在区间上单调的充要条件，证明留给读者.

定理 4.4.2　设函数 $f(x)$ 在 $[a, b]$ 上连续，在 (a, b) 内可导，则 $f(x)$ 在 $[a, b]$ 上单调增加（单调减少）的充分必要条件是 $f'(x) \geqslant 0$ （$f'(x) \leqslant 0$），$x \in (a, b)$，并且在 (a, b) 的任何子区间上 $f'(x)$ 都不恒为零.

由定理 4.4.2 可知，如果 $f(x)$ 在 (a, b) 内 $f'(x) \geqslant 0$ （$f'(x) \leqslant 0$），并且 $f'(x)$ 等于零的点只有有限个，那么 $f(x)$ 在 (a, b) 内单调增加（单调减少）. 例如，对于 $f(x) = x^3$，由于 $f'(x) = 3x^2 \geqslant 0$ 并且等号仅在点 $x = 0$ 处成立，从而可得 $f(x) = x^3$ 在 $(-\infty, +\infty)$ 内单调增加.

有时尽管 $f'(x)$ 等于零的点有无限个，但在 (a, b) 的任何子区间上 $f'(x)$ 都不恒为零，仍可得到 $f(x)$ 在 (a, b) 内单调. 如函数 $f(x) = x - \sin x$，由于

$$f'(x) = 1 - \cos x \geqslant 0,$$

并且等号仅在 $x = 2k\pi$ （$k \in \mathbf{Z}$）时成立，所以 $f(x) = x - \sin x$ 在 $(-\infty, +\infty)$ 内单调增加.

例 4.4.1　设 $f(x) = x^3 - x$，讨论 $f(x)$ 的单调区间.

解　$f(x)$ 的定义域为 $(-\infty, +\infty)$，且

$$f'(x) = 3x^2 - 1 = (\sqrt{3}x + 1)(\sqrt{3}x - 1).$$

令 $f'(x) = 0$，得 $x_1 = -\dfrac{\sqrt{3}}{3}$ 和 $x_2 = \dfrac{\sqrt{3}}{3}$. x_1 和 x_2 将 $f(x)$ 的定义域分为三个子区间. 当 $x \in \left(-\infty, -\dfrac{\sqrt{3}}{3}\right) \cup \left(\dfrac{\sqrt{3}}{3}, +\infty\right)$ 时，$f'(x) > 0$；当 $x \in \left(-\dfrac{\sqrt{3}}{3}, \dfrac{\sqrt{3}}{3}\right)$ 时，$f'(x) < 0$. 所以，$f(x)$ 的单调增加区间是 $\left(-\infty, -\dfrac{\sqrt{3}}{3}\right]$ 和 $\left[\dfrac{\sqrt{3}}{3}, +\infty\right)$，单调减少区间是 $\left[-\dfrac{\sqrt{3}}{3}, \dfrac{\sqrt{3}}{3}\right]$.

注 如果函数在单调区间的端点处单侧连续，则单调区间可以包括端点.

例 4.4.2 讨论函数 $y=\sqrt[3]{x^2}$ 的单调性.

解 $y=\sqrt[3]{x^2}$ 的定义域为 $(-\infty, +\infty)$. 当 $x\neq0$ 时，

$$y'=\frac{2}{3\sqrt[3]{x}}.$$

在 $x=0$ 处，函数的导数不存在. 当 $x\in(-\infty, 0)$ 时，$y'<0$；当 $x\in(0, +\infty)$ 时，$y'>0$. 所以 $y=\sqrt[3]{x^2}$ 的单调增加区间是 $[0, +\infty)$，单调减少区间是 $(-\infty, 0]$.

由例 4.4.1 和例 4.4.2 可以看到，导数为零的点和导数不存在的点都可能是单调区间的分界点. 如果函数在定义区间上连续，并且除去有限个导数不存在的点外导数均连续（对于初等函数，这两个条件一般都满足），那么只要用 $f'(x)=0$ 的点和 $f'(x)$ 不存在的点来划分 $f(x)$ 的定义区间，就能保证 $f'(x)$ 在各子区间内的符号保持不变，从而 $f(x)$ 在各子区间内单调，这样就能确定函数的单调区间.

例 4.4.3 确定函数 $f(x)=\frac{3}{5}x^{\frac{5}{3}}-\frac{3}{2}x^{\frac{2}{3}}+1$ 的单调区间.

解 $f(x)$ 的定义域为 $(-\infty, +\infty)$，且

$$f'(x)=x^{\frac{2}{3}}-x^{-\frac{1}{3}}=\frac{x-1}{\sqrt[3]{x}}.$$

令 $f'(x)=0$，得 $x=1$. $f(x)$ 在点 $x=0$ 处不可导. $x=0$ 和 $x=1$ 将定义域分为三个子区间，列表如下：

x	$(-\infty, 0)$	$(0, 1)$	$(1, +\infty)$
$f'(x)$	$+$	$-$	$+$
$f(x)$	↗	↘	↗

所以 $f(x)$ 的单调增加区间为 $(-\infty, 0]$ 和 $[1, +\infty)$，$f(x)$ 的单调减少区间为 $[0, 1]$.

利用函数的单调性，可以证明不等式以及讨论方程的实数根问题.

例 4.4.4 证明：当 $x>0$ 时，$1+x\ln(x+\sqrt{1+x^2})>\sqrt{1+x^2}$.

证 构造辅助函数

$$f(x)=1+x\ln(x+\sqrt{1+x^2})-\sqrt{1+x^2},$$

则 $f(x)$ 在 $[0, +\infty)$ 上连续，且

$$f'(x)=\ln(x+\sqrt{1+x^2}).$$

当 $x>0$ 时，$x+\sqrt{1+x^2}>1$，从而在 $(0, +\infty)$ 内 $f'(x)>0$，所以 $f(x)$ 在 $[0, +\infty)$ 上单调增加，于是当 $x>0$ 时，有

$$f(x)>f(0)=0,$$

即

$$1+x\ln(x+\sqrt{1+x^2})>\sqrt{1+x^2}.$$

例 4.4.5　证明：方程 $x^5+x+1=0$ 有且仅有一个实根.

证　设 $f(x)=x^5+x+1$，则

$$f'(x)=5x^4+1>0,$$

微课

例 4.4.5

所以 $f(x)$ 在 $(-\infty,+\infty)$ 内单调增加，从而 $f(x)=0$ 至多有一个实根.

另一方面，$f(-1)=-1<0$，$f(0)=1>0$，$f(x)$ 在 $[-1,0]$ 上连续. 由零点定理可知，$f(x)=0$ 在 $(-1,0)$ 内至少有一个实根.

总之，$f(x)=0$，即 $x^5+x+1=0$ 有且仅有一个实根.

习题 4.4

1. 试确定下列函数的单调区间：

(1) $y=x^3-\dfrac{9}{2}x^2+6x-5$；

(2) $y=\dfrac{x^2}{1+x}$；

(3) $y=2x^2-\ln x$；

(4) $y=6x+\mathrm{e}^{-2x}$.

2. 证明：当 $x>0$ 时，$x-\dfrac{x^2}{2}<\ln(1+x)$.

3. 证明：当 $x>0$ 时，$\sin x>x-\dfrac{x^3}{3!}$.

4. 证明：方程 $\sin x=x$ 有且仅有一个实根.

5. 证明：$\mathrm{e}^{\pi}>\pi^{\mathrm{e}}$.

4.5　函数的极值与最值

4.5.1　函数的极值

在单调区间的分界点处，函数往往呈现局部最大（最小）的现象，局部的最大值（最小值）称为极大值（极小值）. 函数的极值是函数性态的一个重要特征，在实际应用中占有重要地位.

定义 4.5.1　设函数 $f(x)$ 在点 x_0 的某邻域内有定义. 如果对于该邻域内的任意异于 x_0 的点 x，恒有

$$f(x)<f(x_0)(f(x)>f(x_0)),$$

则称 $f(x_0)$ 为 $f(x)$ 的**极大值（极小值）**，称 x_0 为 $f(x)$ 的**极大值点（极小值点）**. 函数的极大值与极小值统称为函数的**极值**，极大值点与极小值点统称为**极值点**.

函数的极值与最值有比较紧密的联系，但又有很大的区别. 函数的极值是一个局部概念，函数值的比较在点 x_0 的某邻域内进行. 而函数的最值是一个整体概念，函数值的比较在所讨论的整个区间上进行. 按照函数极值的定义，函数的极值只能在所讨论的区间内部取得，而函数的最值不但可以在所讨论的区间内部取得，也可以在区间的端点（若所讨论的区间为闭区间）处取得.

如图 4-7 所示，函数 $y=f(x)$ 在 x_1，x_3 处取得极小值，在 x_2 处取得极大值，在 $x=a$ 处取得最大值 $f(a)$，在 x_3 处取得最小值 $f(x_3)$.

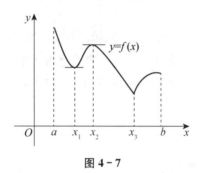

图 4-7

在图 4-7 中可以观察到，曲线在极值点处或者有水平切线，或者不可导，由此得到极值存在的必要条件.

定理 4.5.1（费马（Fermat）定理）　若函数 $f(x)$ 在点 x_0 处可导，并且 $f(x)$ 在点 x_0 处取得极值，则 $f'(x_0)=0$.

证　不妨设 $f(x)$ 在点 x_0 处取得极大值，即存在 $\delta>0$，使得当 $x\in(x_0-\delta,x_0)\cup(x_0,x_0+\delta)$ 时，恒有

$$f(x)<f(x_0).$$

当 $\Delta x>0$ 且 $x_0+\Delta x\in(x_0,x_0+\delta)$ 时，有

$$\frac{f(x_0+\Delta x)-f(x_0)}{\Delta x}<0.$$

因为 $f(x)$ 在点 x_0 处可导，所以由导数的定义以及函数极限的保号性，可得

$$f'(x_0)=f'_+(x_0)=\lim_{\Delta x\to 0^+}\frac{f(x_0+\Delta x)-f(x_0)}{\Delta x}\leqslant 0.$$

当 $\Delta x<0$ 且 $x_0+\Delta x\in(x_0-\delta,x_0)$ 时，

$$\frac{f(x_0+\Delta x)-f(x_0)}{\Delta x}>0,$$

从而

$$f'(x_0) = f'_-(x_0) = \lim_{\Delta x \to 0^-} \frac{f(x_0 + \Delta x) - f(x_0)}{\Delta x} \geqslant 0.$$

因而 $f'(x_0) = 0$. 证毕.

注　费马定理的条件可以放松，得到以下更广泛的结论：

设 $f(x)$ 在点 x_0 的某邻域 $U(x_0, \delta)$ 内有定义，并且 $f(x)$ 在点 x_0 处可导，若对任意的 $x \in U(x_0, \delta)$，恒有

$$f(x) \leqslant f(x_0) \quad (f(x) \geqslant f(x_0)),$$

则 $f'(x_0) = 0$.

称满足 $f'(x) = 0$ 的点 x 为函数 $f(x)$ 的驻点（或稳定点）.

费马定理说明，可导函数的极值点必定是它的驻点. 但反过来，函数的驻点却不一定是极值点. 例如对于 $y = x^3$，$x = 0$ 是其驻点，但不是极值点，所以函数的驻点只是可能的极值点.

此外，函数在它的不可导点处也可能取得极值，例如 $y = |x|$ 在点 $x = 0$ 处不可导，但在该点处取得极小值. 因此，函数的极值点只可能是驻点或者不可导点.

下面讨论极值存在的充分条件.

定理 4.5.2　（极值的第一充分条件）　设函数 $f(x)$ 在点 x_0 的某空心邻域 $(x_0 - \delta, x_0) \bigcup (x_0, x_0 + \delta)$ 内可导，并且在点 x_0 处连续.

(1) 若当 $x \in (x_0 - \delta, x_0)$ 时 $f'(x) > 0$，当 $x \in (x_0, x_0 + \delta)$ 时 $f'(x) < 0$，则 $f(x)$ 在点 x_0 处取得极大值.

(2) 若当 $x \in (x_0 - \delta, x_0)$ 时 $f'(x) < 0$，当 $x \in (x_0, x_0 + \delta)$ 时 $f'(x) > 0$，则 $f(x)$ 在点 x_0 处取得极小值.

(3) 若在 $(x_0 - \delta, x_0) \bigcup (x_0, x_0 + \delta)$ 内，$f'(x)$ 恒为正或恒为负，则 $f(x)$ 在点 x_0 处不取极值.

证　先证情形 (1).

根据函数单调性的判别法，$f(x)$ 在 $(x_0 - \delta, x_0)$ 内单调增加而在 $(x_0, x_0 + \delta)$ 内单调减少，并且在点 x_0 处连续，从而当 $x \in (x_0 - \delta, x_0)$ 时，$f(x) < f(x_0)$，而当 $x \in (x_0, x_0 + \delta)$ 时，$f(x) < f(x_0)$. 所以，对于任意的 $x \in (x_0 - \delta, x_0) \bigcup (x_0, x_0 + \delta)$，都有 $f(x) < f(x_0)$，即 x_0 是 $f(x)$ 的极大值点.

同理可证情形 (2) 和情形 (3).

定理 4.5.2 也可简述为：设 x_0 是 $f(x)$ 的连续点. 当 x 从 x_0 的左侧变到右侧时，若 $f'(x)$ 由正变负，则 $f(x)$ 在点 x_0 处取得极大值；若 $f'(x)$ 由负变正，则 $f(x)$ 在点 x_0 处取得极小值；若 $f'(x)$ 不变号，则 $f(x)$ 在点 x_0 处不取极值.

例 4.5.1　求函数 $f(x) = (x + 4)\sqrt[3]{(x - 1)^2}$ 的极值.

解　$f(x)$ 在 $(-\infty, +\infty)$ 内连续，且

$$f'(x) = \frac{5(x + 1)}{3\sqrt[3]{x - 1}}.$$

令 $f'(x)=0$，得驻点 $x=-1$. $x=1$ 为 $f(x)$ 的不可导点. 列表如下：

x	$(-\infty, -1)$	-1	$(-1, 1)$	1	$(1, +\infty)$
$f'(x)$	$+$	0	$-$	不存在	$+$
$f(x)$	↗	$3\sqrt[3]{4}$	↘	0	↗

由上表可知，$f(x)$ 的极大值为 $f(-1)=3\sqrt[3]{4}$，极小值为 $f(1)=0$.

当函数 $f(x)$ 在其驻点处有不为零的二阶导数时，还可以利用下述定理来判断驻点是否为极值点.

定理 4.5.3 （极值的第二充分条件） 设函数 $f(x)$ 在点 x_0 处具有二阶导数，且 $f'(x_0)=0$，$f''(x_0)\neq0$.

(1) 若 $f''(x_0)<0$，则 $f(x)$ 在点 x_0 处取得极大值；

(2) 若 $f''(x_0)>0$，则 $f(x)$ 在点 x_0 处取得极小值.

证 (1) 由 $f''(x_0)$ 的定义及 $f'(x_0)=0$，可得

$$f''(x_0)=\lim_{x \to x_0}\frac{f'(x)-f'(x_0)}{x-x_0}=\lim_{x \to x_0}\frac{f'(x)}{x-x_0}.$$

因为 $f''(x_0)<0$，故由函数极限的局部保号性得，存在点 x_0 的某空心邻域 $(x_0-\delta, x_0)\bigcup (x_0, x_0+\delta)$，使得对于该邻域内的任意点 x，都有

$$\frac{f'(x)}{x-x_0}<0.$$

所以当 $x\in(x_0-\delta, x_0)$ 时，$f'(x)>0$；当 $x\in(x_0, x_0+\delta)$ 时，$f'(x)<0$. 由极值的第一充分条件可得，$f(x)$ 在点 x_0 处取得极大值.

同理可证情形 (2).

注 定理 4.5.3 说明，若 $f(x)$ 在其驻点 x_0 处的二阶导数 $f''(x_0)\neq0$，则该驻点一定是 $f(x)$ 的极值点，并且可用 $f''(x_0)$ 的符号来判定 $f(x_0)$ 是极大值还是极小值. 但是，若 $f(x)$ 在其驻点 x_0 处的二阶导数 $f''(x_0)=0$，定理 4.5.3 不再适用，$f(x)$ 在点 x_0 处可能取极大值，也可能取极小值，也可能没有极值. 例如，$f_1(x)=-x^4$，$f_2(x)=x^4$，$f_3(x)=x^3$，这三个函数在点 $x=0$ 处分别属于这三种情况. 因此，如果函数在驻点处的二阶导数为零，则需要用极值的第一充分条件等其他方法进行判断.

例 4.5.2 求函数 $f(x)=x^3-3x$ 的极值.

解 $f(x)$ 在 $(-\infty, +\infty)$ 内连续，且

$$f'(x)=3x^2-3, \quad f''(x)=6x.$$

令 $f'(x)=0$，解得驻点 $x_1=-1$，$x_2=1$，且

$$f''(-1)=-6<0, \quad f''(1)=6>0,$$

所以 $f(x)$ 在点 $x=-1$ 处取得极大值 $f(-1)=2$，$f(x)$ 在 $x=1$ 处取得极小值 $f(1)=-2$.

4.5.2　函数的最值

在许多理论与实践问题中，常常会遇到求函数在某区间上的最大值或最小值的问题.

若函数 $f(x)$ 在闭区间 $[a, b]$ 上连续，则 $f(x)$ 在 $[a, b]$ 上一定可以取到最大值与最小值. 最值可能在区间内部取到，也可能在区间端点处取到，所以可能的最值点只有三类，即驻点、不可导点和区间端点，只要比较函数 $f(x)$ 在所有这些点处的函数值的大小即可.

例 4.5.3　求 $f(x) = x(x-1)^{\frac{1}{3}}$ 在 $[-2, 2]$ 上的最值.

解　函数 $f(x)$ 在 $[-2, 2]$ 上连续，故 $f(x)$ 在 $[-2, 2]$ 上必存在最大值和最小值.

$$f'(x) = (x-1)^{\frac{1}{3}} + \frac{1}{3}x(x-1)^{-\frac{2}{3}} = \frac{4x-3}{3\sqrt[3]{(x-1)^2}}.$$

令 $f'(x) = 0$，得驻点 $x_1 = \frac{3}{4}$. $x_2 = 1$ 为不可导点.

$$f(-2) = 2\sqrt[3]{3}, \quad f(2) = 2, \quad f(1) = 0, \quad f\left(\frac{3}{4}\right) = -\frac{3}{8}\sqrt[3]{2}.$$

比较函数值得，$f(x)$ 在 $[-2, 2]$ 上的最大值为 $f(-2) = 2\sqrt[3]{3}$，最小值为 $f\left(\frac{3}{4}\right) = -\frac{3}{8}\sqrt[3]{2}$.

在求函数的最值时，经常遇到以下情形，读者可以自己证明。

（1）若 $f(x)$ 在某区间 I（开或闭，有限或无限）上连续，并且在该区间 I 上仅有唯一的极值点 x_0，则该极值点 x_0 一定为 $f(x)$ 在 I 上的最值点，并且若 x_0 为 $f(x)$ 的极大（小）值点，则 x_0 为 $f(x)$ 在 I 上的最大（小）值点.

（2）若由问题的实际意义可以断定可导函数 $f(x)$ 在某区间 I（开或闭，有限或无限）的内部一定可以取到最大值或最小值，并且 $f(x)$ 在区间 I 内仅有唯一的驻点，则不需讨论 x_0 是否为 $f(x)$ 的极值点，即可得出 x_0 为 $f(x)$ 在 I 上的最大值点或最小值点.

例 4.5.4　要制造一个容积为 V（单位：立方米）的圆柱形密闭容器，问怎样设计才能用料最省？

解　用料最省即要求容器的表面积最小. 设容器的高为 h，底面半径为 r，则容器的表面积为

$$s = 2\pi r^2 + 2\pi rh.$$

依题设，有

$$V = \pi r^2 h,$$

于是 $h = \dfrac{V}{\pi r^2}$，从而

$$s = s(r) = 2\pi r^2 + \frac{2V}{r}.$$

令 $s'(r) = 4\pi r - \dfrac{2V}{r^2} = 0$，解得唯一驻点 $r_0 = \left(\dfrac{V}{2\pi}\right)^{\frac{1}{3}}$. 又因为

$$s''(r) = 4\pi + \dfrac{4V}{r^3} > 0,$$

所以 r_0 为 $s(r)$ 的极小值点，并且是唯一的极值点，从而 r_0 为 $s(r)$ 的最小值点，此时，$h = 2r_0$. 这说明，当容器的高与底面直径相等时，用料最省.

4.5.3 最值在经济学中的应用举例

优化问题是人们在工程技术、经济管理和科学研究等领域中最常遇到的问题. 在经济活动中，决策者经常追求利润最大化、成本最小化、效用最大化等最优决策. 下面举例介绍最值在经济学中的应用.

一、利润最大化问题

例 4.5.5 设某商品的销售量 x（单位：吨）与价格 p 的函数关系为 $p = 7 - 0.2x$（万元/吨），成本函数 $C(x) = 3x + 1$（万元）.

微课

例 4.5.5

(1) 若每销售一吨商品政府要征税 t（万元），求销售量为多少时，可使商家利润最大？

(2) 在商家利润达到最大的前提下，t 为何值时，政府税收总额最大？

解 商品的总收入函数为

$$R(x) = px = (7 - 0.2x)x = 7x - 0.2x^2,$$

设 T 为税收总额，则

$$T(x) = tx,$$

从而利润函数为

$$L(x) = R(x) - C(x) - T(x) = 7x - 0.2x^2 - 3x - 1 - tx = -0.2x^2 + (4 - t)x - 1.$$

令 $L'(x) = 0$，即 $-0.4x + (4 - t) = 0$，解得 $x = 10 - 2.5t$. 由于

$$L''(x) = -0.4 < 0,$$

所以当 $x = 10 - 2.5t$ 时利润取得极大值，即销售量为 $10 - 2.5t$ 吨时商家利润最大.

(2) 将 $x = 10 - 2.5t$ 代入 $T(x) = tx$，可得利润最大时的税收总额为

$$T(t) = 10t - 2.5t^2.$$

令 $T'(t) = 0$，解得 $t = 2$. 由于 $T''(t) = -5 < 0$，所以 $t = 2$ 时 T 取得极大值，也为最大值，即此时政府税收总额最大.

二、利用需求弹性分析总收入变化

设某商品价格为 P 时的需求量 $Q = Q(P)$，将总收入表示为价格 P 的函数

$$R(P) = PQ(P).$$

若需求函数 $Q=Q(P)$ 可导，则

$$R'(P)=Q(P)+PQ'(P)=Q(P)\left[1+Q'(P)\frac{P}{Q(P)}\right]=Q(P)[1+\eta(P)],$$

其中 $\eta(P)=Q'(P)\dfrac{P}{Q(P)}$ 为该商品的需求价格弹性.

若 $|\eta(P)|<1$（低弹性），则 $R'(P)>0$，从而提高价格可使总收入增加；

若 $|\eta(P)|>1$（高弹性），即 $\eta(P)<-1$，则 $R'(P)<0$，从而降低价格可使总收入增加，即薄利多销，增加收入；

若 $|\eta(P)|=1$（单位弹性），即 $\eta(P)=-1$，则 $R'(P)=0$，此时的价格使总收入最大.

例 4.5.6　设某种商品的需求量 Q 与价格 P 的函数关系为 $Q=e^{-\frac{P}{4}}$，问 P 在什么范围内时可采取提价的办法使总收入增加？

解　需求弹性函数为

$$\eta(P)=Q'(P)\frac{P}{Q(P)}=-\frac{P}{4},$$

令 $|\eta(P)|<1$，解得 $0<P<4$. 所以，当商品价格低于 4 时，提价可以使总收入增加.

三、存贮模型

无论是工厂定期订购原料，还是商家订购各种商品，都将面临一个确定存贮量的问题. 存贮量过大，存贮费用会太高；存贮量太小，会导致一次性订货成本增加，或不能及时满足需求. 需要制定一个最优存贮策略，即多长时间订一次货，每次订多少货，使总费用最小.

存贮模型中最简单、最典型的是一致存贮模型，即假设在总需求一定的情况下，等量地分批进货，并以均匀的速度消耗这些原料（或商品）. 而当一批原料（或商品）用完时，下一批原料（或商品）可以做到瞬间入库进行补充，从而不会有停工待料（或缺货）的现象发生. 其存贮量 q 随时间 t（单位：天）变化的情况可以用图 4-8 来描述，即

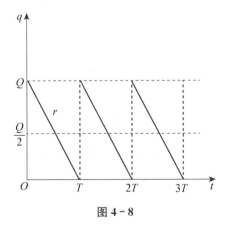

图 4-8

$$q=Q-rt,$$

图中 Q 表示每次的订货量，常数 r 为产品每天的需求量，T 表示一个订货周期. 显然订货

量与订货周期、需求量之间的关系为

$$Q=rT.$$

在每一个进货周期内，存贮量都经历了一个由 Q 均匀地递减到 0 的过程. 虽然每一天的存贮量都在发生变化，但通过"削峰填谷"，可以看出平均日存贮量恰为批量 Q 的一半，即 $\dfrac{Q}{2}$.

假设每次订货费为 C_1，每天每单位货物的存贮费为 C_2. 一个订货周期内的总费用 $C(T)$ 由存贮费和订货费两部分组成，为

$$C(T)=C_1+C_2\frac{Q}{2}T=C_1+\frac{rC_2}{2}T^2,$$

从而每天的平均费用为

$$\overline{C}(T)=\frac{C_1}{T}+\frac{rC_2}{2}T.$$

最优决策将追求每天的平均费用最小. 令 $\overline{C}'(T)=-\dfrac{C_1}{T^2}+\dfrac{rC_2}{2}=0$，解得

$$T=\sqrt{\frac{2C_1}{C_2r}},\tag{4.5.1}$$

由于 $\overline{C}''(T)>0$，所以 $T=\sqrt{\dfrac{2C_1}{C_2r}}$ 时每天的平均费用最小，即最优的订货周期为 $T=\sqrt{\dfrac{2C_1}{C_2r}}$. 此时每天的平均费用最小，为

$$C=\sqrt{2C_1C_2r}.\tag{4.5.2}$$

式（4.5.1）和式（4.5.2）为经济学中著名的**经济订货批量公式**（EOQ 公式）.

例 4.5.7 某公司生产某种商品，年销售量为 100 万件，每批生产的准备费为 1 000 元，每年每件产品的库存费为 0.05 元. 假设该商品的年销售率为均匀的，且上批销售完后，立刻再生产下一批（此时商品的平均库存量为生产批量的一半），试求最优的生产批量，使得每年的生产准备费与库存费之和最小.

解 设 100 万件分 x 批生产，则平均库存量为 $\dfrac{1\,000\,000}{2x}$，从而一年中生产准备费与库存费之和为 y，则

$$y=1\,000x+\frac{1\,000\,000}{2x}\times 0.05=1\,000x+\frac{25\,000}{x}.$$

令 $y'=1\,000-\dfrac{25\,000}{x^2}=0$，解得 $x=5$. 又因为 $y''>0$，所以 $x=5$ 时 y 取得极小值，也为

最小值. 此时最优的生产批量为 $\dfrac{100}{5}=20$（万件）.

注 也可以直接利用式（4.5.1）求解，以年为时间单位，$C_1=1\,000$ 元，$C_2=0.05$，$r=1\,000\,000$，则最优的订货周期为

$$T=\sqrt{\dfrac{2C_1}{C_2 r}}=\sqrt{\dfrac{2\,000}{50\,000}}=\dfrac{1}{5}（年），$$

即分 5 批生产.

习题 4.5

1. 求下列函数的极值：

(1) $y=\dfrac{1}{3}x^3-4x$；

(2) $y=\dfrac{2x}{1+x^2}$；

(3) $y=3-\sqrt[3]{(x-2)^2}$；

(4) $y=x^2\mathrm{e}^{-x}$.

2. 求下列函数的最值：

(1) $y=x-\ln x$，$x\in[1,\mathrm{e}]$；

(2) $y=x^4-2x^2+5$，$x\in[-2,2]$；

(3) $y=\dfrac{x}{1+x^2}$，$x\in[-2,2]$.

3. 设函数 $f(x)$ 在点 $x=0$ 的某邻域内可导，且

$$f'(0)=0, \quad \lim_{x\to 0}\dfrac{f'(x)}{\sin x}=-\dfrac{1}{2}.$$

证明 $f(x)$ 在点 $x=0$ 处一定取得极大值.

4. 设函数 $f(x)=ax^3+bx^2+cx+d$，其中 a，b，c，d 为常数，且满足条件 $b^2-3ac<0$，证明 $f(x)$ 没有极值.

5. 某工厂生产的某种产品的固定成本为 400 万元，多生产一单位产品成本增加 10 万元. 假设产销平衡，且产品的需求函数为 $x=1\,000-50p$，其中 x 为产品需求量，p 为单位产品的价格（单位：万元）. 问该工厂生产多少单位产品时所获利润最大？最大利润是多少？

4.6 曲线的凹凸性

前面研究了函数的单调性，可以确定曲线的升降情况. 但是，曲线在上升或下降的过程中还有一个弯曲方向的问题. 例如，图 4-9 中的两条曲线弧都是上升的，但是其图形有明显的差别，弧 $\overgroup{ACB}$ 是（向上）凸的，而弧 $\overgroup{ADB}$ 是（向上）凹的. 下面来研究曲线的凹凸性及其判别法.

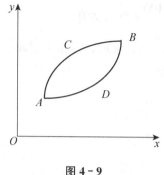

图 4－9

从几何图形来看，有的曲线弧上任意两点的连线总是位于这两点间的弧段的上方，如图 4－10（a）所示，有的曲线弧恰好相反，如图 4－10（b）所示．曲线的这种性质称为曲线的凹凸性．曲线的凹凸性可以用联结曲线弧上任意两点的弦的中点与曲线弧上相应点（即具有相同横坐标的点）的位置关系来描述．下面给出曲线凹凸性的定义．

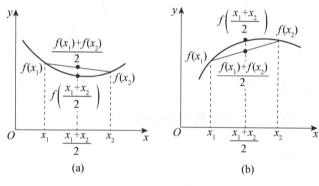

图 4－10

定义 4.6.1 设函数 $f(x)$ 在区间 I 上连续，若对于 I 上任意相异两点 x_1，x_2 恒有

$$f\left(\frac{x_1+x_2}{2}\right)<\frac{f(x_1)+f(x_2)}{2},$$

则称 $f(x)$ 在 I 上的图形是（向上）凹的（或凹弧）. 若对于 I 上任意相异两点 x_1，x_2 恒有

$$f\left(\frac{x_1+x_2}{2}\right)>\frac{f(x_1)+f(x_2)}{2},$$

则称 $f(x)$ 在 I 上的图形是（向上）凸的（或凸弧）.

可以证明，如果曲线处处有切线，则凹（或凸）弧上任意一点处的切线都在曲线下方（或上方）.

观察图 4－11（a）中的凹弧，可以看到：随着自变量的增大，曲线弧上切线的斜率单调增加；而对于图 4－11（b）中的凸弧，随着自变量的增大，曲线弧上切线的斜率单调减少. 从而有以下关于曲线凹凸性的判定定理.

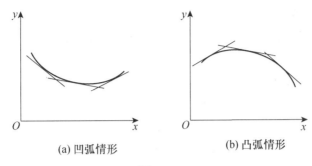

(a) 凹弧情形　　　　　(b) 凸弧情形

图 4 - 11

定理 4.6.1 设函数 $f(x)$ 在 $[a, b]$ 上连续，在 (a, b) 内有二阶导数 $f''(x)$，那么

(1) 若在 (a, b) 内 $f''(x) > 0$，则 $f(x)$ 在 $[a, b]$ 上的图形是凹的；

(2) 若在 (a, b) 内 $f''(x) < 0$，则 $f(x)$ 在 $[a, b]$ 上的图形是凸的.

证　对于情形（1），设 x_1，x_2 为 $[a, b]$ 上的任意两点，且 $x_1 < x_2$. 由拉格朗日中值定理，得

$$f\left(\frac{x_1 + x_2}{2}\right) - f(x_1) = f'(\xi_1)\frac{x_2 - x_1}{2}, \tag{4.6.1}$$

$$f(x_2) - f\left(\frac{x_1 + x_2}{2}\right) = f'(\xi_2)\frac{x_2 - x_1}{2}, \tag{4.6.2}$$

其中 $\xi_1 \in \left(x_1, \frac{x_1 + x_2}{2}\right)$，$\xi_2 \in \left(\frac{x_1 + x_2}{2}, x_2\right)$. 显然 $\xi_1 < \xi_2$. 式（4.6.2）减去式（4.6.1），得

$$f(x_2) + f(x_1) - 2f\left(\frac{x_1 + x_2}{2}\right) = [f'(\xi_2) - f'(\xi_1)]\frac{x_2 - x_1}{2}. \tag{4.6.3}$$

由于在 (a, b) 内 $f''(x) > 0$，所以在 (a, b) 内 $f'(x)$ 单调增加，进而有 $f'(\xi_1) < f'(\xi_2)$，故

$$f(x_2) + f(x_1) - 2f\left(\frac{x_1 + x_2}{2}\right) > 0,$$

即

$$f\left(\frac{x_1 + x_2}{2}\right) < \frac{f(x_1) + f(x_2)}{2}.$$

由定义 4.6.1 可得，$f(x)$ 在 $[a, b]$ 上的图形是凹的.

同理可证情形（2）.

将定理 4.6.1 中的闭区间换成其他各种区间（包括无穷区间），定理结论仍然成立.

需要注意的是，定理 4.6.1 给出的是判断曲线凹凸性的充分非必要条件. 如 $f(x) =$

x^4 的图形是凹的，但是 $f''(x) \geqslant 0$，而不是 $f''(x) > 0$.

定义 4.6.2 连续曲线 $y = f(x)$ 上凹弧和凸弧的分界点 $(x_0, f(x_0))$ 称为该曲线的拐点.

由拐点的定义可知，曲线的拐点必须写成坐标形式.

可以证明以下两个有关拐点的定理.

定理 4.6.2（拐点存在的必要条件） 设函数 $f(x)$ 在点 x_0 处存在二阶导数，并且点 $(x_0, f(x_0))$ 是曲线 $y = f(x)$ 的拐点，则 $f''(x_0) = 0$.

定理 4.6.3（拐点存在的充分条件） 设函数 $f(x)$ 在点 x_0 的某空心邻域 $(x_0 - \delta, x_0) \bigcup (x_0, x_0 + \delta)$ 内有二阶导数 $f''(x)$，且 $f(x)$ 在点 x_0 处连续. 若在 $(x_0 - \delta, x_0)$ 与 $(x_0, x_0 + \delta)$ 内 $f''(x)$ 异号，则点 $(x_0, f(x_0))$ 是曲线 $y = f(x)$ 的拐点.

由定理 4.6.2 和定理 4.6.3 可知，可能的拐点存在于函数二阶导数等于零和二阶导数不存在的点中. 可以将这些点作为分点，将函数定义域分成几个子区间，讨论函数在每个子区间上二阶导数的符号，从而得到曲线的凹凸区间和拐点.

例 4.6.1 求曲线 $y = 3x^2 - x^3$ 的凹凸区间与拐点.

解 函数在其定义域 $(-\infty, +\infty)$ 内连续，且

$$y' = 6x - 3x^2, \quad y'' = 6 - 6x.$$

令 $y'' = 0$ 解得 $x = 1$. 当 $x \in (-\infty, 1)$ 时，$y'' > 0$，曲线是凹的；当 $x \in (1, +\infty)$ 时，$y'' < 0$，曲线是凸的. 所以曲线的凹区间为 $(-\infty, 1]$，凸区间为 $[1, +\infty)$，拐点为 $(1, 2)$.

例 4.6.2 求曲线 $y = \dfrac{3}{4} x^{\frac{4}{3}} - 3x^{\frac{1}{3}} + 1$ 的凹凸区间与拐点.

解 函数在其定义域 $(-\infty, +\infty)$ 内连续，且

$$y' = x^{\frac{1}{3}} - x^{-\frac{2}{3}}, \quad y'' = \frac{1}{3} x^{-\frac{2}{3}} + \frac{2}{3} x^{-\frac{5}{3}} = \frac{x+2}{3 \sqrt[3]{x^5}}.$$

令 $y'' = 0$ 得 $x = -2$. 当 $x = 0$ 时 y'' 不存在. 列表如下：

x	$(-\infty, -2)$	-2	$(-2, 0)$	0	$(0, +\infty)$
$f''(x)$	$+$	0	$-$	不存在	$+$
$f(x)$	凹	$1 + \dfrac{9}{2}\sqrt[3]{2}$	凸	1	凹

所以曲线的凹区间为 $(-\infty, -2]$ 和 $[0 + \infty)$，凸区间为 $[-2, 0]$，拐点为 $\left(-2, 1 + \dfrac{9\sqrt[3]{2}}{2}\right)$ 和 $(0, 1)$.

例 4.6.3 利用函数的凹凸性证明不等式：

对于任意的正数 a，b，有

$$2\ln\left(\frac{a+b}{2}\right) \geqslant \ln a + \ln b.$$

证 设 $f(x) = \ln x$，则 $f(x)$ 在 $(0, +\infty)$ 内连续，并且

$$f'(x) = \frac{1}{x},\ f''(x) = -\frac{1}{x^2} < 0,$$

微课

例 4.6.3

所以 $f(x)$ 在 $(0, +\infty)$ 内曲线为凸的. 由定义可得，对于任意的 a, $b > 0$ 且 $a \neq b$，有

$$\ln\left(\frac{a+b}{2}\right) > \frac{\ln a + \ln b}{2},$$

即

$$2\ln\left(\frac{a+b}{2}\right) > \ln a + \ln b.$$

若 $a = b$，则

$$\ln\left(\frac{a+b}{2}\right) = \frac{\ln a + \ln b}{2},$$

总之，$2\ln\left(\frac{a+b}{2}\right) \geqslant \ln a + \ln b$，当且仅当 $a = b$ 时等号成立.

注 以上不等式可化为 $\ln\left(\frac{a+b}{2}\right) \geqslant \ln\sqrt{ab}$，等价于 $\frac{a+b}{2} \geqslant \sqrt{ab}$，即大家熟知的均值不等式.

习题 4.6

1. 求下列曲线的凹凸区间与拐点：

(1) $y = 3x^5 - 5x^3$;　　　　　　　　(2) $y = \sqrt[3]{x}$;

(3) $y = x\arctan x$;　　　　　　　　　(4) $y = x\mathrm{e}^{-x}$;

(5) $y = \frac{2x}{x^2 + 1}$;　　　　　　　　　　(6) $y = \ln(x^2 + 1)$.

2. 利用函数的凹凸性证明不等式：

(1) 当 $x \neq y$ 时，$\frac{\mathrm{e}^x + \mathrm{e}^y}{2} > \mathrm{e}^{\frac{x+y}{2}}$;

(2) 对任何非负实数 a, b，有 $2\arctan\left(\frac{a+b}{2}\right) \geqslant \arctan a + \arctan b$.

3. 已知 $f(x) = x^3 + ax^2 + bx + c$ 在点 $x = 0$ 处有极大值，并且有一个拐点 $(1, -1)$，求常数 a, b, c 的值.

4.7 函数图形的绘制

利用函数 $f(x)$ 的一阶导数和二阶导数，可以确定 $f(x)$ 的单调性和凹凸性、极值点及拐点，从而基本知道了曲线 $y=f(x)$ 的形状. 但对于定义在无穷区间或值域为无穷区间的函数，还希望知道曲线 $y=f(x)$ 无限延伸时的大致趋势，这个问题可归结为曲线的渐近线问题.

4.7.1 曲线的渐近线

定义 4.7.1 若曲线 $y=f(x)$ 上的某动点沿曲线无限远离原点时，该动点与某直线的距离无限趋近于零，则称该直线为曲线 $y=f(x)$ 的一条渐近线.

渐近线可分为水平渐近线、垂直渐近线与斜渐近线三种情形，下面依次进行讨论.

一、水平渐近线

若函数 $f(x)$ 满足

$$\lim_{x \to +\infty} f(x) = c \ \text{或} \ \lim_{x \to -\infty} f(x) = c,$$

其中 c 为常数，则称直线 $y=c$ 为曲线 $y=f(x)$ 的**水平渐近线**，如图 4 - 12 和图 4 - 13 所示.

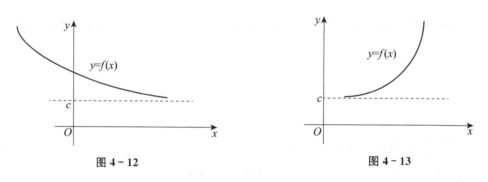

图 4 - 12   图 4 - 13

函数 $y=f(x)$ 的水平渐近线最多有两条，即 $x \to +\infty$ 和 $x \to -\infty$ 方向上各有一条水平渐近线.

二、垂直渐近线

如果函数 $f(x)$ 满足

$$\lim_{x \to x_0^-} f(x) = \infty \ \text{或} \lim_{x \to x_0^+} f(x) = \infty,$$

则称直线 $x=x_0$ 为曲线 $y=f(x)$ 的**垂直渐近线**，如图 4 - 14 和图 4 - 15 所示.

由 $\lim\limits_{x \to x_0^-} f(x) = \infty$ 或 $\lim\limits_{x \to x_0^+} f(x) = \infty$，可知点 x_0 是函数 $y=f(x)$ 的第二类间断点中的无穷间断点，所以求曲线 $y=f(x)$ 的垂直渐近线时，可考虑 $f(x)$ 的间断点.

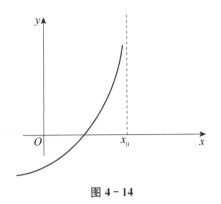

图 4 - 14

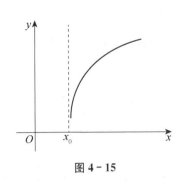

图 4 - 15

一个函数的垂直渐近线可以有很多条甚至无数条，只要当 $x \to x_0$ 时 $f(x)$ 的左极限或右极限有一个为 ∞，直线 $x = x_0$ 就为曲线 $y = f(x)$ 的一条垂直渐近线.

三、斜渐近线

如果函数 $f(x)$ 满足

$$\lim_{x \to +\infty} [f(x) - (ax + b)] = 0 \text{ 或 } \lim_{x \to -\infty} [f(x) - (ax + b)] = 0,$$

其中 a，b 为常数，且 $a \neq 0$，则称直线 $y = ax + b$ 为曲线 $y = f(x)$ 的**斜渐近线**，如图 4 - 16 和图 4 - 17 所示.

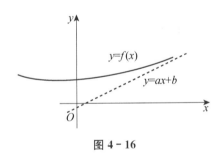

图 4 - 16

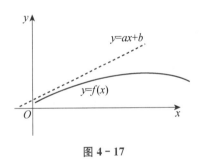

图 4 - 17

类似于水平渐近线，一个函数的斜渐近线也最多有两条，即 $x \to +\infty$ 和 $x \to -\infty$ 方向上各有一条斜渐近线.

若 $y = ax + b$ 是曲线 $y = f(x)$ 当 $x \to +\infty$ 时的一条斜渐近线，则

$$\lim_{x \to +\infty} [f(x) - (ax + b)] = 0,$$

即

$$\lim_{x \to +\infty} [f(x) - ax] = b.$$

于是

$$\lim_{x \to +\infty} \frac{f(x) - ax}{x} = 0,$$

即

$$\lim_{x\to+\infty}\frac{f(x)}{x}=a.$$

当 $x\to-\infty$ 时可进行类似的讨论. 这样就得到求曲线 $y=f(x)$ 的斜渐近线 $y=ax+b$ 的公式：

$$a=\lim_{x\to+\infty}\frac{f(x)}{x},\quad b=\lim_{x\to+\infty}[f(x)-ax],\tag{4.7.1}$$

或者

$$a=\lim_{x\to-\infty}\frac{f(x)}{x},\quad b=\lim_{x\to-\infty}[f(x)-ax].\tag{4.7.2}$$

注 由定义可知，若当 $x\to+\infty$（$x\to-\infty$）时曲线 $y=f(x)$ 有水平渐近线，则当 $x\to+\infty$（$x\to-\infty$）时曲线 $y=f(x)$ 一定没有斜渐近线.

例 4.7.1 求下列曲线的渐近线：

(1) $y=e^{\frac{1}{1-x}}$；

(2) $y=\dfrac{x}{\sqrt{x^2-1}}$；

(3) $f(x)=\dfrac{x^3}{x^2+2x-3}.$

解 (1) 函数的定义域为 $(-\infty,1)\cup(1,+\infty)$. 因为

$$\lim_{x\to\infty}e^{\frac{1}{1-x}}=1,$$

所以 $y=e^{\frac{1}{1-x}}$ 有一条水平渐近线 $y=1$. 又因为

$$\lim_{x\to1^-}e^{\frac{1}{1-x}}=+\infty,$$

所以 $y=e^{\frac{1}{1-x}}$ 有一条垂直渐近线 $x=1$.

(2) 函数的定义域为 $(-\infty,-1)\cup(1,+\infty)$. 因为

$$\lim_{x\to+\infty}\frac{x}{\sqrt{x^2-1}}=\lim_{x\to+\infty}\frac{1}{\sqrt{1-\frac{1}{x^2}}}=1,$$

$$\lim_{x\to-\infty}\frac{x}{\sqrt{x^2-1}}=\lim_{x\to+\infty}\frac{-1}{\sqrt{1-\frac{1}{x^2}}}=-1,$$

所以 $y=\dfrac{x}{\sqrt{x^2-1}}$ 有两条水平渐近线 $y=1$ 和 $y=-1$. 又因为

$$\lim_{x\to-1^-}\frac{x}{\sqrt{x^2-1}}=-\infty,\quad \lim_{x\to1^+}\frac{x}{\sqrt{x^2-1}}=+\infty,$$

所以 $y=\dfrac{x}{\sqrt{x^2-1}}$ 有两条垂直渐近线 $x=-1$ 和 $x=1$.

(3) 函数的定义域为 $(-\infty,-3)\cup(-3,1)\cup(1,+\infty)$. 因为

$$\lim_{x\to\infty}\frac{x^3}{x^2+2x-3}=\infty,$$

所以 $f(x)=\dfrac{x^3}{x^2+2x-3}$ 不存在水平渐近线. 因为

$$\lim_{x\to1}\frac{x^3}{x^2+2x-3}=\infty,\qquad \lim_{x\to-3}\frac{x^3}{x^2+2x-3}=\infty,$$

所以 $f(x)=\dfrac{x^3}{x^2+2x-3}$ 有两条垂直渐近线 $x=1$ 和 $x=-3$. 又因为

$$\lim_{x\to\infty}\frac{f(x)}{x}=\lim_{x\to\infty}\frac{x^3}{x(x^2+2x-3)}=1,$$

$$\lim_{x\to\infty}[f(x)-x]=\lim_{x\to\infty}\left(\frac{x^3}{x^2+2x-3}-x\right)=\lim_{x\to\infty}\frac{-2x^2+3x}{x^2+2x-3}=-2,$$

所以曲线 $y=\dfrac{x^3}{x^2+2x-3}$ 有一条斜渐近线 $y=x-2$.

4.7.2 函数作图

为了更加直观地了解函数的性态, 经常需要作出函数的图形. 本节将综合利用前面所讨论的函数的单调性与极值、凹凸性与拐点、渐近线等性质, 并结合函数的特性, 比较完善地作出函数的图形.

作函数 $y=f(x)$ 的图形的一般步骤如下:

(1) 确定 $y=f(x)$ 的定义域. 考察函数的某些特性, 如奇偶性、周期性等, 并求出 $f'(x)$ 和 $f''(x)$.

(2) 求出 $f'(x)=0$、$f'(x)$ 不存在的点以及 $f''(x)=0$、$f''(x)$ 不存在的点, 并用这些点将函数的定义域分成若干个子区间.

(3) 列表讨论 $f'(x)$ 和 $f''(x)$ 在以上各子区间内的符号, 并由此确定 $f(x)$ 在各子区间上的单调性和凹凸性、极值点及拐点.

(4) 讨论函数的渐近线.

(5) 描出曲线上的特殊点, 如曲线与坐标轴的交点、极值点、拐点等, 综合以上结果作图, 必要时可适当补充一些辅助点.

例 4.7.2 作函数 $y=\dfrac{1}{\sqrt{2\pi}}e^{-\frac{x^2}{2}}$ 的图形.

解 函数的定义域为 $(-\infty,+\infty)$, 且为偶函数, 从而函数图形关于 y 轴对称. 先讨论 $[0,+\infty)$ 上的图形.

$$y'=-\frac{1}{\sqrt{2\pi}}x\,\mathrm{e}^{-\frac{x^2}{2}},\quad y''=\frac{1}{\sqrt{2\pi}}\mathrm{e}^{-\frac{x^2}{2}}(x^2-1).$$

在 $[0,+\infty)$ 上，驻点为 $x=0$. 令 $y''=0$，得 $x=1$. 列表如下：

x	0	$(0,1)$	1	$(1,+\infty)$
y'	0	$-$		$-$
y''	$-$	$-$	0	$+$
y	$\frac{1}{\sqrt{2\pi}}$ 极大值	↘	$\frac{1}{\sqrt{2\pi\mathrm{e}}}$ 拐点	↘

表中"↘""↘"分别表示曲线弧是下降且凸的和下降且凹的，同理，用"↗""↗"分别表示曲线是上升且凸的和上升且凹的.

由 $\lim\limits_{x\to+\infty}\dfrac{1}{\sqrt{2\pi}}\mathrm{e}^{-\frac{x^2}{2}}=0$ 可知，当 $x\to+\infty$ 时曲线有水平渐近线 $y=0$.

补充辅助点 $\left(2,\dfrac{1}{\sqrt{2\pi}\,\mathrm{e}^2}\right)$. 作函数在 $[0,+\infty)$ 上的图形，再利用图形的对称性，画出函数在 $(-\infty,0]$ 上的图形，从而得到函数的图形，如图 4-18 所示.

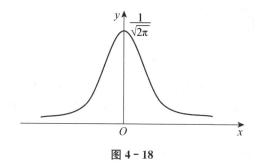

图 4-18

例 4.7.3 作 $y=\dfrac{4(x+1)}{x^2}-2$ 的图形.

解 函数的定义域为 $(-\infty,0)\bigcup(0,+\infty)$，且

$$y'=\frac{-4(x+2)}{x^3},\quad y''=\frac{8(x+3)}{x^4}.$$

令 $y'=0$，得驻点 $x=-2$. 令 $y''=0$，得 $x=-3$. 列表如下：

x	$(-\infty,-3)$	-3	$(-3,-2)$	-2	$(-2,0)$	$(0,+\infty)$
y'	$-$		$-$	0	$+$	$-$
y''	$-$	0	$+$		$+$	$+$
y	↘	$-2\frac{8}{9}$ 拐点	↘	-3 极小值	↗	↘

由上表可知，曲线在 $x=-2$ 处取得极小值 $y=-3$，并有拐点 $\left(-3,\ -2\dfrac{8}{9}\right)$. 由

$$\lim_{x\to\infty}\left[\frac{4(x+1)}{x^2}-2\right]=-2$$

可知，当 $x\to+\infty$ 和 $x\to-\infty$ 时曲线有水平渐近线 $y=-2$.

因为

$$\lim_{x\to0}\left[\frac{4(x+1)}{x^2}-2\right]=\infty,$$

所以当 $x\to0^-$ 和 $x\to0^+$ 时曲线有垂直渐近线 $x=0$.

令 $y=0$，解得 $x=1\pm\sqrt{3}$，即曲线与 x 轴交于 $(1+\sqrt{3},\ 0)$ 与 $(1-\sqrt{3},\ 0)$. 补充辅助点 $(-1,\ -2)$，$\left(-\dfrac{1}{2},\ 6\right)$，$(1,\ 6)$，$(2,\ 1)$，$\left(3,\ -\dfrac{2}{9}\right)$. 作函数图形，如图 4-19 所示.

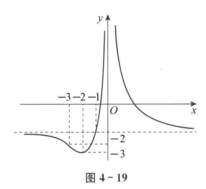

图 4-19

例 4.7.4 作 $y=\dfrac{x^3}{(1-x)^2}$ 的图形.

解 函数的定义域为 $(-\infty,\ 1)\bigcup(1,\ +\infty)$，且

$$y'=\frac{x^2(x-3)}{(x-1)^3},\quad y''=\frac{6x}{(x-1)^4}.$$

微课

例 4.7.4

令 $y'=0$，得驻点 $x_1=0$，$x_2=3$. 令 $y''=0$，得 $x_3=0$. 列表如下：

x	$(-\infty,\ 0)$	0	$(0,\ 1)$	$(1,\ 3)$	3	$(3,\ +\infty)$
y'	$+$	0	$+$	$-$	0	$+$
y''	$-$	0	$+$	$+$		$+$
y	↗	0　拐点	↗	↘	$\dfrac{27}{4}$　极小值	↗

由上表可知，曲线在 $x=3$ 处取得极小值 $y=\dfrac{27}{4}$，并有拐点 $(0,\ 0)$.

由

$$\lim_{x\to 1}\frac{x^3}{(1-x)^2}=\infty$$

可得，当 $x\to 1^-$ 和 $x\to 1^+$ 时曲线有垂直渐近线 $x=1$. 因为

$$\lim_{x\to\infty}\frac{x^3}{x\,(1-x)^2}=1,\quad \lim_{x\to\infty}\left[\frac{x^3}{(1-x)^2}-x\right]=2,$$

所以当 $x\to+\infty$ 和 $x\to-\infty$ 时曲线有斜渐近线 $y=x+2$.

曲线与 x 轴交于 $(0,0)$ 点，补充辅助点 $\left(-3,-\frac{27}{16}\right)$，$\left(-2,-\frac{8}{9}\right)$，$\left(-1,-\frac{1}{4}\right)$，$(2,8)$. 作函数图形，如图 4-20 所示.

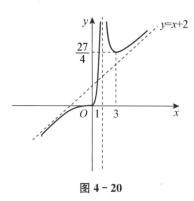

图 4-20

习题 4.7

1. 求下列曲线的渐近线：

(1) $y=e^x$；

(2) $y=\dfrac{3x}{\sqrt{x^2-4}}$；

(3) $y=xe^{\frac{1}{x^2}}$；

(4) $y=\dfrac{x^3}{(x-1)^2}$.

2. 作下列函数的图形：

(1) $y=3x-x^3$；

(2) $y=\dfrac{2x}{1+x^2}$；

(3) $y=\dfrac{x^3}{x^2-1}$；

(4) $y=x+\arctan x$；

(5) $y=\dfrac{e^x}{1+x}$；

(6) $y=\ln(1+x^2)$.

本章小结

本章主要介绍了中值定理以及导数在研究函数的极限、单调性与凹凸性、极值与最值、图形等方面的应用.

中值定理是运用导数研究函数性质的理论基础，可以揭示函数在某区间上的整体性质与函数在该区间内某一点的导数之间的关系. 罗尔定理给出了导函数零点的存在性. 拉格朗日中值定理将函数的增量与函数的导数紧密联系在一起，从而可以利用导数来研究函数. 柯西中值定理将拉格朗日中值定理推广到了两个函数的情形中.

洛必达法则是求未定式的一种非常有效的方法，可以将函数比值的极限转换为相应导函数比值的极限. 未定式一共有七种类型：$\frac{0}{0}$ 型、$\frac{\infty}{\infty}$ 型、$0 \cdot \infty$ 型、$\infty - \infty$ 型、1^{∞} 型、0^{0} 型和 ∞^{0} 型，其中 $\frac{0}{0}$ 型和 $\frac{\infty}{\infty}$ 型是基本类型，其他五种类型均可化为 $\frac{0}{0}$ 型或 $\frac{\infty}{\infty}$ 型未定式. 在应用洛必达法则求极限时，经常结合等价无穷小量替换等方法来简化计算. 如果导函数比值的极限不存在且不是 ∞，则洛必达法则不适用，需要换其他方法求极限. 洛必达法则可以连续多次使用，每次使用前需要判断是否满足洛必达法则的应用条件.

在应用中，经常用泰勒多项式来逼近函数，其中 n 次泰勒多项式与函数在点 x_0 处的函数值以及前 n 阶导数值均相等. 泰勒定理研究了用泰勒多项式逼近函数时的误差形式. 皮亚诺型余项刻画了当用 n 次泰勒多项式逼近函数时所产生的误差是当 $x \to x_0$ 时比 $(x-x_0)^n$ 高阶的无穷小量，一般应用于求函数的极限等不需要具体误差形式的问题. 拉格朗日型余项给出了比较具体的误差形式，在近似计算中有广泛应用.

函数的单调性可以利用导数的符号来判定. 导数为零的点和导数不存在的点都可能是单调区间的分界点，可以用这些点来划分函数的定义区间，判断函数在各子区间内的导函数的符号，进而确定函数的单调区间. 利用函数的单调性，可以证明不等式、讨论方程的实数根等.

函数的极值是函数性态的一个重要特征. 可导函数的极值点一定是函数的驻点，但函数的驻点却不一定是其极值点. 函数所有可能的极值点是驻点或不可导点，可以借助极值的第一充分条件或第二充分条件等判断所讨论的点是否为极值点.

函数的最值问题有两种常见情形. 对于闭区间上的连续函数，可以先求出所有可能的最值点，即驻点、不可导点和区间端点，再比较这些点处的函数值的大小即可. 若连续函数在一个区间内有且仅有一个极值点，则它一定是最值点，并且若是极大值点（或极小值点），则它一定是该函数在这个区间上的最大值点（或最小值点）.

曲线的凹凸性可以刻画曲线在上升（或下降）时的弯曲方向. 可以用二阶导数等于零的点和二阶导数不存在的点将函数定义域分成几个子区间，讨论函数在每个子区间上二阶导数的符号，从而得到曲线的凹凸性和拐点.

渐近线可以用来确定曲线无限延伸时的大致趋势. 函数的水平渐近线和斜渐近线都最多有两条. 若当 $x\to+\infty$（$x\to-\infty$）时曲线 $y=f(x)$ 有水平渐近线，则当 $x\to+\infty$（$x\to-\infty$）时曲线 $y=f(x)$ 一定没有斜渐近线. 函数的垂直渐近线可以有很多条甚至无数条，只要当 $x\to x_0$ 时 $f(x)$ 的左极限或右极限有一个为 ∞，直线 $x=x_0$ 就为曲线 $y=f(x)$ 的一条垂直渐近线.

通过函数的图形可以直观地了解函数的形态。综合利用函数的单调性与极值、凹凸性与拐点、渐近线等性质，并结合函数的某些特性，可以比较完善地作出函数的图形.

总复习题 4

1. 填空题

(1) 函数 $f(x)=\ln\sin x$ 在 $\left[\dfrac{\pi}{6},\dfrac{5\pi}{6}\right]$ 上满足罗尔定理结论的 $\xi=$ _____.

(2) 函数 $f(x)=e^x$ 在区间 $[0,1]$ 上满足拉格朗日中值定理结论的 $\xi=$ _____.

(3) 函数 $y=x+2\cos x$ 在 $\left[0,\dfrac{\pi}{2}\right]$ 上的最大值点为 _____，最小值点为 _____.

(4) 设 $p(x)=ax^2+bx+c$，若 $2^x=p(x)+o(x^2)(x\to0)$，则 $a=$ _____，$b=$ _____，$c=$ _____.

(5) 函数 $f(x)=x^{\frac{1}{x}}$ 在 $x=$ _____处取得极_____值.

(6) 函数 $f(x)=xe^x$ 的 n 阶导数 $f^{(n)}(x)$ 在点 $x=$ _____处取得极_____值_____.

(7) 若 $(1,3)$ 为曲线 $f(x)=ax^3+bx^2$ 的拐点，则 $a=$ _____，$b=$ _____.

(8) 曲线 $y=\dfrac{x|x|}{(x-1)(x-2)}$ 的所有渐近线方程为_____.

2. 选择题

(1) 若函数 $f(x)$ 在 (a,b) 内可导，x_1,x_2 是 (a,b) 内任意两点，且 $x_1<x_2$，则必有（　　）.

(A) 存在 $\xi\in(a,b)$，使得 $f(b)-f(a)=f'(\xi)(b-a)$

(B) 存在 $\xi\in(x_1,b)$，使得 $f(b)-f(x_1)=f'(\xi)(b-x_1)$

(C) 存在 $\xi\in(a,x_2)$，使得 $f(x_2)-f(a)=f'(\xi)(x_2-a)$

(D) 存在 $\xi\in(x_1,x_2)$，使得 $f(x_1)-f(x_2)=f'(\xi)(x_1-x_2)$

(2) 设在 $[0,1]$ 上 $f''(x)>0$，则下列不等式成立的是（　　）.

(A) $f'(1)>f'(0)>f(1)-f(0)$

(B) $f'(1)>f(1)-f(0)>f'(0)$

(C) $f(1)-f(0)>f'(1)>f'(0)$

(D) $f'(1) > f(0) - f(1) > f'(0)$

(3) 当 $x \to 0$ 时，若 $\mathrm{e}^x - (ax^2 + bx + c)$ 是较 x^2 高阶的无穷小量，则 a，b 值分别为（　）.

(A) $\dfrac{1}{2}$，1　　　　(B) 1，1　　　　(C) $-\dfrac{1}{2}$，1　　　　(D) -1，1

(4) 若 $\lim\limits_{x \to 0} \dfrac{\ln(1+x) - ax - bx^2}{x^2} = 2$，则 a，b 的值分别为（　）.

(A) 1，$-\dfrac{5}{2}$　　(B) 0，-2　　(C) 0，$-\dfrac{5}{2}$　　(D) 1，-2

(5) 函数 $y = f(x)$ 在点 x_0 处取得极大值，则必有（　）.

(A) $f'(x_0) = 0$　　　　　　　　(B) $f'(x_0) = 0$ 且 $f''(x_0) < 0$

(C) $f''(x_0) < 0$　　　　　　　　(D) $f'(x_0) = 0$ 或不存在

(6) 若 $f(x)$ 在 $[a, b]$ 上可导且 $f'(x) > 0$，$f(a) < 0$，$f(b) > 0$，则 $f(x)$ 在 (a, b) 内（　）.

(A) 至少有两个零点　　　　　　(B) 有且仅有一个零点

(C) 没有零点　　　　　　　　　(D) 零点个数无法确定

(7) 设 $f(x) = a - b(x - c)^{\frac{2}{3}}$，$a$，$b$，$c$ 为常数，且 $b > 0$，$c \neq 0$，则 $x = c$（　）.

(A) 不是 $f(x)$ 的极值点　　　　(B) 是 $f(x)$ 的极大值点

(C) 是 $f(x)$ 的极小值点　　　　(D) 是曲线 $y = f(x)$ 的拐点的横坐标

(8) 设 $f(x)$ 满足 $f'(x_0) = f''(x_0) = 0$，$f'''(x_0) > 0$，则（　）.

(A) $f(x_0)$ 是 $f(x)$ 的极小值　　(B) $f(x_0)$ 是 $f(x)$ 的极大值

(C) $f'(x_0)$ 是 $f'(x)$ 的极大值　(D) $(x_0, f(x_0))$ 是曲线 $y = f(x)$ 的拐点

(9) 设函数 $f(x)$ 在点 $x = 0$ 的某邻域内可导，且满足 $f(0) = f'(0) = 0$，$\lim\limits_{x \to 0} \dfrac{f(x)}{x^2} = 2$，则 $x = 0$ 是（　）.

(A) 驻点，但不是 $f(x)$ 的极值点　(B) $f(x)$ 的极小值点

(C) $f(x)$ 的极大值点　　　　　　(D) 曲线 $f(x)$ 的拐点的横坐标

(10) 函数 $f(x) = \ln x - \dfrac{x}{\mathrm{e}} + k$ $(k > 0)$ 在 $(0, +\infty)$ 内的零点个数为（　）.

(A) 3　　　　　(B) 2　　　　　(C) 1　　　　　(D) 0

3. 计算下列极限：

(1) $\lim\limits_{x \to 0} \dfrac{\mathrm{e}^x - \sin x - 1}{1 - \sqrt{1 - x^2}}$；

(2) $\lim\limits_{x \to 0} \dfrac{x(\mathrm{e}^x + 1) - 2(\mathrm{e}^x - 1)}{x^3}$；

(3) $\lim\limits_{x \to +\infty} \left(1 + \dfrac{1}{x} + \dfrac{1}{x^2}\right)^x$；

(4) $\lim\limits_{x \to 0} \left[\dfrac{1}{x} - \left(\dfrac{1}{x^2} - 1\right) \ln(1+x)\right]$；

(5) $\lim\limits_{x \to 0} (\mathrm{e}^x + \sin 2x)^{\frac{1}{x}}$；

(6) $\lim\limits_{x \to 0} \left(\dfrac{\mathrm{e}^x + \mathrm{e}^{2x} + \cdots + \mathrm{e}^{nx}}{n}\right)^{\frac{1}{x}}$；

(7) $\lim\limits_{x \to 1} \dfrac{x^x - 1}{x \ln x}$；

(8) $\lim\limits_{x \to 0} \dfrac{\mathrm{e}^x + \ln(1-x) - 1}{x - \arctan x}$；

(9) $\lim\limits_{x\to 0}\dfrac{(1+x)^{\frac{1}{x}}-e}{x}$;　　　　　　　(10) $\lim\limits_{x\to +\infty}(x+\sqrt{1+x^2})^{\frac{1}{x}}$.

4. 利用泰勒公式计算下列极限：

(1) $\lim\limits_{x\to 0}\dfrac{\ln(1+x)-\sin x}{\sqrt{1+x^2}-\cos(x^2)}$;　　　　(2) $\lim\limits_{x\to 0}\dfrac{e^x\sin x-x(x+1)}{x^2\sin x}$.

5. 讨论 $f(x)=\begin{cases}\left[\dfrac{(1+x)^{1/x}}{e}\right]^{1/x}, & x>0 \\ e^{-1/2}, & x\le 0\end{cases}$ 在点 $x=0$ 处的连续性.

6. 设函数 $f(x)$ 在点 $x=0$ 的某个邻域内有三阶导数，且 $\lim\limits_{x\to 0}\left[1+x+\dfrac{f(x)}{x}\right]^{\frac{1}{x}}=e^3$，求 $f(0)$，$f'(0)$，$f''(0)$ 及 $\lim\limits_{x\to 0}\left[1+\dfrac{f(x)}{x}\right]^{\frac{1}{x}}$.

7. 设某商品需求量 x 是价格 P（单位：元）的函数 $x=12\,000-80P$，生产该商品 x 单位的总成本为 $C(x)=25\,000+50x$. 若每单位商品需要纳税 2 元，则如何给商品定价可使税后利润最大？

8. 设酒厂有批新酿的好酒，若现在（假定 $t=0$）即刻出售，总收入为 R_0（元），若窖藏之，待来日按陈酒出售，t 年末总收入为 $R=R_0 e^{\frac{2}{5}\sqrt{t}}$. 求窖藏多少年售出，可使总收入的现值最大？假设银行年利率为 $r=0.06$，且以连续复利计息.

9. 作下列函数的图形：

(1) $y=x-\sin x$;　　　　(2) $y=x\arctan x$;　　　　(3) $y=(x+2)e^{\frac{1}{x}}$.

10. 若函数 $f(x)$ 在 $[0,1]$ 上有三阶导数，且 $f(0)=f(1)=0$，设 $F(x)=x^3f(x)$，证明：在 $(0,1)$ 内至少存在一点 ξ，使 $F'''(\xi)=0$.

11. 设 $f(x)$ 在 $[0,1]$ 上连续，在 $(0,1)$ 内二阶可导，过两点 $(0,f(0))$，$(1,f(1))$ 的直线与曲线 $y=f(x)$ 相交于 $(c,f(c))$ $(0<c<1)$，证明：在 $(0,1)$ 内至少存在一点 ξ，使得 $f''(\xi)=0$.

12. 设 $f(x)$ 在 $[0,+\infty)$ 上可导，且 $f(0)\in[0,1]$，$|f'(x)|<f(x)$ $(x\ge 0)$，证明：当 $x>0$ 时，$f(x)<e^x$.

13. 已知函数 $f(x)$ 在 $[0,1]$ 上连续，在 $(0,1)$ 内可导，且 $f(0)=0$，$f(1)=1$，$f(x)$ 是 x 的非线性函数，证明：在 $(0,1)$ 内至少存在一点 ξ，使得 $f'(\xi)>1$.

14. 已知 $f(x)$ 在 $[0,+\infty)$ 上连续，$f(0)=0$，$f'(x)$ 在 $(0,+\infty)$ 内存在且单调增加，证明函数 $\dfrac{f(x)}{x}$ 在 $(0,+\infty)$ 内单调增加.

15. 证明：当 $x>0$ 时，$e^x-(1+x)>1-\cos x$.

16. 证明：当 $0<x<\dfrac{\pi}{2}$ 时，$\dfrac{2}{\pi}x<\sin x<x$.

17. 设 $\lim\limits_{x\to 0}\dfrac{f(x)}{x}=1$，且 $f''(x)>0$，证明：$f(x)\ge x$.

*18. 设函数 $f(x)$ 在 $[a,b]$ 上连续，在 (a,b) 内可导，且 $f'(x)\neq 0$，证明：在 (a,b) 内存在两点 ξ，η，使得 $\dfrac{f'(\xi)}{f'(\eta)}=\dfrac{e^b-e^a}{b-a}e^{-\eta}$.

*19. 设函数 $f(x)$ 在 $[a,b]$ 上可导，且 $f(a)=f(b)=1$，证明：至少存在两点 ξ，$\eta\in(a,b)$，使得

$$e^{\eta-\xi}[f(\eta)+f'(\eta)]=1.$$

第5章 不定积分

对于给定的函数 $F(x)$，求其导数 $F'(x)$ 或微分 $\mathrm{d}F(x)$，这是微分学的基本问题之一. 在自然科学、经济、金融等领域中，常常需要解决与此相反的问题，即已知某函数的导数或微分，求出该函数，这就是积分学的基本问题之一. 本章介绍不定积分的基本概念、性质及求不定积分的常用方法.

5.1 不定积分的概念与性质

5.1.1 原函数

定义 5.1.1 设 $f(x)$ 是定义在区间 I 上的函数，如果存在一个函数 $F(x)$，使得对于任意一点 $x \in I$，都有

$$F'(x) = f(x) \text{ 或 } \mathrm{d}F(x) = f(x)\mathrm{d}x,$$

则称函数 $F(x)$ 是函数 $f(x)$ 在区间 I 上的一个原函数.

例如，因为

$$\left(\frac{1}{3}x^3\right)' = x^2, \quad x \in (-\infty, +\infty),$$

故 $\frac{1}{3}x^3$ 是 x^2 在区间 $(-\infty, +\infty)$ 上的一个原函数. 显然 $\frac{1}{3}x^3 + 3$ 和 $\frac{1}{3}x^3 - \pi$ 也是 x^2 的原函数.

又如，当 $x \in (0, +\infty)$ 时，因为

$$(\ln x)' = \frac{1}{x},$$

故 $\ln x$ 是 $\frac{1}{x}$ 在区间 $(0, +\infty)$ 上的一个原函数. 显然 $\ln x + C$（C 为任意常数）也是 $\frac{1}{x}$ 的原函数.

通过上面的例子，可以发现：一个函数若存在原函数，则它有多个原函数，即一个函

数的原函数不是唯一的. 那么这些原函数之间存在怎样的关系呢? 下面的定理作出回答.

定理 5.1.1 设 $F(x)$ 是 $f(x)$ 在区间 I 上的一个原函数, 则

(1) $F(x)+C$ 是 $f(x)$ 的原函数, 其中 C 为任意常数;

(2) $f(x)$ 的任意两个原函数之间相差一个常数.

证 (1) 因为 $F(x)$ 是 $f(x)$ 的一个原函数, 所以 $F'(x)=f(x)$, 从而

$$[F(x)+C]'=F'(x)+C'=f(x),$$

故 $F(x)+C$ 也是 $f(x)$ 的原函数, 其中 C 为任意常数.

(2) 设 $F(x)$ 和 $G(x)$ 是 $f(x)$ 在区间 I 上的任意两个原函数, 则

$$[F(x)-G(x)]'=F'(x)-G'(x)=f(x)-f(x)=0,$$

由拉格朗日中值定理的推论 4.1.1 可知: 导数恒等于零的函数是常函数, 所以

$$F(x)-G(x)=C,$$

其中 C 为某一常数.

定理 5.1.1 表明, 原函数存在如下性质:

(1) 若函数有一个原函数存在, 则必有无穷多个原函数, 且它们彼此之间只相差一个常数;

(2) 要求 $f(x)$ 的全体原函数, 只要求出 $f(x)$ 的任意一个原函数 $F(x)$, $F(x)+C$ 就是 $f(x)$ 的全体原函数 (C 为任意常数).

一个函数具备怎样的条件, 才能保证它的原函数一定存在? 这里先不加证明地给出一个定理, 其证明将在第 6 章中讨论.

定理 5.1.2 若函数 $f(x)$ 在区间 I 上连续, 则 $f(x)$ 在区间 I 上存在原函数.

根据定理 5.1.2 可以得到: 由于初等函数在其定义区间上处处连续, 所以初等函数在其定义区间上都存在原函数.

5.1.2　不定积分的概念

定义 5.1.2 函数 $f(x)$ 在区间 I 上的全体原函数称为 $f(x)$ 在区间 I 上的不定积分, 记作

$$\int f(x)\mathrm{d}x,$$

其中符号 "$\int$" 称为**积分号**, x 称为**积分变量**, $f(x)$ 称为**被积函数**, $f(x)\mathrm{d}x$ 称为**被积表达式**.

若 $F(x)$ 是 $f(x)$ 的一个原函数, 则由定义 5.1.2 和定理 5.1.1 可知

$$\int f(x)\mathrm{d}x = F(x)+C, \tag{5.1.1}$$

其中 C 是任意常数，又称积分常数. 可以看出，$f(x)$ 在 I 上的不定积分是一个函数族

$$\{F(x)+C \,|\, C \text{ 为任意常数}\}.$$

例 5.1.1 求不定积分 $\int \sin x \, dx$.

解 因为 $(-\cos x)' = \sin x$，所以 $-\cos x$ 是 $\sin x$ 的一个原函数，因而

$$\int \sin x \, dx = -\cos x + C.$$

例 5.1.2 求不定积分 $\int x^\alpha dx$，其中 α 为实数.

解 当 $\alpha \neq -1$ 时，因为

$$\left(\frac{1}{\alpha+1} x^{\alpha+1}\right)' = x^\alpha,$$

所以

$$\int x^\alpha dx = \frac{1}{\alpha+1} x^{\alpha+1} + C.$$

当 $\alpha = -1$ 时，因为

$$(\ln|x|)' = \frac{1}{x},$$

所以

$$\int \frac{1}{x} dx = \ln|x| + C,$$

综上所述，

$$\int x^\alpha dx = \begin{cases} \dfrac{1}{\alpha+1} x^{\alpha+1}, & \alpha \neq -1 \\ \ln|x| + C, & \alpha = -1 \end{cases}.$$

5.1.3 不定积分的几何意义

在几何上，将 $f(x)$ 的一个原函数 $F(x)$ 的图形称为 $f(x)$ 的一条积分曲线. 由于 $f(x)$ 的不定积分是一族函数 $F(x)+C$（C 为任意常数），所以在几何上，$\int f(x) dx$ 表示一族积分曲线，称其为 $f(x)$ 的积分曲线族. 族中的任意一条曲线都可由另一条曲线沿 y 轴方向平移而得到. 如图 5-1 所示，在横坐标相同的点 x 处，各积分曲线的切线斜率均相等，都等于 $f(x)$.

在求 $f(x)$ 的原函数的问题中，有时需要从 $f(x)$ 的全体原函数中确定一个满足条件 $y_0 = f(x_0)$ 的原函数，即求出过点 (x_0, y_0) 的那条积分曲线. 这个条件一般称为初始

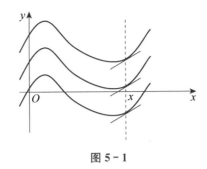

图 5-1

条件，它可以唯一确定积分常数 C 的值.

例 5.1.3 已知曲线上任一点的切线的斜率为切点横坐标的平方，求满足上述规律的所有曲线方程，并求过点 $(0，1)$ 的曲线方程.

解 （1）设曲线方程为 $y=f(x)$，由已知得 $y'=x^2$，所以

$$y=\int x^2\,\mathrm{d}x=\frac{x^3}{3}+C \tag{5.1.2}$$

即为所求.

（2）因为曲线过点 $(0，1)$，代入式 (5.1.2)，得 $1=0+C$，解得 $C=1$，从而过点 $(0，1)$ 的曲线方程为

$$y=\frac{x^3}{3}+1.$$

5.1.4 不定积分的性质

设 $f(x)$，$g(x)$ 的原函数存在，由不定积分的定义可推得如下性质：

性质 5.1.1

(1) $\left[\int f(x)\,\mathrm{d}x\right]'=f(x)$ 或 $\mathrm{d}\left[\int f(x)\,\mathrm{d}x\right]=f(x)\,\mathrm{d}x$.

(2) $\int F'(x)\,\mathrm{d}x=F(x)+C$ 或 $\int \mathrm{d}F(x)=F(x)+C$.

由性质 5.1.1 可以看到一个函数先积分再求导（或微分）等于这个函数本身；一个函数先求导（或微分）再积分等于这个函数加上一个任意常数. 从这个意义上说，求导（或微分）与求积分可以视为互逆运算.

性质 5.1.2 非零的常数因子可提到积分号之前.

$$\int af(x)\,\mathrm{d}x=a\int f(x)\,\mathrm{d}x \quad (a\neq 0).$$

证 因为

$$\left[a\int f(x)\,\mathrm{d}x\right]'=a\left[\int f(x)\,\mathrm{d}x\right]'=af(x),$$

而 $af(x)$ 恰好是 $\int af(x)\mathrm{d}x$ 的被积函数，从而由定义 5.1.2 可知 $a\int f(x)\mathrm{d}x$ 为 $af(x)$ 的不定积分.

性质 5.1.3 两个函数的代数和的积分等于函数积分的代数和.

$$\int[f(x)\pm g(x)]\mathrm{d}x=\int f(x)\mathrm{d}x\pm\int g(x)\mathrm{d}x.$$

证明与性质 5.1.2 类似，留给读者去完成.

性质 5.1.3 可以推广到有限多个函数的代数和的情形.

$$\int[f_1(x)\pm f_2(x)\pm\cdots\pm f_n(x)]\mathrm{d}x=\int f_1(x)\mathrm{d}x\pm\int f_2(x)\mathrm{d}x\pm\cdots\pm\int f_n(x)\mathrm{d}x.$$

5.1.5 基本积分公式

因为求不定积分与求导数可视为互逆运算，所以由基本导数公式对应地可以得到基本积分公式（C 为任意常数）：

(1) $\int 0\mathrm{d}x=C$；

(2) $\int x^\alpha\mathrm{d}x=\dfrac{1}{\alpha+1}x^{\alpha+1}+C$，其中 $\alpha\neq-1$；

(3) $\int\dfrac{1}{x}\mathrm{d}x=\ln|x|+C$；

(4) $\int a^x\mathrm{d}x=\dfrac{1}{\ln a}a^x+C$ $(a>0$ 且 $a\neq1)$，特别地 $\int\mathrm{e}^x\mathrm{d}x=\mathrm{e}^x+C$；

(5) $\int\sin x\mathrm{d}x=-\cos x+C$；

(6) $\int\cos x\mathrm{d}x=\sin x+C$；

(7) $\int\sec^2 x\mathrm{d}x=\tan x+C$；

(8) $\int\csc^2 x\mathrm{d}x=-\cot x+C$；

(9) $\int\sec x\tan x\mathrm{d}x=\sec x+C$；

(10) $\int\csc x\cot x\mathrm{d}x=-\csc x+C$；

(11) $\int\dfrac{1}{\sqrt{1-x^2}}\mathrm{d}x=\arcsin x+C=-\arccos x+\widetilde{C}\left(\widetilde{C}=\dfrac{\pi}{2}+C\right)$；

(12) $\int\dfrac{1}{1+x^2}\mathrm{d}x=\arctan x+C=-\operatorname{arccot} x+\widetilde{C}\left(\widetilde{C}=\dfrac{\pi}{2}+C\right)$.

利用基本积分公式以及不定积分的性质，可以求出一些简单函数的不定积分.

例 5.1.4 求 $\int\sqrt{x}\left(x-\dfrac{1}{x}\right)\mathrm{d}x$.

解 $\int \sqrt{x}\left(x-\dfrac{1}{x}\right)\mathrm{d}x = \int (x^{\frac{3}{2}}-x^{-\frac{1}{2}})\,\mathrm{d}x$

$= \int x^{\frac{3}{2}}\,\mathrm{d}x - \int x^{-\frac{1}{2}}\,\mathrm{d}x = \dfrac{2}{5}x^{\frac{5}{2}} - 2x^{\frac{1}{2}} + C.$

例 5.1.5 求 $\int \dfrac{\mathrm{e}^{2t}-1}{\mathrm{e}^{t}-1}\mathrm{d}t.$

解 $\int \dfrac{\mathrm{e}^{2t}-1}{\mathrm{e}^{t}-1}\mathrm{d}t = \int \dfrac{(\mathrm{e}^{t}-1)(\mathrm{e}^{t}+1)}{\mathrm{e}^{t}-1}\mathrm{d}t = \int(\mathrm{e}^{t}+1)\mathrm{d}t = \int \mathrm{e}^{t}\,\mathrm{d}t + \int 1\mathrm{d}t = \mathrm{e}^{t}+t+C.$

注 通常将 $\int 1\mathrm{d}t$ 记为 $\int \mathrm{d}t$，即 $\int 1\mathrm{d}t = \int \mathrm{d}t.$

例 5.1.6 求 $\int \dfrac{1}{x^{2}(1+x^{2})}\mathrm{d}x.$

解 $\int \dfrac{1}{x^{2}(1+x^{2})}\mathrm{d}x = \int \dfrac{x^{2}+1-x^{2}}{x^{2}(1+x^{2})}\mathrm{d}x = \int\left(\dfrac{1}{x^{2}}-\dfrac{1}{1+x^{2}}\right)\mathrm{d}x$

$= \int \dfrac{1}{x^{2}}\mathrm{d}x - \int \dfrac{1}{1+x^{2}}\mathrm{d}x$

$= -\dfrac{1}{x} - \arctan x + C.$

例 5.1.7 求 $\int \dfrac{1}{\sin^{2}x \cos^{2}x}\mathrm{d}x.$

解 $\int \dfrac{1}{\sin^{2}x \cos^{2}x}\mathrm{d}x = \int \dfrac{\sin^{2}x+\cos^{2}x}{\sin^{2}x\cos^{2}x}\mathrm{d}x = \int \dfrac{1}{\cos^{2}x}\mathrm{d}x + \int \dfrac{1}{\sin^{2}x}\mathrm{d}x$

$= \int \sec^{2}x\,\mathrm{d}x + \int \csc^{2}x\,\mathrm{d}x = \tan x - \cot x + C.$

例 5.1.8 求 $\int \cot^{2}x\,\mathrm{d}x.$

解 $\int \cot^{2}x\,\mathrm{d}x = \int(\csc^{2}x-1)\mathrm{d}x = \int \csc^{2}x\,\mathrm{d}x - \int \mathrm{d}x = -\cot x - x + C.$

例 5.1.9 求 $\int \sin^{2}\dfrac{x}{2}\mathrm{d}x.$

微课
例 5.1.9

解 $\int \sin^{2}\dfrac{x}{2}\mathrm{d}x = \int \dfrac{1-\cos x}{2}\mathrm{d}x = \int \dfrac{1}{2}\mathrm{d}x - \dfrac{1}{2}\int \cos x\,\mathrm{d}x = \dfrac{x}{2} - \dfrac{1}{2}\sin x + C.$

从例 5.1.4 至例 5.1.9 可以看到，求不定积分时，通常利用一些代数公式、三角函数恒等式对被积函数进行必要的化简，再利用不定积分的性质和基本积分公式求出结果. 这就是所谓的**"直接积分法"**.

例 5.1.10 设某产品的需求量 Q 是价格 P 的函数，已知 $P=0$ 时 $Q=1000$，且需求量的变化率（边际需求）为 $Q'(P)=-1\,000\ln3 \cdot \left(\dfrac{1}{3}\right)^{P}$，求需求量 Q 与价格 P 的函数关系.

解 因为 $Q'(P)=-1\,000\ln3 \cdot \left(\dfrac{1}{3}\right)^{P}$，所以

$$Q(P) = \int Q'(P)\mathrm{d}P = \int -1\,000\ln3 \cdot \left(\frac{1}{3}\right)^P \mathrm{d}P = -1\,000\ln3 \int \left(\frac{1}{3}\right)^P \mathrm{d}P$$

$$= -1\,000\ln3 \cdot \frac{\left(\frac{1}{3}\right)^P}{\ln\frac{1}{3}} + C = 1\,000 \left(\frac{1}{3}\right)^P + C.$$

又由 $Q(0) = 1\,000$，有

$$1\,000 \left(\frac{1}{3}\right)^0 + C = 1\,000,$$

解得 $C = 0$，故需求量 Q 与价格 P 的函数关系为

$$Q(P) = 1\,000 \left(\frac{1}{3}\right)^P.$$

习题 5.1

1. 求下列不定积分：

(1) $\displaystyle\int x^2 \sqrt[3]{x}\,\mathrm{d}x$；

(2) $\displaystyle\int \frac{(x+1)^2}{\sqrt{x}}\,\mathrm{d}x$；

(3) $\displaystyle\int 2^{2x}\mathrm{e}^x\,\mathrm{d}x$；

(4) $\displaystyle\int \cos^2\frac{x}{2}\,\mathrm{d}x$；

(5) $\displaystyle\int \frac{\cos 2x}{\cos x - \sin x}\,\mathrm{d}x$；

(6) $\displaystyle\int \frac{1+2x^2}{x^2(1+x^2)}\,\mathrm{d}x$；

(7) $\displaystyle\int \mathrm{e}^x \left(1 - \frac{\mathrm{e}^{-x}}{\sqrt{1-x^2}}\right)\mathrm{d}x$；

(8) $\displaystyle\int \csc x (\csc x - \cot x)\,\mathrm{d}x$.

2. 已知曲线在任一点的切线斜率为 e^x，且曲线过点 $(0,0)$，求该曲线方程.

3. 已知等式 $\displaystyle\int x f(x)\mathrm{d}x = x\sin x - \int \sin x\,\mathrm{d}x$，试求 $f(x)$.

4. 若 $\displaystyle\int f(x)\mathrm{d}x = x^2\mathrm{e}^{2x} + C$，试求 $\displaystyle\lim_{x\to 0}\frac{f(x)}{x}$.

5. 试证在区间 $(-a, a)$ 内，函数 $\arcsin\dfrac{x}{a}$，$-\arccos\dfrac{x}{a}$，$2\arctan\sqrt{\dfrac{a+x}{a-x}}$ 均为 $\dfrac{1}{\sqrt{a^2-x^2}}$ 的原函数.

5.2 换元积分法

求不定积分是一种技巧性较高的运算，而利用直接积分法只能计算一些比较简单的不

定积分. 因此，有必要寻求其他更有效的积分方法.

本节把复合函数求导法则反过来用于求不定积分，利用中间变量的代换，得到两个非常有效的积分求解方法，通常称其为第一类换元法和第二类换元法，统称为**换元积分法**.

5.2.1 第一类换元法（凑微分法）

设 $f(u)$ 具有原函数 $F(u)$，即 $\int f(u)\mathrm{d}u = F(u) + C$，且 $u = \varphi(x)$ 可导，则由复合函数求导法则，有

$$\{F[\varphi(x)]\}' = F'[\varphi(x)] \cdot \varphi'(x) = f[\varphi(x)] \cdot \varphi'(x).$$

根据不定积分的定义，得

$$\int f[\varphi(x)] \cdot \varphi'(x)\mathrm{d}x = F[\varphi(x)] + C.$$

于是有下述定理.

定理 5.2.1 设 $\int f(u)\mathrm{d}u = F(u) + C$，$u = \varphi(x)$ 可导，则

$$\int f[\varphi(x)] \cdot \varphi'(x)\mathrm{d}x = F[\varphi(x)] + C = \left(\int f(u)\mathrm{d}u \right) \Big|_{u = \varphi(x)}.$$

由定理 5.2.1 可见，虽然 $\int f[\varphi(x)] \cdot \varphi'(x)\mathrm{d}x$ 是一个整体记号，但从形式上看，被积表达式中的 $\mathrm{d}x$ 也可以视为变量 x 的微分，从而

$$\varphi'(x)\mathrm{d}x = \mathrm{d}\varphi(x) = \mathrm{d}u.$$

这种积分方法称为**第一类换元法**（或**凑微分法**）. 其核心思想是将关于 x 的被积表达式 $f[\varphi(x)] \cdot \varphi'(x)\mathrm{d}x$ 凑成关于中间变量 $u = \varphi(x)$ 的被积表达式 $f(u)\mathrm{d}u$，从而简化求解过程.

例 5.2.1 求 $\int 2(2x+3)^{50}\mathrm{d}x$.

解 因 $2\mathrm{d}x = \mathrm{d}(2x+3)$，故

$$\text{原式} = \int (2x+3)^{50}\mathrm{d}(2x+3) \xlongequal[\text{（换元）}]{u=2x+3} \int u^{50}\mathrm{d}u = \frac{1}{51}u^{51} + C$$

$$\xlongequal[\text{（回代）}]{u=2x+3} \frac{1}{51}(2x+3)^{51} + C.$$

例 5.2.2 求 $\int x\sqrt{x^2-5}\,\mathrm{d}x$.

解 因为 $x\mathrm{d}x = \frac{1}{2}\mathrm{d}(x^2-5)$，于是

$$\text{原式} = \int \frac{1}{2}\sqrt{x^2-5}\,\mathrm{d}(x^2-5) \xlongequal[\text{（换元）}]{u=x^2-5} \frac{1}{2}\int \sqrt{u}\,\mathrm{d}u = \frac{1}{3}u^{\frac{3}{2}} + C$$

$$\xlongequal[\substack{(回代)}]{u=x^2-5}\frac{1}{3}(x^2-5)^{\frac{3}{2}}+C.$$

当运算熟练以后，可以不必把中间变量显式写出，直接计算即可.

例 5.2.3 求 $\displaystyle\int x\,\mathrm{e}^{x^2}\,\mathrm{d}x$.

解 原式 $=\dfrac{1}{2}\displaystyle\int \mathrm{e}^{x^2}\,\mathrm{d}(x^2)=\dfrac{1}{2}\mathrm{e}^{x^2}+C.$

例 5.2.4 求 $\displaystyle\int \dfrac{\mathrm{d}x}{a^2-x^2}\ (a>0)$.

解 原式 $=\displaystyle\int \dfrac{1}{(a-x)(a+x)}\mathrm{d}x=\dfrac{1}{2a}\displaystyle\int \dfrac{(a-x)+(a+x)}{(a-x)(a+x)}\mathrm{d}x$

$$=\frac{1}{2a}\left(\int \frac{1}{a+x}\mathrm{d}x+\int \frac{1}{a-x}\mathrm{d}x\right)$$

$$=\frac{1}{2a}\int \frac{1}{a+x}\mathrm{d}(a+x)-\frac{1}{2a}\int \frac{1}{a-x}\mathrm{d}(a-x)$$

$$=\frac{1}{2a}\ln|a+x|-\frac{1}{2a}\ln|a-x|+C=\frac{1}{2a}\ln\left|\frac{a+x}{a-x}\right|+C.$$

于是

$$\int \frac{\mathrm{d}x}{a^2-x^2}=\frac{1}{2a}\ln\left|\frac{a+x}{a-x}\right|+C.$$

例 5.2.5 求 $\displaystyle\int \tan x\,\mathrm{d}x$.

解 原式 $=\displaystyle\int \dfrac{\sin x}{\cos x}\mathrm{d}x=-\displaystyle\int \dfrac{1}{\cos x}\mathrm{d}\cos x=-\ln|\cos x|+C,$ 即

$$\int \tan x\,\mathrm{d}x=-\ln|\cos x|+C.$$

类似可得

$$\int \cot x\,\mathrm{d}x=\ln|\sin x|+C.$$

例 5.2.6 求 $\displaystyle\int \sec x\,\mathrm{d}x$.

解 原式 $=\displaystyle\int \dfrac{1}{\cos x}\mathrm{d}x=\displaystyle\int \dfrac{\cos x}{\cos^2 x}\mathrm{d}x=\displaystyle\int \dfrac{\mathrm{d}\sin x}{1-\sin^2 x}=\dfrac{1}{2}\ln\left|\dfrac{1+\sin x}{1-\sin x}\right|+C$

$$=\ln\left|\frac{1+\sin x}{\cos x}\right|+C=\ln|\sec x+\tan x|+C,$$

即

$$\int \sec x\,\mathrm{d}x=\ln|\sec x+\tan x|+C.$$

类似可得

$$\int \csc x \, \mathrm{d}x = \ln|\csc x - \cot x| + C.$$

例 5.2.7　求 $\int \dfrac{1}{\sqrt{a^2 - x^2}} \mathrm{d}x \ (a > 0).$

解　原式 $= \int \dfrac{1}{\sqrt{1 - \left(\dfrac{x}{a}\right)^2}} \mathrm{d}\left(\dfrac{x}{a}\right) = \arcsin \dfrac{x}{a} + C.$

类似可得

$$\int \frac{1}{a^2 + x^2} \mathrm{d}x = \frac{1}{a} \arctan \frac{x}{a} + C \quad (a > 0).$$

例 5.2.4 到例 5.2.7 都是常用的积分公式，需要读者熟练掌握.

例 5.2.8　求 $\int \dfrac{1}{x^2} \tan \dfrac{1}{x} \mathrm{d}x.$

解　原式 $= -\int \tan \dfrac{1}{x} \mathrm{d}\left(\dfrac{1}{x}\right) = \ln\left|\cos \dfrac{1}{x}\right| + C.$

例 5.2.9　求 $\int \dfrac{\arctan x}{1 + x^2} \mathrm{d}x.$

解　原式 $= \int \arctan x \, \mathrm{d}\arctan x = \dfrac{1}{2}(\arctan x)^2 + C.$

例 5.2.10　求 $\int \sin^3 x \, \mathrm{d}x.$

解　原式 $= -\int \sin^2 x \, \mathrm{d}\cos x = -\int (1 - \cos^2 x) \mathrm{d}\cos x$

$\qquad = -\int \mathrm{d}\cos x + \int \cos^2 x \, \mathrm{d}\cos x$

$\qquad = -\cos x + \dfrac{\cos^3 x}{3} + C.$

例 5.2.11　求 $\int \sec^4 x \, \mathrm{d}x.$

解　原式 $= \int \sec^2 x \sec^2 x \, \mathrm{d}x = \int (1 + \tan^2 x) \mathrm{d}\tan x = \tan x + \dfrac{\tan^3 x}{3} + C.$

例 5.2.12　求 $\int \tan^5 x \sec^3 x \, \mathrm{d}x.$

解　原式 $= \int \tan^4 x \cdot \sec^2 x \cdot \tan x \cdot \sec x \, \mathrm{d}x = \int (\sec^2 x - 1)^2 \sec^2 x \, \mathrm{d}\sec x$

$\qquad = \int (\sec^6 x - 2\sec^4 x + \sec^2 x) \mathrm{d}\sec x$

$\qquad = \dfrac{\sec^7 x}{7} - \dfrac{2}{5} \sec^5 x + \dfrac{\sec^3 x}{3} + C.$

微课

例 5.2.12

例 5.2.13 求 $\int \sin 3x \sin 2x \, \mathrm{d}x$.

解 原式 $= \int -\dfrac{1}{2}(\cos 5x - \cos x)\mathrm{d}x$

$$= -\dfrac{1}{10}\int \cos 5x \, \mathrm{d}5x + \dfrac{1}{2}\int \cos x \, \mathrm{d}x$$

$$= -\dfrac{1}{10}\sin 5x + \dfrac{1}{2}\sin x + C.$$

通过以上例子可以看出，使用第一类换元法的关键是恰当选取中间变量 u 进行凑微分．以下凑微分的情形需要读者熟练掌握．

$(1)\displaystyle\int f(ax+b)\mathrm{d}x = \dfrac{1}{a}\int f(ax+b)\mathrm{d}(ax+b) \quad (a \neq 0)$;

$(2)\displaystyle\int f(x^{\alpha})x^{\alpha-1}\mathrm{d}x = \dfrac{1}{\alpha}\int f(x^{\alpha})\mathrm{d}x^{\alpha} \quad (\alpha \neq 0)$;

$(3)\displaystyle\int f(\mathrm{e}^x)\mathrm{e}^x \mathrm{d}x = \int f(\mathrm{e}^x)\,\mathrm{d}\mathrm{e}^x$;

$(4)\displaystyle\int f(\ln x)\dfrac{1}{x}\mathrm{d}x = \int f(\ln x)\mathrm{d}\ln x$;

$(5)\displaystyle\int f(\sin x)\cos x\,\mathrm{d}x = \int f(\sin x)\mathrm{d}\sin x$;

$(6)\displaystyle\int f(\cos x)\sin x\,\mathrm{d}x = -\int f(\cos x)\mathrm{d}\cos x$;

$(7)\displaystyle\int f(\arctan x)\dfrac{1}{1+x^2}\mathrm{d}x = \int f(\arctan x)\mathrm{d}\arctan x$;

$(8)\displaystyle\int f(\arcsin x)\dfrac{1}{\sqrt{1-x^2}}\mathrm{d}x = \int f(\arcsin x)\mathrm{d}\arcsin x$;

$(9)\displaystyle\int f(\cot x)\csc^2 x\,\mathrm{d}x = -\int f(\cot x)\,\mathrm{d}\cot x$;

$(10)\displaystyle\int f(\tan x)\sec^2 x\,\mathrm{d}x = \int f(\tan x)\,\mathrm{d}\tan x$.

5.2.2 第二类换元法

对于有些不定积分，其被积函数无法直接凑微分，这时可以通过恰当的变量替换，将不定积分转化为容易求解的形式，这种求解不定积分的方法习惯上称为第二类换元法．

定理 5.2.2 设 $x = \varphi(t)$ 是单调、可导函数，且 $\varphi'(t) \neq 0$. 又设

$$\int f[\varphi(t)]\varphi'(t)\mathrm{d}t = F(t) + C,$$

则

$$\int f(x)\mathrm{d}x = \int f[\varphi(t)]\varphi'(t)\mathrm{d}t = F[\varphi^{-1}(x)] + C,$$

其中 $t = \varphi^{-1}(x)$ 是 $x = \varphi(t)$ 的反函数.

证 因为 $F(t)$ 是 $f[\varphi(t)]\varphi'(t)$ 的一个原函数,故由复合函数和反函数的求导公式,有

$$\{F[\varphi^{-1}(x)]\}' = F'(t)\frac{\mathrm{d}t}{\mathrm{d}x} \quad (\diamondsuit\ t = \varphi^{-1}(x))$$

$$= f[\varphi(t)] \cdot \varphi'(t) \cdot \frac{1}{\dfrac{\mathrm{d}x}{\mathrm{d}t}}$$

$$= f[\varphi(t)] \cdot \varphi'(t) \cdot \frac{1}{\varphi'(t)}$$

$$= f[\varphi(t)] \quad (代回\ x = \varphi(t))$$

$$= f(x),$$

即 $F[\varphi^{-1}(x)]$ 是 $f(x)$ 的一个原函数,故由不定积分的定义可知

$$\int f(x)\mathrm{d}x = F[\varphi^{-1}(x)] + C,$$

证毕.

第二类换元法的具体求解过程如下:

$$\int f(x)\mathrm{d}x \xrightarrow[\text{(换元)}]{x = \varphi(t)} \int f[\varphi(t)] \cdot \varphi'(t)\mathrm{d}t = F(t) + C \xrightarrow[\text{(回代)}]{t = \varphi^{-1}(x)} F[\varphi^{-1}(x)] + C.$$

例 5.2.14 求 $\displaystyle\int \frac{1}{1 + \sqrt{x-3}}\mathrm{d}x$.

解 为了去掉被积函数中的根式,令 $\sqrt{x-3} = t$,则 $x = t^2 + 3$, $\mathrm{d}x = 2t\,\mathrm{d}t$,于是

$$原式 = \int \frac{2t}{1+t}\mathrm{d}t = 2\int \frac{(t+1)-1}{1+t}\mathrm{d}t = 2\int\left(1 - \frac{1}{1+t}\right)\mathrm{d}t$$

$$= 2\int \mathrm{d}t - 2\int \frac{1}{1+t}\mathrm{d}(1+t)$$

$$= 2t - 2\ln(1+t) + C$$

$$\xrightarrow[\text{(回代)}]{t = \sqrt{x-3}} 2\sqrt{x-3} - 2\ln(1+\sqrt{x-3}) + C.$$

例 5.2.15 求 $\displaystyle\int \frac{2}{\sqrt{x+1} + \sqrt[3]{x+1}}\mathrm{d}x$.

解 为了去掉被积函数中的根式,取 2 与 3 的最小公倍数 6,令 $\sqrt[6]{x+1} = t$,则 $x = t^6 - 1$, $\mathrm{d}x = 6t^5\,\mathrm{d}t$,于是

$$原式 = \int \frac{12t^5}{t^3 + t^2}\mathrm{d}t = 12\int \frac{t^3 + 1 - 1}{t+1}\mathrm{d}t$$

$$= 12\int (t^2 - t + 1)\,\mathrm{d}t - 12\int \frac{1}{t+1}\mathrm{d}t$$

$$=4t^3-6t^2+12t-12\ln(t+1)+C$$

$$\underset{\text{(回代)}}{\overset{t=\sqrt[6]{x+1}}{=\!=\!=\!=\!=}}4\sqrt{x+1}-6\sqrt[3]{x+1}+12\sqrt[6]{x+1}-12\ln(\sqrt[6]{x+1}+1)+C.$$

注 一般地，在第二类换元法中常用到如下两种替换规律：

(1) 若被积函数含有 $\sqrt[m]{ax+b}$，可令 $\sqrt[m]{ax+b}=t$，消去根号；

(2) 若被积函数含有 $ax+b$ 的不同根指数的根式，为了同时消去根号，可令 $\sqrt[n]{ax+b}=t$，其中 n 是这些根指数的最小公倍数.

例 5.2.16 求 $\displaystyle\int\sqrt{a^2-x^2}\,\mathrm{d}x\,(a>0)$.

解 为了去根号，令 $x=a\sin t$，$t\in\left(-\dfrac{\pi}{2},\dfrac{\pi}{2}\right)$，则

$$\sqrt{a^2-x^2}=a\cos t,\quad \mathrm{d}x=a\cos t\,\mathrm{d}t,$$

于是

$$\text{原式}=\int a\cos t\cdot a\cos t\,\mathrm{d}t=a^2\int\cos^2 t\,\mathrm{d}t=\frac{a^2}{2}\int(1+\cos 2t)\,\mathrm{d}t=\frac{a^2}{2}t+\frac{a^2}{4}\sin 2t+C.$$

为了把变量 t 换回 x，由 $x=a\sin t$，$t\in\left(-\dfrac{\pi}{2},\dfrac{\pi}{2}\right)$，解得 $t=\arcsin\dfrac{x}{a}$，并构造辅助的直角三角形，如图 5-2 所示.

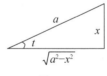

图 5-2

从而有 $\cos t=\dfrac{\sqrt{a^2-x^2}}{a}$，所以

$$\text{原式}=\frac{a^2}{2}\cdot\arcsin\frac{x}{a}+\frac{a^2}{4}\cdot\frac{2x}{a}\cdot\frac{\sqrt{a^2-x^2}}{a}+C=\frac{a^2}{2}\arcsin\frac{x}{a}+\frac{1}{2}x\sqrt{a^2-x^2}+C.$$

例 5.2.17 求 $\displaystyle\int\frac{1}{\sqrt{a^2+x^2}}\,\mathrm{d}x\,(a>0)$.

解 为了去根号，令 $x=a\tan t$，$t\in\left(-\dfrac{\pi}{2},\dfrac{\pi}{2}\right)$，则

$$\sqrt{a^2+x^2}=a\sec t,\ \mathrm{d}x=a\sec^2 t\,\mathrm{d}t,$$

于是

微课

例 5.2.17

$$原式 = \int \frac{1}{a\sec t} \cdot a\sec^2 t\, dt = \int \sec t\, dt = \ln|\sec t + \tan t| + C_1.$$

由 $x = a\tan t$, $t \in \left(-\frac{\pi}{2}, \frac{\pi}{2}\right)$, 得 $\tan t = \frac{x}{a}$, 构造辅助的直角三角形, 如图 5-3 所示.

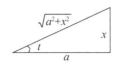

图 5-3

得 $\sec t = \dfrac{\sqrt{a^2+x^2}}{a}$, 且 $\sec t + \tan t > 0$, 所以

$$原式 = \ln\left(\frac{\sqrt{a^2+x^2}}{a} + \frac{x}{a}\right) + C_1 = \ln(x + \sqrt{a^2+x^2}) + C,$$

其中 $C = C_1 - \ln a$.

例 5.2.18　求 $\displaystyle\int \frac{dx}{\sqrt{x^2-a^2}}$ $(a > 0)$.

解　利用 $\sec^2 t - 1 = \tan^2 t$, 去掉根号. 注意到被积函数的定义域是 $x > a$ 和 $x < -a$ 两个区间, 从而需要在两个区间内分别求不定积分.

(1) 当 $x > a$ 时, 令 $x = a\sec t$, $t \in \left(0, \frac{\pi}{2}\right)$, 则

$$\sqrt{x^2-a^2} = a\tan t, \quad dx = a\sec t \tan t\, dt,$$

于是

$$原式 = \int \frac{a\sec t \tan t}{a\tan t}\, dt = \int \sec t\, dt = \ln|\sec t + \tan t| + C_1.$$

由 $x = a\sec t$, $t \in \left(0, \frac{\pi}{2}\right)$, 构造辅助的直角三角形, 如图 5-4 所示.

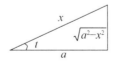

图 5-4

得

$$\sec t = \frac{x}{a}, \quad \tan t = \frac{\sqrt{x^2-a^2}}{a},$$

且 $\sec t + \tan t > 0$, 所以

$$原式 = \ln \frac{x + \sqrt{x^2 - a^2}}{a} + C_1 = \ln(x + \sqrt{x^2 - a^2}) + C,$$

其中 $C = C_1 - \ln a$.

(2) 当 $x < -a$ 时，令 $x = -u$，则 $u > a$. 由 (1) 的结果可得

$$原式 = -\int \frac{\mathrm{d}u}{\sqrt{u^2 - a^2}} = -\ln(u + \sqrt{u^2 - a^2}) + C_1$$

$$= -\ln(-x + \sqrt{x^2 - a^2}) + C_1 = \ln \frac{1}{\sqrt{x^2 - a^2} - x} + C_1$$

$$= \ln \frac{-\sqrt{x^2 - a^2} - x}{a^2} + C_1 = \ln(-\sqrt{x^2 - a^2} - x) + C,$$

其中 $C = C_1 - 2\ln a$. 综上所述，

$$\int \frac{\mathrm{d}x}{\sqrt{x^2 - a^2}} = \ln \left| x + \sqrt{x^2 - a^2} \right| + C.$$

一般地，当被积函数含有二次根式 $\sqrt{a^2 - x^2}$，$\sqrt{a^2 + x^2}$，$\sqrt{x^2 - a^2}$ 时，可利用三角代换消除根号，简化计算.

(1) 当被积函数含有 $\sqrt{a^2 - x^2}$ 时，可令 $x = a\sin t$，$t \in \left(-\frac{\pi}{2}, \frac{\pi}{2} \right)$.

(2) 当被积函数含有 $\sqrt{a^2 + x^2}$ 时，可令 $x = a\tan t$，$t \in \left(-\frac{\pi}{2}, \frac{\pi}{2} \right)$.

(3) 当被积函数含有 $\sqrt{x^2 - a^2}$ 时，若 $x > a$，则令 $x = a\sec t$，$t \in \left(0, \frac{\pi}{2} \right)$；若 $x < -a$，则可作代换 $x = -u$.

通常将本节例题中出现的几个常用积分视为公式补充到基本积分公式中，这里常数 $a > 0$.

(13) $\int \tan x \, \mathrm{d}x = -\ln|\cos x| + C$；

(14) $\int \cot x \, \mathrm{d}x = \ln|\sin x| + C$；

(15) $\int \sec x \, \mathrm{d}x = \ln|\sec x + \tan x| + C$；

(16) $\int \csc x \, \mathrm{d}x = \ln|\csc x - \cot x| + C$；

(17) $\int \frac{\mathrm{d}x}{a^2 - x^2} = \frac{1}{2a} \ln \left| \frac{a + x}{a - x} \right| + C$；

(18) $\int \frac{\mathrm{d}x}{a^2 + x^2} = \frac{1}{a} \arctan \frac{x}{a} + C$；

(19) $\int \frac{\mathrm{d}x}{\sqrt{a^2 - x^2}} = \arcsin \frac{x}{a} + C$；

$(20) \int \dfrac{\mathrm{d}x}{\sqrt{x^2+a^2}} = \ln(x+\sqrt{x^2+a^2})+C;$

$(21) \int \dfrac{\mathrm{d}x}{\sqrt{x^2-a^2}} = \ln\left|x+\sqrt{x^2-a^2}\right|+C.$

习题 5.2

1. 在下列各式等号右端的空白处填入适当的系数，使等式成立（例如 $\mathrm{d}x=\dfrac{1}{2}\mathrm{d}(2x+7)$）.

(1) $\mathrm{d}x=$ _____ $\mathrm{d}(3x-2);$

(2) $x\mathrm{d}x=$ _____ $\mathrm{d}(1-x^2);$

(3) $x^5\mathrm{d}x=$ _____ $\mathrm{d}(2x^6-5);$

(4) $\mathrm{e}^{-3x}\mathrm{d}x=$ _____ $\mathrm{d}(\mathrm{e}^{-3x}+3);$

(5) $\sin 2x\mathrm{d}x=$ _____ $\mathrm{d}(\cos 2x);$

(6) $\dfrac{1}{x}\mathrm{d}x=$ _____ $\mathrm{d}(1-5\ln|x|);$

(7) $\dfrac{x}{\sqrt{1-x^2}}\mathrm{d}x=$ _____ $\mathrm{d}(\sqrt{1-x^2});$

(8) $\dfrac{1}{1+9x^2}\mathrm{d}x=$ _____ $\mathrm{d}(\arctan 3x);$

(9) $\dfrac{1}{\sqrt{1-x^2}}\mathrm{d}x=$ _____ $\mathrm{d}(2\arccos x-3);$

(10) $\csc^2 x\mathrm{d}x=$ _____ $\mathrm{d}(1-4\cot x).$

2. 用换元积分法计算下列不定积分：

$(1) \int \sqrt[5]{1-3x}\,\mathrm{d}x;$

$(2) \int \dfrac{x^2}{\sqrt{2-x^3}}\mathrm{d}x;$

$(3) \int \dfrac{3x^2}{1+x^6}\mathrm{d}x;$

$(4) \int \dfrac{1}{x^2-2x+5}\mathrm{d}x;$

$(5) \int \dfrac{1}{\sqrt{2x+1}-\sqrt{2x-1}}\mathrm{d}x;$

$(6) \int \dfrac{1}{x\sqrt{1-\ln^2 x}}\mathrm{d}x;$

$(7) \int \dfrac{1}{\mathrm{e}^x-\mathrm{e}^{-x}}\mathrm{d}x;$

$(8) \int \dfrac{\sin x+\cos x}{\sqrt[3]{\sin x-\cos x}}\mathrm{d}x;$

$(9) \int \dfrac{\cos\frac{1}{x}}{x^2}\mathrm{d}x;$

$(10) \int \cot^3 x\,\mathrm{d}x;$

$(11) \int \dfrac{1-\cos x}{1-\cos 2x}\mathrm{d}x;$

$(12) \int \dfrac{\cos x}{1+\cos^2 x}\mathrm{d}x;$

$(13) \int \dfrac{x}{x+\sqrt{x^2-1}}\mathrm{d}x;$

$(14) \int \dfrac{\sqrt{x}}{1+\sqrt[4]{x^3}}\mathrm{d}x;$

$(15)\displaystyle\int \sqrt{1+\mathrm{e}^x}\,\mathrm{d}x;$

$(16)\displaystyle\int \frac{\mathrm{d}x}{3+\sqrt{9-x^2}};$

$(17)\displaystyle\int \frac{\sqrt{1+x^2}}{x}\,\mathrm{d}x;$

$(18)\displaystyle\int \frac{x^2}{\sqrt{a^2-x^2}}\,\mathrm{d}x \quad (a>0);$

$(19)\displaystyle\int \frac{\mathrm{d}x}{\sqrt{x-1}\cdot\sqrt{x}};$

$(20)\displaystyle\int \frac{\sqrt{x^2-4}}{x}\,\mathrm{d}x.$

5.3　分部积分法

前面在复合函数求导法则的基础上，给出了不定积分的换元积分法. 本节利用两个函数乘积的微分公式，推得求不定积分的另一种基本方法——分部积分法.

设函数 $u=u(x)$ 与 $v=v(x)$ 都有连续的导数，则

$$\mathrm{d}(uv)=v\mathrm{d}u+u\mathrm{d}v,$$

移项得

$$u\mathrm{d}v=\mathrm{d}(uv)-v\mathrm{d}u.$$

等式两边求不定积分，得

$$\int u\mathrm{d}v=\int \mathrm{d}(uv)-\int v\mathrm{d}u,$$

即

$$\int u\mathrm{d}v=uv-\int v\mathrm{d}u, \tag{5.3.1}$$

或

$$\int uv'\mathrm{d}x=uv-\int vu'\mathrm{d}x. \tag{5.3.2}$$

式 (5.3.1) 和式 (5.3.2) 统称为分部积分公式，当积分 $\int u\mathrm{d}v$ 不易计算，而积分 $\int v\mathrm{d}u$ 比较容易计算时，就可以使用分部积分公式.

使用分部积分公式求不定积分的关键在于：恰当地选取函数 $u(x)$ 和 $v(x)$，使待求的不定积分 $\int f(x)\mathrm{d}x$ 的被积表达式 $f(x)\mathrm{d}x$ 容易凑成 $u(x)\mathrm{d}v(x)$ 的形式，即

$$f(x)\mathrm{d}x=u(x)\mathrm{d}v(x),$$

而且不定积分 $\int v(x)\mathrm{d}u(x)$ 容易求出.

下面通过例子具体说明如何利用分部积分公式，求被积函数为乘积形式的不定积分.

例 5.3.1　求 $\int x\mathrm{e}^x\,\mathrm{d}x$.

解　设 $u=x$，$\mathrm{d}v=\mathrm{e}^x\,\mathrm{d}x$，则 $\mathrm{d}u=\mathrm{d}x$，$v=\mathrm{e}^x$，使用分部积分公式，得

$$\text{原式}=\int x\mathrm{d}\mathrm{e}^x=x\mathrm{e}^x-\int \mathrm{e}^x\,\mathrm{d}x=x\mathrm{e}^x-\mathrm{e}^x+C.$$

注　恰当地选取 u、v 是非常重要的. 若设 $u=\mathrm{e}^x$，$\mathrm{d}v=x\mathrm{d}x$，则 $\mathrm{d}u=\mathrm{e}^x\,\mathrm{d}x$，$v=\dfrac{x^2}{2}$，于是

$$\int x\mathrm{e}^x\,\mathrm{d}x=\int \mathrm{e}^x\,\mathrm{d}\left(\frac{x^2}{2}\right)=\frac{x^2}{2}\mathrm{e}^x-\int \frac{x^2}{2}\mathrm{e}^x\,\mathrm{d}x,$$

此时等式右边的积分 $\int \dfrac{x^2}{2}\mathrm{e}^x\,\mathrm{d}x$ 比原积分更不容易求出.

例 5.3.2　求 $\int x\cos x\,\mathrm{d}x$.

解　设 $u=x$，$\mathrm{d}v=\cos x\,\mathrm{d}x$，则 $\mathrm{d}u=\mathrm{d}x$，$v=\sin x$，于是

$$\text{原式}=\int x\mathrm{d}\sin x=x\sin x-\int \sin x\,\mathrm{d}x=x\sin x+\cos x+C.$$

一般地，被积函数是幂函数（这里假定幂指数是正整数）与正（余）弦函数的乘积或者幂函数与指数函数的乘积，可以考虑使用分部积分法，并设幂函数为 u，余下的部分凑成 $\mathrm{d}v$.

例 5.3.3　求 $\int x\ln x\,\mathrm{d}x$.

解　设 $u=\ln x$，$\mathrm{d}v=x\mathrm{d}x$，则 $\mathrm{d}u=\dfrac{1}{x}\mathrm{d}x$，$v=\dfrac{x^2}{2}$，于是

$$\text{原式}=\int \ln x\,\mathrm{d}\left(\frac{x^2}{2}\right)=\frac{x^2}{2}\ln x-\int \frac{x^2}{2}\cdot\frac{1}{x}\mathrm{d}x=\frac{x^2}{2}\ln x-\frac{x^2}{4}+C.$$

注　若设 $u=x$，则 $\ln x\mathrm{d}x$ 不易凑成微分 $\mathrm{d}v$.

例 5.3.4　求 $\int x\operatorname{arccot}x\,\mathrm{d}x$.

解　设 $u=\operatorname{arccot}x$，$\mathrm{d}v=x\mathrm{d}x$，则 $\mathrm{d}u=-\dfrac{1}{1+x^2}\mathrm{d}x$，$v=\dfrac{x^2}{2}$，于是

$$\begin{aligned}
\text{原式}&=\int \operatorname{arccot}x\,\mathrm{d}\left(\frac{x^2}{2}\right)=\frac{x^2}{2}\operatorname{arccot}x+\int \frac{x^2}{2}\cdot\frac{1}{1+x^2}\mathrm{d}x.\\
&=\frac{x^2}{2}\operatorname{arccot}x+\frac{1}{2}\int \frac{(1+x^2)-1}{1+x^2}\mathrm{d}x\\
&=\frac{x^2}{2}\operatorname{arccot}x+\frac{x}{2}-\frac{1}{2}\arctan x+C.
\end{aligned}$$

一般地，如果被积函数是幂函数与对数函数的乘积或者幂函数与反三角函数的乘积，可以考虑使用分部积分法，并设对数函数或反三角函数为 u，余下的部分凑成 $\mathrm{d}v$.

例 5.3.5 求 $\displaystyle\int \mathrm{e}^x \cos x \, \mathrm{d}x$.

解 设 $u=\mathrm{e}^x$，$\mathrm{d}v=\cos x \, \mathrm{d}x$，则 $\mathrm{d}u=\mathrm{e}^x \, \mathrm{d}x$，$v=\sin x$，于是

$$原式=\int \mathrm{e}^x \, \mathrm{d}\sin x = \mathrm{e}^x \sin x - \int \sin x \, \mathrm{e}^x \, \mathrm{d}x, \tag{5.3.3}$$

式（5.3.3）右端的积分与等式左端的积分属于同一类型，对右端积分再用一次分部积分法. 设

$$u=\mathrm{e}^x, \quad \mathrm{d}v=\sin x \, \mathrm{d}x,$$

则

$$\mathrm{d}u=\mathrm{e}^x \, \mathrm{d}x, \quad v=-\cos x,$$

于是

$$\int \sin x \, \mathrm{e}^x \, \mathrm{d}x = -\int \mathrm{e}^x \, \mathrm{d}\cos x = -\mathrm{e}^x \cos x + \int \mathrm{e}^x \cos x \, \mathrm{d}x, \tag{5.3.4}$$

将式（5.3.4）代入式（5.3.3），得

$$\int \mathrm{e}^x \cos x \, \mathrm{d}x = \mathrm{e}^x \sin x + \mathrm{e}^x \cos x - \int \mathrm{e}^x \cos x \, \mathrm{d}x,$$

移项，得

$$\int \mathrm{e}^x \cos x \, \mathrm{d}x = \frac{1}{2}(\sin x + \cos x)\mathrm{e}^x + C.$$

在例 5.3.5 的移项求解过程中，需要注意的是，原题求解的是不定积分，所以结果必须加上任意常数 C. 同时，本题也可选取 $u=\cos x$，$\mathrm{d}v=\mathrm{e}^x \, \mathrm{d}x$，进行分部积分. 但值得强调的是，再次使用分部积分公式时，u 和 $\mathrm{d}v$ 的选取类型要一致（如本例中两次分部都是选 e^x 为 u），否则将回到所求积分. 这种方法称为循环积分法.

在运算熟练之后，可直接套用分部积分公式，而不必写出 u，$\mathrm{d}v$.

例 5.3.6 求 $\displaystyle\int \sec^3 x \, \mathrm{d}x$.

微课

例 5.3.6

解 $\displaystyle 原式=\int \sec x \sec^2 x \, \mathrm{d}x = \int \sec x \, \mathrm{d}\tan x$

$\displaystyle = \sec x \tan x - \int \tan^2 x \sec x \, \mathrm{d}x$

$\displaystyle = \sec x \tan x - \int (\sec^2 x - 1)\sec x \, \mathrm{d}x$

$\displaystyle = \sec x \tan x - \int \sec^3 x \, \mathrm{d}x + \int \sec x \, \mathrm{d}x,$

移项，得

$$2\int \sec^3 x\,\mathrm{d}x = \sec x\tan x + \int \sec x\,\mathrm{d}x,$$

所以

$$\int \sec^3 x\,\mathrm{d}x = \frac{1}{2}\sec x\tan x + \frac{1}{2}\ln|\sec x + \tan x| + C.$$

例 5.3.7　求 $\int \mathrm{e}^{\sqrt{x-1}}\,\mathrm{d}x$.

解　先换元，后分部积分. 令 $t=\sqrt{x-1}$，则 $x=t^2+1$，$\mathrm{d}x=2t\,\mathrm{d}t$，从而

$$\begin{aligned}
原式 &= \int \mathrm{e}^t \cdot 2t\,\mathrm{d}t = 2\int t\,\mathrm{d}\mathrm{e}^t = 2\left(t\mathrm{e}^t - \int \mathrm{e}^t\,\mathrm{d}t\right)\\
&= 2t\mathrm{e}^t - 2\mathrm{e}^t + C\\
&= 2\sqrt{x-1}\,\mathrm{e}^{\sqrt{x-1}} - 2\mathrm{e}^{\sqrt{x-1}} + C.
\end{aligned}$$

使用分部积分法，还可以推导一些有用的递推公式.

例 5.3.8　求 $I_n = \int \dfrac{\mathrm{d}x}{(x^2+a^2)^n}$ （$a>0$，n 是正整数）.

解

$$\begin{aligned}
I_n &= \frac{x}{(x^2+a^2)^n} - \int x\,\mathrm{d}\,(x^2+a^2)^{-n} = \frac{x}{(x^2+a^2)^n} + 2n\int \frac{x^2}{(x^2+a^2)^{n+1}}\,\mathrm{d}x\\
&= \frac{x}{(x^2+a^2)^n} + 2n\int \frac{x^2+a^2-a^2}{(x^2+a^2)^{n+1}}\,\mathrm{d}x\\
&= \frac{x}{(x^2+a^2)^n} + 2n\int \frac{1}{(x^2+a^2)^n}\,\mathrm{d}x - 2na^2\int \frac{1}{(x^2+a^2)^{n+1}}\,\mathrm{d}x\\
&= \frac{x}{(x^2+a^2)^n} + 2nI_n - 2na^2 I_{n+1},
\end{aligned}$$

解得

$$I_{n+1} = \frac{x}{2na^2(x^2+a^2)^n} + \frac{2n-1}{2na^2}I_n, \quad n=1,\,2,\,\cdots,$$

所以

$$I_n = \frac{x}{2(n-1)a^2(x^2+a^2)^{n-1}} + \frac{2n-3}{2(n-1)a^2}I_{n-1}, \quad n=2,\,3,\,\cdots, \tag{5.3.5}$$

这是一个递推公式，由于

$$I_1 = \int \frac{\mathrm{d}x}{x^2+a^2} = \frac{1}{a}\arctan \frac{x}{a} + C,$$

故可以逐次利用式（5.3.5）得到

$$I_2 = \frac{x}{2a^2(x^2+a^2)} + \frac{1}{2a^3}\arctan \frac{x}{a} + C,$$

$$I_3 = \frac{x}{4a^2(x^2+a^2)^2} + \frac{3x}{8a^4(x^2+a^2)} + \frac{3}{8a^5}\arctan\frac{x}{a} + C,$$

......

习题 5.3

1. 用分部积分法求下列积分：

(1) $\int \ln x \, dx$；

(2) $\int (x+4)e^{2x} \, dx$；

(3) $\int \frac{1}{x^2}(x\cos x - \sin x) \, dx$；

(4) $\int x e^{-2x} \, dx$；

(5) $\int x \sin \frac{x}{2} \, dx$；

(6) $\int x^2 e^x \, dx$；

(7) $\int e^{-x} \cos 2x \, dx$；

(8) $\int \frac{\sin x}{e^x} \, dx$；

(9) $\int e^{3x} \cos 2x \, dx$；

(10) $\int x \cot^2 x \, dx$；

(11) $\int \arcsin x \, dx$；

(12) $\int e^{\sqrt{x}} \, dx$；

(13) $\int \arctan \sqrt{2x} \, dx$；

(14) $\int \ln(1+x^2) \, dx$；

(15) $\int x^2 \ln^3 x \, dx$；

(16) $\int \sqrt{x} \, \ln^2 x \, dx$；

(17) $\int \frac{x\sin x}{\cos^3 x} \, dx$；

(18) $\int \frac{1}{x}\ln\ln x \, dx$.

2. 设 $\frac{e^x}{x}$ 是 $f(x)$ 的一个原函数，求 $\int x f'(x) \, dx$.

3. 推导下列递推公式，其中 n 为正整数：

(1) $I_n = \int \tan^n x \, dx$；

(2) $I_n = \int x^n e^x \, dx$；

(3) $I_n = \int \frac{1}{x^n \sqrt{1+x^2}} \, dx$.

5.4 有理函数的积分

本节主要介绍有理函数及可化为有理函数的积分方法.

5.4.1 有理函数的概念

所谓有理函数，是指由两个多项式函数相除得到的函数，其一般形式为

178

$$f(x)=\frac{P(x)}{Q(x)}=\frac{a_nx^n+a_{n-1}x^{n-1}+\cdots+a_1x+a_0}{b_mx^m+b_{m-1}x^{m-1}+\cdots+b_1x+b_0},\tag{5.4.1}$$

其中 m 和 n 都是非负整数；a_0，a_1，$\cdots$，a_n 及 b_0，b_1，$\cdots$，b_m 都是实数，且 $a_n\neq0$，$b_m\neq0$. 在式（5.4.1）中，总假定分子多项式 $P(x)$ 与分母多项式 $Q(x)$ 之间没有公因式. 当 $n\geq m$ 时，称式（5.4.1）为**假分式**；当 $n<m$ 时，称式（5.4.1）为**真分式**.

利用多项式除法，总可以将一个假分式化为一个多项式和一个真分式之和的形式，例如

$$\frac{x^3+2x+1}{x^2+1}=x+\frac{x+1}{x^2+1}.$$

由于多项式的不定积分可用直接积分法求出，所以求有理函数的不定积分的关键是如何求真分式的不定积分. 因此，本节主要讨论真分式的不定积分的求法.

5.4.2　真分式的分解

根据代数学理论，任一真分式总可分解为若干个部分分式之和. 所谓部分分式是指如下四种"最简真分式"：

（1）$\dfrac{A}{x-a}$；

（2）$\dfrac{A}{(x-a)^n}$，$n=2$，3，$\cdots$；

（3）$\dfrac{Ax+B}{x^2+px+q}$，$p^2-4q<0$；

（4）$\dfrac{Ax+B}{(x^2+px+q)^n}$，$p^2-4q<0$，$n=2$，$3$，$\cdots$.

如何将真分式分解为部分分式之和呢？不加证明地给出如下定理.

定理 5.4.1　任何次数大于等于 1 的多项式 $Q(x)$ 在实数范围内都可以分解为若干个一次多项式和二次不可约多项式的乘积，即

$$Q(x)=b_m(x-a_1)^{\lambda_1}\cdots(x-a_s)^{\lambda_s}(x^2+p_1x+q_1)^{\alpha_1}\cdots(x^2+p_tx+q_t)^{\alpha_t},$$

其中 $b_m\neq0$，a_i，p_j，q_j（$i=1$，2，$\cdots$，s；$j=1$，2，$\cdots$，t）为常数，λ_i，α_j（$i=1$，2，$\cdots$，s；$j=1$，2，$\cdots$，t）为非负整数，且 $p_j^2-4q_j<0$，$j=1$，2，$\cdots$，t.

根据代数学理论，真分式 $\dfrac{P(x)}{Q(x)}$ 可以分解成如下部分分式之和：

$$\begin{aligned}\frac{P(x)}{Q(x)}=&\frac{A_1}{x-a_1}+\frac{A_2}{(x-a_1)^2}+\cdots+\frac{A_{\lambda_1}}{(x-a_1)^{\lambda_1}}\\&+\cdots\cdots\\&+\frac{K_1}{x-a_s}+\frac{K_2}{(x-a_s)^2}+\cdots+\frac{K_{\lambda_s}}{(x-a_s)^{\lambda_s}}\end{aligned}$$

$$+\frac{M_1 x+N_1}{x^2+p_1 x+q_1}+\frac{M_2 x+N_2}{(x^2+p_1 x+q_1)^2}+\cdots+\frac{M_{a_1} x+N_{a_1}}{(x^2+p_1 x+q_1)^{a_1}}$$

$$+\cdots\cdots$$

$$+\frac{R_1 x+S_1}{x^2+p_t x+q_t}+\frac{R_2 x+S_2}{(x^2+p_t x+q_t)^2}+\cdots+\frac{R_{a_t} x+S_{a_t}}{(x^2+p_t x+q_t)^{a_t}},$$

其中，A_1，$\cdots$，A_{λ_1}，$\cdots$，K_1，$\cdots$，K_{λ_s}，M_1，$\cdots$，M_{a_1}，N_1，$\cdots$，N_{a_1}，$\cdots$，R_1，$\cdots$，R_{a_t}，S_1，$\cdots$，S_{a_t} 都是常数.

分解过程中有两个问题值得注意：

（1）当真分式的分母中含有因式 $(x-a)^k$ 时（k 是正整数），分解后有下列 k 个部分分式之和：

$$\frac{A_1}{x-a}+\frac{A_2}{(x-a)^2}+\cdots+\frac{A_k}{(x-a)^k},$$

这里每个部分分式的分母从 $(x-a)^1$ 逐次升幂到 $(x-a)^k$，而分子都是常数.

（2）当真分式的分母中含有二次质因式 $(x^2+px+q)^k$（$p^2-4q<0$，k 为正整数）时，分解后有下列 k 个部分分式之和：

$$\frac{M_1 x+N_1}{x^2+px+q}+\frac{M_2 x+N_2}{(x^2+px+q)^2}+\cdots+\frac{M_k x+N_k}{(x^2+px+q)^k},$$

这里每个部分分式的分母从 $(x^2+px+q)^1$ 逐次升幂到 $(x^2+px+q)^k$，而分子都是一次多项式.

例如，真分式 $\dfrac{x+2}{x^3-x}=\dfrac{x+2}{x(x-1)(x+1)}$ 可以分解成

$$\frac{x+2}{x(x-1)(x+1)}=\frac{A}{x}+\frac{B}{x-1}+\frac{C}{x+1}, \tag{5.4.2}$$

其中 A，B，C 为待定系数，可以用以下方法求出：

方法 1　系数比较法.

将式（5.4.2）两端去分母，得

$$x+2=A(x-1)(x+1)+Bx(x+1)+Cx(x-1),$$

即

$$x+2=(A+B+C)x^2+(B-C)x-A,$$

比较两端 x 同次幂的系数，得

$$\begin{cases} A+B+C=0 \\ B-C=1 \\ -A=2 \end{cases},$$

解得

$$A=-2, \quad B=\frac{3}{2}, \quad C=\frac{1}{2}.$$

方法 2　赋值法.

式 (5.4.2) 两端去分母后，得

$$x+2=A(x-1)(x+1)+Bx(x+1)+Cx(x-1),$$

赋予特殊的值，令 $x=0$，得 $-A=2$；令 $x=1$，得 $2B=3$；令 $x=-1$，得 $2C=1$. 即

$$A=-2, \quad B=\frac{3}{2}, \quad C=\frac{1}{2}.$$

于是

$$\frac{x+2}{x(x-1)(x+1)}=\frac{-2}{x}+\frac{\frac{3}{2}}{x-1}+\frac{\frac{1}{2}}{x+1}.$$

例 5.4.1　将 $\dfrac{2x-1}{x^3-1}$ 分解为部分分式之和.

解　因为分母 $x^3-1=(x-1)(x^2+x+1)$，故设

$$\frac{2x-1}{x^3-1}=\frac{A}{x-1}+\frac{Bx+C}{x^2+x+1}.$$

两端去分母，得

$$2x-1=A(x^2+x+1)+(Bx+C)(x-1)=(A+B)x^2+(A-B+C)x+(A-C),$$

比较两端 x 同次项的系数，得

$$\begin{cases}A+B=0\\A-B+C=2,\\A-C=-1\end{cases}$$

解得

$$A=\frac{1}{3}, \quad B=-\frac{1}{3}, \quad C=\frac{4}{3},$$

于是分解式为

$$\frac{2x-1}{x^3-1}=\frac{\frac{1}{3}}{x-1}+\frac{-\frac{1}{3}x+\frac{4}{3}}{x^2+x+1}.$$

5.4.3　部分分式的积分

因真分式总可以分解为若干个部分分式之和，故真分式的不定积分可归结为若干个部分分式的不定积分之和.

类型（1）和（2）的部分分式的不定积分是容易求出的：

(1) $\int \dfrac{A}{x-a}\mathrm{d}x = A\ln|x-a| + C$；

(2) $\int \dfrac{A}{(x-a)^n}\mathrm{d}x = \dfrac{A}{(1-n)(x-a)^{n-1}} + C$，$n=2,3,\cdots$.

类型（3）和（4）的部分分式的不定积分可用配方化简的方法求得. 下面通过具体例题说明类型（3）和（4）的不定积分的求法.

例 5.4.2 求 $\int \dfrac{2x+3}{x^2+2x+3}\mathrm{d}x$.

解 由题意，得

$$\int \frac{2x+3}{x^2+2x+3}\mathrm{d}x = \int \frac{(2x+2)+1}{x^2+2x+3}\mathrm{d}x = \int \frac{2x+2}{x^2+2x+3}\mathrm{d}x + \int \frac{1}{x^2+2x+3}\mathrm{d}x$$

$$= \int \frac{1}{x^2+2x+3}\mathrm{d}(x^2+2x+3) + \int \frac{1}{(x+1)^2+(\sqrt{2})^2}\mathrm{d}(x+1)$$

$$= \ln(x^2+2x+3) + \frac{\sqrt{2}}{2}\arctan\frac{x+1}{\sqrt{2}} + C.$$

例 5.4.3 求 $\int \dfrac{2x^3+x-1}{(1+x^2)^2}\mathrm{d}x$.

解 因为

$$\frac{2x^3+x-1}{(1+x^2)^2} = \frac{2x}{1+x^2} - \frac{x+1}{(1+x^2)^2},$$

所以

$$\int \frac{2x^3+x-1}{(1+x^2)^2}\mathrm{d}x = \int \frac{2x}{1+x^2}\mathrm{d}x - \int \frac{x+1}{(1+x^2)^2}\mathrm{d}x$$

$$= \int \frac{\mathrm{d}(1+x^2)}{1+x^2} - \frac{1}{2}\int \frac{\mathrm{d}(1+x^2)}{(1+x^2)^2} - \int \frac{\mathrm{d}x}{(1+x^2)^2}$$

$$= \ln(1+x^2) + \frac{1}{2(1+x^2)} - \int \frac{1}{(1+x^2)^2}\mathrm{d}x,$$

利用 5.3 节例 5.3.8 的式 (5.3.5)，有

$$\int \frac{1}{(1+x^2)^2}\mathrm{d}x = \frac{x}{2(1+x^2)} + \frac{1}{2}\arctan x + C,$$

或者

$$\int \frac{1}{(1+x^2)^2}\mathrm{d}x = \int \cos^2 u\,\mathrm{d}u\,(令\,x=\tan u)$$

$$= \int \frac{\cos 2u + 1}{2}\mathrm{d}u = \frac{\sin 2u}{4} + \frac{u}{2} + C$$

$$= \frac{x}{2(1+x^2)} + \frac{1}{2}\arctan x + C.$$

因此

$$\int \frac{2x^3 + x - 1}{(1+x^2)^2}dx = \ln(1+x^2) + \frac{1-x}{2(1+x^2)} - \frac{1}{2}\arctan x + C.$$

例 5.4.4　求 $\displaystyle\int \frac{2x-1}{(x^2+2x+3)^2}dx$.

解　由题意，得

$$\int \frac{2x-1}{(x^2+2x+3)^2}dx = \int \frac{(2x+2)-3}{(x^2+2x+3)^2}dx$$

$$= \int \frac{2x+2}{(x^2+2x+3)^2}dx - 3\int \frac{1}{(x^2+2x+3)^2}dx$$

$$= \int \frac{1}{(x^2+2x+3)^2}d(x^2+2x+3) - 3\int \frac{1}{[(x+1)^2+(\sqrt{2})^2]^2}d(x+1)$$

$$= -\frac{1}{x^2+2x+3} - 3\left[\frac{x+1}{2\cdot 2(x^2+2x+3)} + \frac{1}{2(\sqrt{2})^3}\arctan\frac{x+1}{\sqrt{2}}\right] + C$$

$$= \frac{-3x-7}{4(x^2+2x+3)} - \frac{3}{4\sqrt{2}}\arctan\frac{x+1}{\sqrt{2}} + C.$$

注　其中，利用 5.3 节例 5.3.8 的式 (5.3.5) 可得 $\displaystyle\int \frac{1}{[(x+1)^2+(\sqrt{2})^2]^2}d(x+1) =$

$\dfrac{x+1}{2\cdot 2(x^2+2x+3)} + \dfrac{1}{2(\sqrt{2})^3}\arctan\dfrac{x+1}{\sqrt{2}} + C.$

例 5.4.5　求 $\displaystyle\int \frac{x^5+x^4-8}{x^2+2x+1}dx$.

解　因为

$$\frac{x^5+x^4-8}{x^2+2x+1} = x^3 - x^2 + x - 1 + \frac{x-7}{(x+1)^2}$$

$$= x^3 - x^2 + x - 1 + \frac{1}{x+1} + \frac{-8}{(x+1)^2},$$

微课

例 5.4.5

所以

$$\int \frac{x^5+x^4-8}{x^2+2x+1}dx = \int \left[x^3 - x^2 + x - 1 + \frac{1}{x+1} + \frac{-8}{(x+1)^2}\right]dx$$

$$= \frac{x^4}{4} - \frac{x^3}{3} + \frac{x^2}{2} - x + \ln|x+1| + \frac{8}{x+1} + C.$$

综上可知，求有理函数不定积分的一般步骤是：

(1) 将有理函数分解为多项式与真分式之和；

（2）将真分式分解为若干个部分分式之和；

（3）求多项式与部分分式的不定积分.

对于有些有理函数，利用一般步骤求解不定积分相对烦琐，在具体问题中应结合被积函数的形式特点，尽可能地灵活变形以简化计算过程.

例 5.4.6 求 $\displaystyle\int \frac{1}{x(x^{10}+1)}\mathrm{d}x$.

解 因为

$$\frac{1}{x(x^{10}+1)}=\frac{(x^{10}+1)-x^{10}}{x(x^{10}+1)}=\frac{1}{x}-\frac{x^9}{x^{10}+1},$$

所以

$$\int \frac{1}{x(x^{10}+1)}\mathrm{d}x=\int\left(\frac{1}{x}-\frac{x^9}{x^{10}+1}\right)\mathrm{d}x=\int\frac{1}{x}\mathrm{d}x-\frac{1}{10}\int\frac{1}{x^{10}+1}\mathrm{d}(x^{10}+1)$$

$$=\ln|x|-\frac{1}{10}\ln(x^{10}+1)+C.$$

*5.4.4 可化为有理函数的积分举例——三角函数有理式的不定积分

所谓三角函数有理式是指由三角函数和常数经过有限次四则运算所得到的函数. 由于各种三角函数都可用 $\sin x$ 及 $\cos x$ 的有理式表示，故三角函数有理式也就是 $\sin x$，$\cos x$ 的有理式，记作

$$R(\sin x,\cos x),$$

其中 $R(u,v)$ 表示 u，v 两个变量的有理式.

用 $\displaystyle\int R(\sin x,\cos x)\mathrm{d}x$ 表示三角函数有理式的不定积分. 这类不定积分可以通过代换 $t=\tan\dfrac{x}{2}$ $(-\pi<x<\pi)$①，结合万能公式将三角有理式的积分化为以 t 为变量的有理函数的积分.

由万能公式有

$$\sin x=\frac{2\tan\dfrac{x}{2}}{1+\tan^2\dfrac{x}{2}}=\frac{2t}{1+t^2};$$

$$\cos x=\frac{1-\tan^2\dfrac{x}{2}}{1+\tan^2\dfrac{x}{2}}=\frac{1-t^2}{1+t^2};$$

---

① 当 $x\in((2k-1)\pi,(2k+1)\pi)$ 时，作变换 $t=\tan\dfrac{x-2k\pi}{2}=\tan\dfrac{x}{2}$，则 $x=2k\pi+2\arctan t$，以下所得结果相同.

又 $x = 2\arctan t$，从而

$$\mathrm{d}x = \frac{2}{1+t^2}\mathrm{d}t,$$

所以

$$\int R(\sin x,\ \cos x)\mathrm{d}x = \int R\left(\frac{2t}{1+t^2},\ \frac{1-t^2}{1+t^2}\right)\cdot\frac{2}{1+t^2}\mathrm{d}t.$$

由于有理函数的不定积分总能积出来，因此所求的不定积分最终得以求出. 这种代换方法称为"**万能代换法**".

例 5.4.7　求 $\displaystyle\int\frac{1}{1+\sin x+\cos x}\mathrm{d}x$.

解　令 $t = \tan\dfrac{x}{2}$，则

$$\sin x = \frac{2t}{1+t^2},\quad \cos x = \frac{1-t^2}{1+t^2},\quad \mathrm{d}x = \frac{2}{1+t^2}\mathrm{d}t,$$

于是

$$\text{原式} = \int\frac{1}{1+\dfrac{2t}{1+t^2}+\dfrac{1-t^2}{1+t^2}}\cdot\frac{2}{1+t^2}\mathrm{d}t = \int\frac{1}{1+t}\mathrm{d}t = \ln|1+t|+C.$$

由于 $t = \tan\dfrac{x}{2}$，故原式 $= \ln\left|1+\tan\dfrac{x}{2}\right|+C$.

例 5.4.8　求 $\displaystyle\int\frac{1+\sin x}{\sin x(1+\cos x)}\mathrm{d}x$.

解　令 $t = \tan\dfrac{x}{2}$，则

$$\sin x = \frac{2t}{1+t^2},\quad \cos x = \frac{1-t^2}{1+t^2},\quad \mathrm{d}x = \frac{2}{1+t^2}\mathrm{d}t,$$

于是

$$\text{原式} = \int\frac{1+\dfrac{2t}{1+t^2}}{\dfrac{2t}{1+t^2}\left(1+\dfrac{1-t^2}{1+t^2}\right)}\cdot\frac{2}{1+t^2}\mathrm{d}t = \int\frac{1}{2}\left(t+2+\frac{1}{t}\right)\mathrm{d}t$$

$$= \frac{t^2}{4}+t+\frac{1}{2}\ln|t|+C.$$

由于 $t = \tan\dfrac{x}{2}$，故

$$\int \frac{1+\sin x}{\sin x(1+\cos x)}\mathrm{d}x = \frac{1}{4}\tan^2\frac{x}{2} + \tan\frac{x}{2} + \frac{1}{2}\ln\left|\tan\frac{x}{2}\right| + C.$$

需要注意的是，万能代换法虽然总是有效的，但化出的有理函数的积分往往比较烦琐，因此，这种代换并不意味着在任何场合都是简便的. 所以求三角函数有理式的积分应先尽可能考虑应用其他方法，选择较合适的变换方法.

例 5.4.9 求 $\displaystyle\int \frac{\cos 2x}{1+\sin x\cos x}\mathrm{d}x$.

解 注意到

$$1+\sin x\cos x = 1 + \frac{\sin 2x}{2}, \quad \cos 2x\,\mathrm{d}x = \mathrm{d}\left(1+\frac{\sin 2x}{2}\right),$$

因此

$$原式 = \int \frac{\cos 2x}{1+\dfrac{\sin 2x}{2}}\mathrm{d}x = \int \frac{1}{1+\dfrac{\sin 2x}{2}}\mathrm{d}\left(1+\frac{\sin 2x}{2}\right) = \ln\left(1+\frac{\sin 2x}{2}\right) + C.$$

习题 5.4

1. 求下列不定积分：

(1) $\displaystyle\int \frac{\mathrm{d}x}{(x-1)(x-2)(x-3)}$;

(2) $\displaystyle\int \frac{2x+1}{x^2-x+3}\mathrm{d}x$;

(3) $\displaystyle\int \frac{1}{(x^2+1)(x^2+x+1)}\mathrm{d}x$;

(4) $\displaystyle\int \frac{2x-1}{x^3-1}\mathrm{d}x$;

(5) $\displaystyle\int \frac{x^4}{(x-1)^3}\mathrm{d}x$;

(6) $\displaystyle\int \frac{x^5+x^4-8}{x^3-x}\mathrm{d}x$;

(7) $\displaystyle\int \frac{3x^3+1}{x^2-1}\mathrm{d}x$;

(8) $\displaystyle\int \frac{1}{x^2(1+x^2)^2}\mathrm{d}x$;

(9) $\displaystyle\int \frac{\mathrm{d}x}{x(x^6+2)}$;

(10) $\displaystyle\int \frac{x}{x^4-16}\mathrm{d}x$;

(11) $\displaystyle\int \frac{x^5}{x^{12}+1}\mathrm{d}x$;

(12) $\displaystyle\int \frac{x^{15}}{x^8+1}\mathrm{d}x$.

2. 求下列三角函数有理式的积分：

(1) $\displaystyle\int \frac{\mathrm{d}x}{2\sin x-\cos x+5}$;

(2) $\displaystyle\int \frac{\mathrm{d}x}{3+\sin^2 x}$;

(3) $\displaystyle\int \frac{\mathrm{d}x}{1+\sin x}$;

(4) $\displaystyle\int \frac{\tan x}{1+\cos x}\mathrm{d}x$;

(5) $\displaystyle\int \frac{1}{\sin^3 x\cos x}\mathrm{d}x$;

(6) $\displaystyle\int \frac{\mathrm{d}x}{a^2\sin^2 x+b^2\cos^2 x}$, $a\neq 0$, $b\neq 0$.

本章小结

不定积分是积分学中的一个基本概念,本章系统介绍了不定积分的概念及求不定积分的几种常用方法.

函数 $f(x)$ 在区间 I 上的全体原函数称为 $f(x)$ 在区间 I 上的不定积分,常用的求不定积分的基本方法有直接积分法、换元积分法、分部积分法和有理函数积分法. 其中,直接积分法是直接利用不定积分的基本性质和基本积分公式(有时需先将被积函数恒等变形)求出不定积分.

换元积分法是通过适当的变量代换将某些难以计算的不定积分转化为容易计算的不定积分. 它分为第一类换元法和第二类换元法. 第一类换元法的关键是凑微分,因此必须熟练掌握常见的凑微分类型. 其灵活性较大,有时需要做系列变换,如加项、减项、裂项等,将被积函数化为可用凑微分法计算的不定积分. 第二类换元法是通过引入新变量做代换,将所求积分转化为容易积分的形式,其中常见的三角代换要熟练掌握.

分部积分法主要用于解决被积函数含有反三角函数、对数函数、幂函数、三角函数、指数函数的乘积项的积分. 其基本思想是恰当分部,正确选择 u 和 v,进而将难以计算的积分 $\int u\mathrm{d}v$ 转化为容易计算的积分 $\int v\mathrm{d}u$.

有理函数的积分可归结为多项式与真分式的积分,而真分式的积分可以归结为四类简单真分式(即部分分式)的积分.

有些函数的不定积分虽然存在,但不能用初等函数表示,因此不能"积"出来. 例如

$$\int \frac{\sin x}{x}\mathrm{d}x, \quad \int \mathrm{e}^{x^2}\mathrm{d}x, \quad \int \frac{1}{\ln x}\mathrm{d}x, \quad \int \sin x^2\mathrm{d}x$$

等,需要读者注意.

总复习题 5

1. 填空题.

(1) 设 e^{-x} 是 $f(x)$ 的一个原函数,则 $\int f(x)\mathrm{d}x =$ _____, $\int \mathrm{e}^x f'(x)\mathrm{d}x =$ _____, $\int xf(x)\mathrm{d}x =$ _____.

(2) 已知 $f(x)$ 的一个原函数为 $\ln^2 x$,则 $\int xf'(x)\mathrm{d}x =$ _____.

(3) $\int \frac{\ln x - 1}{x^2}\mathrm{d}x =$ _____.

(4) 设 $\int \arcsin \sqrt{x} \cdot f(x) \mathrm{d}x = \dfrac{2}{3} x^{\frac{3}{2}} + C$，则 $\int \dfrac{1}{f(x)} \mathrm{d}x = $ _____.

(5) 设 $F(x)$ 是 $\mathrm{e}^{-\cos x^2}$ 的一个原函数，则 $\dfrac{\mathrm{d}F(\sqrt{x})}{\mathrm{d}x} = $ _____.

(6) 若 $f'(x)$ 是 x 的二次函数，且 $f(x)$ 在 $x=-1$，$x=5$ 处有极值，且 $f(0)=2$，$f(-2)=0$，则 $f(x) = $ _____.

*(7) 设 $f(x) = \begin{cases} \mathrm{e}^x, & x<0 \\ x+1, & x\geqslant 0 \end{cases}$，则 $\int f(x) \mathrm{d}x = $ _____.

2. 选择题.

(1) 若 $F'(x)=f(x)$，则下列式子不正确的是 （　　）.

(A) $\int \mathrm{e}^x f(\mathrm{e}^x) \mathrm{d}x = F(\mathrm{e}^x) + C$ 　　　　　　 (B) $\int \dfrac{f(\tan x)}{\cos^2 x} \mathrm{d}x = F(\tan x) + C$

(C) $\int -f(3-x) \mathrm{d}x = F(3-x) + C$ 　　　　 (D) $\int \dfrac{f\left(\dfrac{1}{x}\right)}{x^2} \mathrm{d}x = F\left(\dfrac{1}{x}\right) + C$

(2) 下列等式成立的是 （　　）.

(A) $\int f'(x) \mathrm{d}x = f(x)$ 　　　　　　　　 (B) $\int \mathrm{d}f(x) = f(x)$

(C) $\dfrac{\mathrm{d}}{\mathrm{d}x} \int f(x) \mathrm{d}x = f(x)$ 　　　　　　 (D) $\mathrm{d}\int f(x) \mathrm{d}x = f(x)$

(3) 已知 $f'(\cos x) = \sin x$，则 $f(\cos x) = $ （　　）.

(A) $-\cos x + C$ 　　　　　　　　　　　 (B) $\cos x + C$

(C) $\dfrac{1}{2}(\sin x \cos x - x) + C$ 　　　　 (D) $\dfrac{1}{2}(x - \sin x \cos x) + C$

(4) 设 $f(x)$ 为连续函数，且 $F'(x)=f(x)$，a，b 为常数，则下列各式不正确的是 （　　）.

(A) $\int f(ax+b) \mathrm{d}x = \dfrac{1}{a} F(ax+b) + C \quad (a \neq 0)$

(B) $\int f(x^n) x^{n-1} \mathrm{d}x = F(x^n) + C$

(C) $\int f(\ln ax) \dfrac{1}{x} \mathrm{d}x = F(\ln ax) + C \quad (a > 0)$

(D) $\int f(\mathrm{e}^x) \mathrm{e}^x \mathrm{d}x = F(\mathrm{e}^x) + C$

(5) 若 $\int x f(x) \mathrm{d}x = \arcsin x + C$，则 $\int \dfrac{1}{f(x)} \mathrm{d}x = $ （　　）.

(A) $-\dfrac{1}{3}\sqrt{(1-x^2)^3} + C$ 　　　　　　 (B) $-\dfrac{3}{4}\sqrt{(1-x^2)^3} + C$

(C) $\dfrac{2}{3}\sqrt[3]{(1-x^2)^2} + C$ 　　　　　　 (D) $\dfrac{3}{4}\sqrt[3]{(1-x^2)^2} + C$

(6) $\int e^{\sin x} \sin x \cos x \, dx = ($ $)$.

(A) $e^{\sin x} + C$

(B) $e^{\sin x} \sin x + C$

(C) $e^{\sin x} \cos x + C$

(D) $e^{\sin x}(\sin x - 1) + C$

3. 求下列不定积分：

(1) $\int \dfrac{x}{(1-x)^3} dx$；

(2) $\int \sin^3 x \cos^2 x \, dx$；

(3) $\int \tan^4 x \, dx$；

(4) $\int \dfrac{1}{x^2 \sqrt{x^2-1}} dx$；

(5) $\int \dfrac{\sqrt[3]{x}}{x(\sqrt{x} + \sqrt[3]{x})} dx$；

(6) $\int \dfrac{dx}{(4-x^2)^{5/2}}$；

(7) $\int \dfrac{1}{x^4 \sqrt{1+x^2}} dx$；

(8) $\int x \cos^2 x \, dx$；

(9) $\int e^x \sin^2 x \, dx$；

(10) $\int \sin(\ln x) dx$；

(11) $\int \dfrac{\sin x \cos x}{1 + \sin^4 x} dx$；

(12) $\int \dfrac{dx}{1 + \tan x}$；

(13) $\int x \cos x \sin x \, dx$；

(14) $\int \dfrac{x \, dx}{x^4 + 2x^2 + 5}$；

(15) $\int \dfrac{e^{2x} + e^x}{e^{2x} - e^x + 1} dx$；

(16) $\int \dfrac{x^{11}}{x^8 + 3x^4 + 2} dx$.

4. 求下列不定积分：

(1) $\int \dfrac{dx}{\sin 2x + 2\sin x}$；

(2) $\int e^x (x+1) \ln x \, dx$；

(3) $\int \dfrac{x e^x}{\sqrt{e^x - 2}} dx$；

(4) $\int \dfrac{(x+1) \arcsin x}{\sqrt{1-x^2}} dx$；

(5) $\int \dfrac{x + \ln(1-x)}{x^2} dx$；

(6) $\int \dfrac{\arctan e^x}{e^x} dx$；

(7) $\int \dfrac{1}{(2-x)\sqrt{1-x}} dx$；

(8) $\int \dfrac{x^2}{1+x^2} \arctan x \, dx$.

5. 解答题.

(1) 设 $f(\sin^2 x) = \dfrac{x}{\sin x}$，其中 $0 < x < 1$，求 $\int \dfrac{\sqrt{x}}{\sqrt{1-x}} f(x) dx$.

(2) 设 $f(x) = \dfrac{\sin x}{x}$，求 $\int x f''(x) dx$.

6. 设 $I_n = \int \dfrac{1}{\sin^n x} dx$，其中 $n \geq 2$，证明 $I_n = -\dfrac{1}{n-1} \dfrac{\cos x}{\sin^{n-1} x} + \dfrac{n-2}{n-1} I_{n-2}$.

附录 | 常用公式

1. 一些常用的三角公式

（1）基本公式

$\sin^2\alpha + \cos^2\alpha = 1$；

$1 + \tan^2\alpha = \sec^2\alpha$；

$1 + \cot^2\alpha = \csc^2\alpha.$

（2）两角和、两角差公式

$\sin(\alpha+\beta) = \sin\alpha\cos\beta + \cos\alpha\sin\beta$；

$\sin(\alpha-\beta) = \sin\alpha\cos\beta - \cos\alpha\sin\beta$；

$\cos(\alpha+\beta) = \cos\alpha\cos\beta - \sin\alpha\sin\beta$；

$\cos(\alpha-\beta) = \cos\alpha\cos\beta + \sin\alpha\sin\beta.$

（3）和差化积公式

$$\sin\alpha + \sin\beta = 2\sin\frac{\alpha+\beta}{2}\cos\frac{\alpha-\beta}{2};$$

$$\sin\alpha - \sin\beta = 2\cos\frac{\alpha+\beta}{2}\sin\frac{\alpha-\beta}{2};$$

$$\cos\alpha + \cos\beta = 2\cos\frac{\alpha+\beta}{2}\cos\frac{\alpha-\beta}{2};$$

$$\cos\alpha - \cos\beta = -2\sin\frac{\alpha+\beta}{2}\sin\frac{\alpha-\beta}{2}.$$

（4）积化和差公式

$$\sin\alpha\sin\beta = -\frac{1}{2}\left[\cos(\alpha+\beta) - \cos(\alpha-\beta)\right];$$

$$\cos\alpha\cos\beta = \frac{1}{2}\left[\cos(\alpha+\beta) + \cos(\alpha-\beta)\right];$$

$$\sin\alpha\cos\beta = \frac{1}{2}\left[\sin(\alpha+\beta) + \sin(\alpha-\beta)\right].$$

（5）倍角公式

$$\sin 2\alpha = 2\sin\alpha\cos\alpha = \frac{2\tan\alpha}{1+\tan^2\alpha};$$

$$\cos 2\alpha = \cos^2\alpha - \sin^2\alpha = 1 - 2\sin^2\alpha = 2\cos^2\alpha - 1 = \frac{1-\tan^2\alpha}{1+\tan^2\alpha};$$

$$\tan 2\alpha = \frac{2\tan\alpha}{1-\tan^2\alpha}.$$

（6）半角公式

$$\sin^2\frac{\alpha}{2} = \frac{1-\cos\alpha}{2}; \qquad \cos^2\frac{\alpha}{2} = \frac{1+\cos\alpha}{2}.$$

（7）万能公式

$$\sin\alpha = \frac{2\tan\frac{\alpha}{2}}{1+\tan^2\frac{\alpha}{2}}; \qquad \cos\alpha = \frac{1-\tan^2\frac{\alpha}{2}}{1+\tan^2\frac{\alpha}{2}}; \qquad \tan\alpha = \frac{2\tan\frac{\alpha}{2}}{1-\tan^2\frac{\alpha}{2}}.$$

2. 一些常用的代数公式

（1）常用不等式

对于任意的实数 a，b，均有

$$||a|-|b|| \leqslant |a\pm b| \leqslant |a|+|b|;$$

$2ab \leqslant a^2+b^2$，等号成立当且仅当 $a=b$；

$$\frac{2ab}{a+b} \leqslant \sqrt{ab} \leqslant \frac{a+b}{2} \leqslant \sqrt{\frac{a^2+b^2}{2}}，等号成立当且仅当 a=b.$$

（2）部分数列的前 n 项和公式

$$1+2+\cdots+n = \frac{1}{2}n(n+1);$$

$$1^2+2^2+\cdots+n^2 = \frac{1}{6}n(n+1)(2n+1);$$

$$1^3+2^3+\cdots+n^3 = (1+2+\cdots+n)^2 = \frac{1}{4}n^2(n+1)^2;$$

$$a+aq+aq^2+\cdots+aq^{n-1} = \frac{a-aq^n}{1-q}, \quad q\neq1.$$

（3）排列组合公式

$$n! = n(n-1)(n-2)\cdots2\cdot1, \quad 0!=1.$$

排列数 $P_n^m = n(n-1)(n-2)\cdots(n-m+1)$，$P_n^0=1$，$P_n^n=n!$.

组合数 $C_n^m = \dfrac{n(n-1)(n-2)\cdots(n-m+1)}{m!} = \dfrac{n!}{m!(n-m)!}$，$C_n^0=1$，$C_n^n=1$.

（4）乘法与因式分解公式（n 为正整数）

$(a+b)^3 = a^3 + 3a^2b + 3ab^2 + b^3$;

$(a-b)^3 = a^3 - 3a^2b + 3ab^2 - b^3$;

$a^3 - b^3 = (a-b)(a^2 + ab + b^2)$;

$a^3 + b^3 = (a+b)(a^2 - ab + b^2)$;

$a^n - b^n = (a-b)(a^{n-1} + a^{n-2}b + \cdots + ab^{n-2} + b^{n-1})$;

$(a+b)^n = \sum_{k=0}^{n} C_n^k a^{n-k} b^k = a^n + C_n^1 a^{n-1} b + C_n^2 a^{n-2} b^2 + \cdots + C_n^{n-1} ab^{n-1} + C_n^n b^n$.

（5）对数公式

$\log_a(xy) = \log_a x + \log_a y$;

$\log_a \dfrac{x}{y} = \log_a x - \log_a y$;

$\log_a x^b = b \log_a x$;

$\log_a x = \dfrac{\log_c x}{\log_c a}$;

$a^{\log_a x} = x$.

注　在上述对数公式中，要求 $x>0$，$y>0$，$a>0$，$a \neq 1$，$c>0$，$c \neq 1$.

附录 II　　　参考答案

第1章习题参考答案

习题 1.1

1. (1) $(0,1)$;　　(2) $(-\infty, -6)\cup(4, +\infty)$;　　(3) $(-\infty, 0)$;　　(4) $(1,2)$.

2. 略.

习题 1.2

1. (1) $(-\infty, +\infty)$;　　(2) $(0, e)\cup(e, +\infty)$;　　(3) $\left(-\dfrac{1}{2}, +\infty\right)$;

(4) $\left(2k\pi-\dfrac{\pi}{2}, 2k\pi+\dfrac{\pi}{2}\right)$, $k\in \mathbf{Z}$.

2. (1) 相同;　　(2) 不相同;　　(3) 相同;　　(4) 相同;

3. $(2k+1)\pi < x < (2k+2)\pi$, $k\in \mathbf{Z}$.

习题 1.3

1. (1) 单减区间 $[0, +\infty)$, 单增区间 $(-\infty, 0]$;

(2) 单减区间 $\left[\dfrac{9}{2}, 9\right]$, 单增区间 $\left[0, \dfrac{9}{2}\right]$;

(3) 单增区间 $(-\infty, -1)\cup(-1, +\infty)$;

(4) 单减区间 $(-\infty, 0]$, 单增区间 $[0, +\infty)$.

2. (1) 非奇非偶;　　(2) 偶函数;　　(3) 奇函数;　　(4) 非奇非偶函数;

(5) 奇函数;　　(6) 偶函数;　　(7) 偶函数;　　(8) 偶函数.

3. (1) 无界;　　(2) 无界;　　(3) 有界;　　(4) 无界.

4. (1) 是, 周期 $T=\dfrac{\pi}{2}$;　　(2) 不是;　　(3) 是, 周期 $T=\pi$;

(4) 是，周期 $T=2\pi$.

习题 1.4

1. (1) $y=\sqrt{2x-x^2}$，$x\in[0,1]$;   (2) $y=e^{x-2}-3$，$x\in(-\infty,+\infty)$;

(3) $y=\sqrt{\ln(x-1)}$，定义域为 $[2,+\infty)$;

(4) $y=\dfrac{-4x}{(1+x)^2}$，定义域为 $(-1,1]$.

2. (1) 可以，定义域为 $[0,+\infty)$;   (2) 可以，定义域为 $[-3,1]$;   (3) 不可以;   (4) 可以，定义域为 $(-\infty,-1)\cup[0,+\infty)$.

3. $p=30$，$Q_d=25$.

4. (1) $100℃$，$32℉$;   (2) 存在，$-40℉=-40℃$.

习题 1.5

1. 略.

2. (1) $y=\pi+\arctan x$，$x\in(-\infty,+\infty)$;   (2) $y=\dfrac{1}{2}\arcsin\dfrac{x}{3}$，$x\in[0,3]$.

习题 1.6

1. 略.

2. (1) $x^2+y^2=4$;   (2) $y=1$;   (3) $x^2+\left(y-\dfrac{3}{2}\right)^2=\dfrac{9}{4}$;   (4) $x^2-y^2=16$.

3. (1) $r\cos\theta=2$;   (2) $r=\cos\theta$;   (3) $r=\dfrac{1}{\cos\theta+\sin\theta}$;   (4) $r=a(1+\cos\theta)$.

总复习题 1

1. (1) $(-\infty,4]$;   (2) $(-4,-\pi]\cup[0,\pi]$.

2. (1) 不相同;   (2) 不相同.

3. $f(0)=0$，$f(1)=\dfrac{1}{3}$，$f\left(\dfrac{1}{x}\right)=\dfrac{2^{\frac{1}{x}}-1}{2^{\frac{1}{x}}+1}$，$f(-x)=\dfrac{1-2^x}{1+2^x}$.

4. (1) $y=\sin u$，$u=\ln x$;   (2) $y=e^u$，$u=v^2$，$v=\cos x$;

(3) $y=u^2$，$u=\arcsin v$，$v=2x-1$;   (4) $y=\sqrt{u}$，$u=v+t$，$v=x^2$，$t=\ln x$.

5. (1) $[-1,1]$;   (2) $[1,e]$.

6. (1) 略;   (2) $[0,1]$;   (3) 空集.

7. $f[f(x)]=1$.

8. $f(x)=x^2-2$.

9. $\varphi(x)=\arcsin(1-x^3)$.

10. 提示：$af(x)+bf\left(\dfrac{1}{x}\right)=cx$，$af\left(\dfrac{1}{x}\right)+bf(x)=\dfrac{c}{x}$，求出 $f(x)$ 的解析表达式，

则可得证.

11. 设 x_1，x_2 为区间 $[a, c]$ 中任意两点，且 $x_1 < x_2$，则

(1) 当 x_1，$x_2 \in [a, b]$ 时，显然有 $f(x_1) < f(x_2)$；

(2) 当 x_1，$x_2 \in [b, c]$ 时，显然有 $f(x_1) < f(x_2)$；

(3) 当 $x_1 \in [a, b]$，$x_2 \in [b, c]$ 时，有 $f(x_1) \leqslant f(b) \leqslant f(x_2)$，且不等式中的等号不能同时成立.

综合上述三种情况都有 $f(x_1) < f(x_2)$，所以 $f(x)$ 为区间 $[a, c]$ 上的单调递增函数.

12. $R(Q) = \begin{cases} 50Q, & 0 \leqslant Q \leqslant 1\,000 \\ 40Q + 10\,000, & 1\,000 < Q \leqslant 2\,000 \end{cases}$.

第 2 章习题参考答案

习题 2.1

1. (1) 收敛，极限为 1.

(2) $x = k\pi + \dfrac{\pi}{2}$ ($k \in \mathbf{Z}$) 时收敛，极限为 0；否则，发散.

(3) 发散.

(4) 当 $\alpha > 0$ 时，收敛，极限为 0；当 $\alpha = 0$ 时，收敛，极限为 1；当 $\alpha < 0$ 时，发散.

2. 略.

3. (1) 必要非充分条件；　(2) 充分必要条件；　(3) 必要非充分条件.

4. 由极限的分析定义可证. 当 $a = 0$ 时，由分析定义可证其逆命题正确；若 $a \neq 0$，其逆命题不正确，如取 $a_n = (-1)^n$，显然 $\{|a_n|\}$ 收敛，但 $\{a_n\}$ 发散.

5. 略.

习题 2.2

1. $\lim\limits_{x \to -1} f(x) = -1$，$\lim\limits_{x \to 0} f(x)$ 不存在，$\lim\limits_{x \to 1} f(x) = 0$，$\lim\limits_{x \to 2} f(x) = 2$，$\lim\limits_{x \to 3^-} f(x) = 0$.

2. 略.

3. $0 < \delta < 0.000\,2$. **提示**：不妨设 $1 < x < 3$.

　注　当 x 在点 2 附近的设定范围不同时，δ 的取值范围随之而变.

4. **提示**：考虑左右极限.

习题 2.3

1. (1) 无穷小量；　(2) 无穷小量；　(2) 无穷大量；　(4) 既非无穷小量，也非无穷大量.

2~5. 略.

习题 2.4

1. (1) 0;   (2) 3;   (3) 0;   (4) $\dfrac{\sqrt{2}}{3}$;   (5) 1;   (6) 不存在;

(7) 1;   (8) 0;   (9) 1;   (10) $-\infty$;   (11) $-\dfrac{1}{2}$.

2. 略.

3. (1) 正确;   (2) 错误.

4. 略.

*5. 略.

习题 2.5

1. (1) 0;   (2) 2;   (3) $\dfrac{1}{2}$;   (4) x;   (5) 1;   (6) $-\dfrac{2}{\pi}$.

2. (1) $\dfrac{1}{e}$;   (2) e;   (3) $\dfrac{1}{e^2}$;   (4) e;   (5) e^{-10};   (6) $e^{-\frac{1}{2}}$.

3. 2.

4. 提示: $0 \leqslant \left|\dfrac{\sin nx}{n}\right| \leqslant \dfrac{1}{n}$.

5. 提示: (1) 根据归纳法可证 $\{x_n\}$ 单调递减; (2) 单调有界数列必有极限, 令 $n \to \infty$, 对 $x_{n+1} = x_n(1 - 2x_n)$ 两边取极限, 可得 $\lim\limits_{n \to \infty} x_n = 0$.

6. 4 946.1 元.

7. 10 000 元.

习题 2.6

1. (1) 否, $1 - \cos x$ 是 $\sin x$ 的高阶无穷小量;   (2) 是;   (3) 是;   (4) 否, $\tan x - \sin x$ 与 x^3 是同阶非等价无穷小量.

2. (1) 0;   (2) 0;   (3) 0;   (4) ∞;   (5) -3;   (6) $\dfrac{1}{3}$.

3. 2 阶.

习题 2.7

1. (1) $x = k$ ($k \in \mathbf{Z}$, $k \neq 1$) 为第二类间断点中的无穷间断点, $x = 1$ 为第一类间断点中的可去间断点, 补充 $y(1) = \dfrac{1}{\pi}$;

(2) $x = -2$ 为第二类间断点中的无穷间断点, $x = 1$ 为第一类间断点中的可去间断点, 补充 $y(1) = 1$;

(3) $x = -1$ 为第一类间断点中的跳跃间断点;

(4) $x=0$ 为第一类间断点中的跳跃间断点.

2. $x=-1$ 为第二类间断点，$x=0$ 为第一类间断点中的可去间断点，$x=1$ 为第一类间断点中的跳跃间断点.

3. $a=\sqrt{2}-2$.

4. 参考习题 2.1 第 4 题并结合连续性的定义.

5. (1) $\dfrac{1}{2}$；　(2) $\dfrac{1}{2}\ln 2$；　(3) $\dfrac{1}{\sqrt{e}}$；　(4) 1；　(5) $\dfrac{1}{e}$；　(6) $\dfrac{1}{e^2}$；　(7) $\dfrac{1}{2}$；

(8) $\dfrac{3}{2}\pi$.

6. $a=7$，$b=5$.

7. $(\ln a)^2$.

8. 0.

9. $a=-\dfrac{\ln 3}{2}$.

10. (1) $n=3$，$a_n=-1$；　(2) $P(x)=-x^3+3x^2$.

11～13. 略.

14. 提示：设 $M=\max\limits_{1\leqslant i\leqslant n}\{f(x_i)\}$，$m=\min\limits_{1\leqslant i\leqslant n}\{f(x_i)\}$，则

$$m\leqslant\dfrac{f(x_1)+f(x_2)+\cdots+f(x_n)}{n}\leqslant M.$$

15. 提示：利用保号性.

总复习题 2

1. (1) $\dfrac{2^{20}3^{30}}{5^{50}}$；　(2) 12，不存在，2，4；　(3) $3x+1$；　(4) $\dfrac{2}{3}$；　(5) 5.

2. (1) C；　(2) D.

3. -1.

4. (1) 当 $|a|>1$ 时极限为 1，当 $|a|<1$ 时极限为 0，当 $a=1$ 时极限为 $\dfrac{1}{2}$；

(2) $\dfrac{\sqrt{2}}{2}$；　(3) $\dfrac{\pi}{2}$；　(4) 1；　(5) -1；　(6) $\dfrac{4}{3}$；　(7) -9；　(8) -1；

(9) $\dfrac{m}{n}$；　(10) 0；　(11) $-\dfrac{\sqrt{2}}{4}$；　(12) $\dfrac{2}{3}$；　(13) -1；　(14) e^6；

(15) $\dfrac{1}{4}$；　(16) 1；　(17) e^3；　(18) -1；　(19) $\sqrt{e}$；　(20) 0；

(21) e^β；　(22) 0.

5. 12.

6. $a=7$；$b=-14$.

7. (1) $x=\dfrac{k\pi}{2}+\dfrac{\pi}{4}$ $(k\in\mathbf{Z})$ 为第二类间断点中的无穷间断点，$x=0$ 为第一类间断点中的可去间断点，补充 $y(0)=2$；

(2) $x=0$ 为第一类间断点中的跳跃间断点.

8. $x=-1$ 为第一类间断点中的跳跃间断点.

9. (1) 错，不一定发散；**提示**：令 $x_n=\cos\dfrac{n\pi}{2}$，$y_n=\sin\dfrac{n\pi}{2}$.

(2)（i）错，不一定有间断点.（ii）正确；**提示**：(i) 与 (ii) 中均可令 $f(x)=\mathrm{e}^{|x|}$，$g(x)=\begin{cases}1, & x\geqslant 0\\ -1, & x<0\end{cases}$.

(3) 错，有可能连续. **提示**：令 $f(x)=\begin{cases}1, & x\geqslant 0\\ -1, & x<0\end{cases}$，$g(x)=\begin{cases}-1, & x\geqslant 0\\ 1, & x<0\end{cases}$，取 $x_0=0$.

10. $a=3$，$b=2$.

11~12. 略.

13. 1.

14. 略.

15. 极限存在且等于 $\dfrac{3}{2}$.

16. 极限为 $-\dfrac{1}{2}$. **提示**：令 $f(x)=(x-2a)(x-4a)(bx+c)$.

17. 略.

第 3 章习题参考答案

习题 3.1

1. -4.

2. (1) $-f'(x_0)$；   (2) $-f'(x_0)$；   (3) $3f'(x_0)$；   (4) $f'(0)$.

3. $f'_-(0)=0$，$f'_+(0)=-1$，$f'(0)$ 不存在.

4. $a=1$，$b=1$.

5. 切线方程为 $3x-y-2=0$，法线方程为 $x+3y-4=0$.

6. $f'(1)=2$.

7. 当 $n\geqslant 2$ 时，可导；当 $n\geqslant 1$ 时，连续但不可导.

习题 3.2

1. (1) $\dfrac{1}{\sqrt{x}}+\dfrac{6}{x^3}$；   (2) $2^x(\ln 2\cdot\cos x-\sin x)$；   (3) $\mathrm{e}^x\left(\ln x+\dfrac{1}{x}\right)$；

(4) $2\sec^2 x + \sec x \tan x$;　　(5) $\dfrac{1-x^2}{(1+x^2)^2}$;　　(6) $\dfrac{3}{x\ln 3} - 2\cos x$;

(7) $\dfrac{-2\csc x \cot x (1+x^2) - 4x\csc x}{(1+x^2)^2}$;　　(8) $2x\,\mathrm{arccot}\,x + \dfrac{1-x^2}{1+x^2}$;

(9) $3x^2 \ln x \sin x + x^2 \sin x + x^3 \ln x \cos x$.

2. (1) $20(2x+1)^9$;　　(2) $\dfrac{1}{\sqrt{9-x^2}}$;　　(3) $\csc x$;　　(4) $\dfrac{1}{2x} + \dfrac{1}{2x\sqrt{\ln x}}$;

(5) $-\dfrac{1}{x^2}\mathrm{e}^{\frac{1}{x}} + \dfrac{1}{\mathrm{e}} x^{\frac{1}{\mathrm{e}}-1}$;　　(6) $\dfrac{2\sqrt{x}+1}{4\sqrt{x}\cdot\sqrt{x+\sqrt{x}}}$;　　(7) $-\dfrac{1}{x^2}\sin\dfrac{2}{x}\mathrm{e}^{-\cos^2\frac{1}{x}}$;

(8) $\cos[\sin(\sin x)]\cos(\sin x)\cos x$;　　(9) $\dfrac{2}{1+x^2}$;　　(10) $\dfrac{2^{\cot\frac{1}{x^2}+1}\ln 2}{x^3 \sin^2\frac{1}{x^2}}$;

(11) $-3x^2 \sec(1-x^3)\tan(1-x^3)$;　　(12) $\dfrac{x}{\sqrt{(3-x^2)^3}}$.

3. (1) $\sqrt{2}$;　　(2) 11;　　(3) $\dfrac{\sqrt{2}}{2}$;　　(4) $-\dfrac{2}{3}$.

4. (1) $\sin 2x [f'(\sin^2 x) - f'(\cos^2 x)]$;　　(2) $f'(\mathrm{e}^x + x^{\mathrm{e}})\cdot(\mathrm{e}^x + \mathrm{e}x^{\mathrm{e}-1})$;

(3) $f'\{f[f(x)]\}\cdot f'[f(x)]\cdot f'(x)$.

5. $-x\mathrm{e}^{x-1}$.

6. $-\sqrt{3}$.

习题 3.3

1. (1) $\dfrac{3y-3x^2}{2y-3x}$;　　(2) $\dfrac{-y}{\mathrm{e}^y + x}$;　　(3) $\dfrac{\mathrm{e}^{x+y}-y}{x-\mathrm{e}^{x+y}}$;

(4) $-\dfrac{y^2 \sin(xy)}{1+xy\sin(xy)}$;　　(5) $\dfrac{x+y}{x-y}$;　　(6) $\dfrac{1-\cos(x+y)}{\cos(x+y)}$.

2. 切线方程为 $y+2x-\mathrm{e}=0$；法线方程为 $4y-2x+\mathrm{e}=0$.

3. (1) $\left(\dfrac{x}{1+x}\right)^{\ln x}\left(\dfrac{1}{x}\ln\dfrac{x}{1+x} + \dfrac{\ln x}{x(1+x)}\right)$;

(2) $(\tan x)^{\sin x}(\cos x \ln \tan x + \sec x)$;

(3) $\dfrac{1}{5}\sqrt[5]{\dfrac{x-3}{\sqrt[4]{x^2+1}}}\cdot\left[\dfrac{1}{x-3} - \dfrac{x}{2(x^2+1)}\right]$.

习题 3.4

1. (1) $\dfrac{2}{1-x^2} + \dfrac{2x\arcsin x}{(1-x^2)^{\frac{3}{2}}}$;　　(2) $\mathrm{e}^{-x^2}(4x^3 - 6x)$;　　(3) $\dfrac{-2(1+x^2)}{(1-x^2)^2}$;

(4) $\dfrac{4}{(x+1)^3}$.

2. (1) $9e^2$；　(2) $\dfrac{-3}{4e^4}$；　(3) -4π；　(4) 0.

3. (1) $\dfrac{6(xy-x^2-y^2)}{(2y-x)^3}$；　(2) $\dfrac{2e^{2y}-xe^{3y}}{(1-xe^y)^3}$；　(3) $-2\csc^2(x+y)\cot^3(x+y)$.

4. (1) $3^n\cos\left(1+3x+\dfrac{n\pi}{2}\right)$；　(2) $3^{(n-2)}e^{3x}\left[9x^2+6nx+n(n-1)\right]$；

(3) $\dfrac{4}{3}\dfrac{(-1)^n n!}{(x-4)^{n+1}}-\dfrac{1}{3}\dfrac{(-1)^n n!}{(x-1)^{n+1}}$.

5. (1) $\dfrac{\left[f''(\ln x)-f'(\ln x)\right]}{x^2}$；　(2) $\dfrac{f''(x)\left[1+f^2(x)\right]-2f(x)\cdot\left[f'(x)\right]^2}{\left[1+f^2(x)\right]^2}$；

(3) $2\left[f'(x)\right]^2+2f(x)f''(x)$.

习题 3.5

1. $-0.097\,5$，-0.1.

2. (1) $dy=-\dfrac{x}{\sqrt{1-x^2}}dx$；　(2) $dy=(\sin 3x+3x\cos 3x)dx$；

(3) $dy=-\ln 2\cdot\tan x\cdot 2^{\ln\cos x}dx$；　(4) $dy=-e^{-x}\left[\cos(2+x)+\sin(2+x)\right]dx$；

(5) $dy=4x\tan(1+x^2)\sec^2(1+x^2)dx$；　(6) $dy=\left[-\dfrac{1}{x^2}+\dfrac{3}{2\sqrt{x}}\right]dx$.

3. (1) $dy=\dfrac{e^y}{1-xe^y}dx$；　(2) $dy=-\dfrac{1+y\sin(xy)}{1+x\sin(xy)}dx$；

(3) $dy=\dfrac{\cos(x+y)}{1-\cos(x+y)}dx$；　(4) $dy=\dfrac{e^{x+y}-y}{x-e^{x+y}}dx$.

4. (1) $\dfrac{1}{\sqrt{1-x^3}}$，$\dfrac{1}{2(1-x^3)}$，$\dfrac{-3x^2}{2(1-x^3)}$；　(2) $e^{\sin^2 x}$，$2\sin x\,e^{\sin^2 x}$，$\sin 2x\,e^{\sin^2 x}$.

5. (1) 1.025；　(2) $0.507\,6$.

6. 略.

7. $2\ \mathrm{cm}^2$.

习题 3.6

1. $Q_d=6\,800-8P$.

2. 平均成本为 880 元，边际成本为 740 元. 经济意义：当产量为 100 单位时，再多生产一单位产品所增加的成本大约为 740 元.

3. 边际利润函数为 $L'(x)=20-0.02x$；当产量为 $1\,000$ 件时，边际利润为 0.

4. $P>1$.

5. $\eta=-\dfrac{24}{13}$，经济意义：当价格为 6 元时，若价格上涨（或下跌）1%，则需求量将大约减少（或增加）$\dfrac{24}{13}\%$.

总复习题 3

1. $-\dfrac{1}{6}$.　　2. $\dfrac{1}{2}f'(0)$.　　3. $100!$.　　4. 0.　　5. $\varphi(a)$.　　6. $2C$.

7. $\dfrac{2}{3}$.　　8. $\dfrac{3}{4}\pi$.

9. 切线方程为 $y=2(x-1)$；法线方程为 $y=2(x+1)$.

10. $a=-1$, $b=2$.

11. (1) $y'=-\dfrac{5x^3+1}{2x\sqrt{x}}$;　　　(2) $y'=\dfrac{-1-4x-x^2}{(1+x+x^2)^2}$;　　　(3) $y'=\dfrac{\mathrm{e}^{\sqrt{1+x}}}{2\sqrt{1+x}}$;

(4) $y'=\dfrac{\ln x}{x\sqrt{1+\ln^2 x}}$;　　　(5) $y'=\sin x(1+\ln x)+x\cos x\ln x$;

(6) $y'=\dfrac{2\arcsin\frac{x}{2}}{\sqrt{4-x^2}}$;　　　(7) $y'=\left(\dfrac{x}{1+x}\right)^x\left[\ln\left(\dfrac{x}{1+x}\right)+\dfrac{1}{1+x}\right]$;

(8) $y'=\dfrac{\sqrt{x+2}\,(3-x)^4}{(x+1)^5}\left[\dfrac{1}{2(x+2)}-\dfrac{4}{3-x}-\dfrac{5}{x+1}\right]$;

(9) $y'=\dfrac{1}{2}(\tan 2x)^{\cot\frac{x}{2}}\left(\dfrac{8\cot\frac{x}{2}}{\sin 4x}-\dfrac{\ln\tan 2x}{\sin^2\frac{x}{2}}\right)$.

12. (1) $y''=-\dfrac{2(1+x^2)}{(x^2-1)^2}$;　　(2) $y''=2x\mathrm{e}^{x^2}(3+2x^2)$;　　(3) $y''=\dfrac{4(3x^2-1)}{(1+x^2)^3}$.

13. (1) $y'=\dfrac{5-y\mathrm{e}^{xy}}{x\mathrm{e}^{xy}+3y^2}$;　　(2) $y'=\dfrac{1}{(x+y)\cos y-1}$.

14. $y''=\dfrac{2}{(1+y^2)^3}\left[x(1+y^2)^2-y(x^2-2)^2\right]$.

15. e^{-2}.

16. (1) $y^{(n)}=(-1)^{n-1}(n-1)!\left[\dfrac{1}{(x+1)^n}-\dfrac{1}{(x-1)^n}\right]$;

(2) $y^{(n)}=(-1)^n n!\left[\dfrac{1}{(x-3)^{n+1}}-\dfrac{1}{(x-2)^{n+1}}\right]$.

17. (1) $\mathrm{d}y=\dfrac{1}{2\sqrt{x-x^2}}\mathrm{d}x$;

(2) $\mathrm{d}y=\dfrac{3\sec^3(\ln x)\tan(\ln x)}{x}\mathrm{d}x$;

(3) $\mathrm{d}y=2xf(x^2)\left[f(x^2)+2x^2f'(x^2)\right]\mathrm{d}x$.

18. $C'(x)=\dfrac{1}{\sqrt{x}}$;　$R'(x)=\dfrac{5}{(x+1)^2}$;　$L'(x)=\dfrac{5}{(x+1)^2}-\dfrac{1}{\sqrt{x}}$.

201

19. (1) $\eta(P) = \dfrac{P}{P-24}$； (2) $\eta(4) = -0.2$，经济意义：当价格为 4 元时，若价格上涨（或下跌）1%，则需求量大约减少（或增加）0.2%；$\eta(14) = -1.4$，经济意义：当价格为 14 元时，若价格上涨（或下跌）1%，则需求量大约减少（或增加）1.4%.

20. (1) 0.874 7； (2) 1.996.

21. 略.

22. 略.

第4章习题参考答案

习题 4.1

1. (1) 满足，$\dfrac{8}{3}$； (2) 满足，$\dfrac{\pi}{2}$.

2. (1) 满足，$e-1$； (2) 满足，$\dfrac{2\sqrt{3}}{3}$.

3. 满足；$\dfrac{1}{2}$.

4～14. 略.

习题 4.2

1. (1) $\dfrac{2}{3}$； (2) -2； (3) $\dfrac{m}{n}$； (4) $\dfrac{9}{16}$； (5) $\dfrac{2\sqrt{2}}{3}$； (6) 8；

(7) $-\dfrac{4}{\pi^2}$； (8) $\dfrac{1}{6}$； (9) 2； (10) 1； (11) $\dfrac{1}{6}\ln a$； (12) 0；

(13) -1； (14) 1.

2. (1) $\dfrac{1}{2}$； (2) $\dfrac{3}{2}$； (3) 1； (4) $\dfrac{4}{3}$； (5) $\dfrac{1}{2}$； (6) e； (7) $e^{-\frac{1}{3}}$；

(8) e； (9) e^{-1}； (10) 1； (11) 1； (12) 1.

3. 略.

习题 4.3

1. $5x^5 + 4x^3 + 2x + 1 = 12 + 39(x-1) + 62(x-1)^2 + 54(x-1)^3 + 25(x-1)^4 + 5(x-1)^5$.

2. $\tan x = x + \dfrac{x^3}{3} + o(x^3)$ $(x \to 0)$.

3. $\sqrt{x} = 2 + \dfrac{1}{4}(x-4) - \dfrac{1}{64}(x-4)^2 + \dfrac{1}{512}(x-4)^3 - \dfrac{5(x-4)^4}{128\left[4+\theta(x-4)\right]^{\frac{7}{2}}}$ $(0 < \theta < 1)$.

4. $\sin 3x = 3x - \dfrac{3^3}{3!}x^3 + \dfrac{3^5}{5!}x^5 - \cdots + (-1)^{(m-1)}\dfrac{3^{2m-1}}{(2m-1)!}x^{2m-1} + o(x^{2m})$ $(x \to 0)$.

5. $x^2 e^x = x^2 + x^3 + \dfrac{x^4}{2!} + \cdots + \dfrac{x^n}{(n-2)!} + o(x^n)$ $(x \to 0)$.

6. $\ln(2+4x) = \ln 2 + 2x - 2x^2 + \dfrac{8}{3}x^3 + \cdots + (-1)^{n-1}\dfrac{2^n}{n}x^n + o(x^n)$ $(x \to 0)$.

7. $\dfrac{1}{4-x} = \dfrac{1}{3} + \dfrac{1}{3^2}(x-1) + \dfrac{1}{3^3}(x-1)^2 + \cdots + \dfrac{1}{3^{n+1}}(x-1)^n + o((x-1)^n)$ $(x \to 1)$.

8. (1) $-\dfrac{1}{12}$;　　(2) $\dfrac{1}{12}$;　　(3) $\dfrac{1}{2}$.

习题 4.4

1. (1) 单调增加区间为 $(-\infty, 1]$ 和 $[2, +\infty)$,单调减少区间为 $[1, 2]$;

(2) 单调增加区间为 $(-\infty, -2]$ 和 $[0, +\infty)$,单调减少区间为 $[-2, -1)$ 和 $(-1, 0]$;

(3) 单调增加区间为 $\left[\dfrac{1}{2}, +\infty\right)$,单调减少区间为 $\left(0, \dfrac{1}{2}\right]$;

(4) 单调增加区间为 $\left[-\dfrac{1}{2}\ln 3, +\infty\right)$,单调减少区间为 $\left(-\infty, -\dfrac{1}{2}\ln 3\right]$.

2~5. 略.

习题 4.5

1. (1) 极大值 $f(-2) = \dfrac{16}{3}$,极小值 $f(2) = -\dfrac{16}{3}$;

(2) 极大值 $f(1) = 1$,极小值 $f(-1) = -1$;

(3) 极大值 $f(2) = 3$;

(4) 极大值 $f(2) = \dfrac{4}{e^2}$,极小值 $f(0) = 0$.

2. (1) 最大值 $f(e) = e-1$,最小值 $f(1) = 1$;

(2) 最大值 $f(\pm 2) = 13$,最小值 $f(\pm 1) = 4$;

(3) 最大值 $f(1) = \dfrac{1}{2}$,最小值 $f(-1) = -\dfrac{1}{2}$.

3~4. 略.

5. 250,850 万元.

习题 4.6

1. (1) 凹区间为 $\left[-\dfrac{\sqrt{2}}{2}, 0\right]$ 和 $\left[\dfrac{\sqrt{2}}{2}, +\infty\right)$,凸区间为 $\left(-\infty, -\dfrac{\sqrt{2}}{2}\right]$ 和 $\left[0, \dfrac{\sqrt{2}}{2}\right]$,拐点为 $\left(-\dfrac{\sqrt{2}}{2}, \dfrac{7}{8}\sqrt{2}\right)$,$\left(\dfrac{\sqrt{2}}{2}, -\dfrac{7}{8}\sqrt{2}\right)$ 和 $(0, 0)$;

(2) 凹区间为 $(-\infty, 0]$,凸区间为 $[0, +\infty)$,拐点为 $(0, 0)$;

（3）凹区间为 $(-\infty, +\infty)$；

（4）凹区间为 $[2, +\infty)$，凸区间为 $(-\infty, 2]$，拐点为 $\left(2, \dfrac{2}{e^2}\right)$；

（5）凹区间为 $[-\sqrt{3}, 0]$ 和 $[\sqrt{3}, +\infty)$，凸区间为 $(-\infty, -\sqrt{3}]$ 和 $[0, \sqrt{3}]$，拐点为 $\left(-\sqrt{3}, -\dfrac{\sqrt{3}}{2}\right)$，$(0, 0)$ 和 $\left(\sqrt{3}, \dfrac{\sqrt{3}}{2}\right)$；

（6）凹区间为 $[-1, 1]$，凸区间为 $(-\infty, -1]$ 和 $[1, +\infty)$，拐点为 $(-1, \ln 2)$ 和 $(1, \ln 2)$.

2. 略.

3. $a=-3$，$b=0$，$c=1$.

习题 4.7

1. （1）$y=0$；　　（2）$y=-3$，$y=3$，$x=2$，$x=-2$；　　（3）$x=0$，$y=x$；

（4）$x=1$，$y=x+2$.

2. 略.

总复习题 4

1. （1）$\dfrac{\pi}{2}$；　　（2）$\ln(e-1)$；　　（3）$\dfrac{\pi}{6}$，$\dfrac{\pi}{2}$；　　（4）$\dfrac{1}{2}(\ln 2)^2$，$\ln 2$，1；

（5）e，大；　　　　（6）$-n-1$，小，$-e^{-n-1}$；

（7）$-\dfrac{3}{2}$，$\dfrac{9}{2}$；　　　　（8）$y=-1$，$y=1$，$x=1$，$x=2$.

2. （1）D；　　（2）B；　　（3）A；　　（4）A；　　（5）D；　　（6）B；　　（7）B；

（8）D；　　（9）B；　　（10）B.

3. （1）1；　　（2）$\dfrac{1}{6}$；　　（3）e；　　（4）$\dfrac{1}{2}$；　　（5）e^3；　　（6）$e^{\frac{n+1}{2}}$；　　（7）1；

（8）$-\dfrac{1}{2}$；　　（9）$-\dfrac{1}{2}e$；　　（10）1.

4. （1）-1；　　（2）$\dfrac{1}{3}$.

5. 连续.

6. 0，0，4，e^2.

7. $P=101$ 元.　　8. $\dfrac{100}{9} \approx 11$ 年.

9～19. 略.

第 5 章习题参考答案

习题 5.1

1. (1) $\dfrac{3}{10}x^{\frac{10}{3}}+C$；

(2) $\dfrac{2}{5}x^{\frac{5}{2}}+\dfrac{4}{3}x^{\frac{3}{2}}+2x^{\frac{1}{2}}+C$；

(3) $\dfrac{(4\mathrm{e})^x}{1+2\ln 2}+C$；

(4) $\dfrac{x}{2}+\dfrac{\sin x}{2}+C$；

(5) $\sin x-\cos x+C$；

(6) $-\dfrac{1}{x}+\arctan x+C$；

(7) $\mathrm{e}^x-\arcsin x+C$；

(8) $-\cot x+\csc x+C$.

2. $y=\mathrm{e}^x-1$.

3. $\cos x$.

4. 2.

5. 略.

习题 5.2

1. (1) $\dfrac{1}{3}$；　　(2) $-\dfrac{1}{2}$；　　(3) $\dfrac{1}{12}$；　　(4) $-\dfrac{1}{3}$；　　(5) $-\dfrac{1}{2}$；　　(6) $-\dfrac{1}{5}$；

(7) -1；　　(8) $\dfrac{1}{3}$；　　(9) $-\dfrac{1}{2}$；　　(10) $\dfrac{1}{4}$.

2. (1) $-\dfrac{5}{18}(1-3x)^{\frac{6}{5}}+C$；

(2) $-\dfrac{2}{3}\sqrt{2-x^3}+C$；

(3) $\arctan x^3+C$；

(4) $\dfrac{1}{2}\arctan\dfrac{x-1}{2}+C$；

(5) $\dfrac{1}{6}\left[(2x+1)^{\frac{3}{2}}+(2x-1)^{\frac{3}{2}}\right]+C$；

(6) $\arcsin\ln x+C$；

(7) $\dfrac{1}{2}\ln\left|\dfrac{\mathrm{e}^x-1}{\mathrm{e}^x+1}\right|+C$；

(8) $\dfrac{3}{2}(\sin x-\cos x)^{\frac{2}{3}}+C$；

(9) $-\sin\dfrac{1}{x}+C$；

(10) $-\dfrac{1}{2}\cot^2 x-\ln|\sin x|+C$；

(11) $-\dfrac{1}{2}\cot x+\dfrac{1}{2}\csc x+C$；

(12) $\dfrac{1}{2\sqrt{2}}\ln\left|\dfrac{\sqrt{2}+\sin x}{\sqrt{2}-\sin x}\right|+C$；

(13) $\dfrac{1}{3}x^3-\dfrac{1}{3}(x^2-1)^{\frac{3}{2}}+C$；

(14) $\dfrac{4}{3}\left[x^{\frac{3}{4}}-\ln(1+x^{\frac{3}{4}})\right]+C$；

(15) $2\sqrt{1+\mathrm{e}^x}+\ln\dfrac{\sqrt{1+\mathrm{e}^x}-1}{\sqrt{1+\mathrm{e}^x}+1}+C$；

(16) $\arcsin\dfrac{x}{3}-\dfrac{x}{3+\sqrt{9-x^2}}+C$；

(17) $\sqrt{1+x^2}+\ln\left|\dfrac{\sqrt{1+x^2}-1}{x}\right|+C$;

(18) $\dfrac{a^2}{2}\left(\arcsin\dfrac{x}{a}-\dfrac{x}{a^2}\sqrt{a^2-x^2}\right)+C$;

(19) $2\ln(\sqrt{x}+\sqrt{x-1})+C$;

(20) $\sqrt{x^2-4}-2\arccos\dfrac{2}{|x|}+C$.

习题 5.3

1. (1) $x\ln x-x+C$;

(2) $\left(\dfrac{1}{2}x+\dfrac{7}{4}\right)e^{2x}+C$;

(3) $\dfrac{\sin x}{x}+C$;

(4) $-\dfrac{1}{2}xe^{-2x}-\dfrac{1}{4}e^{-2x}+C$;

(5) $-2x\cos\dfrac{x}{2}+4\sin\dfrac{x}{2}+C$;

(6) $e^x(x^2-2x+2)+C$;

(7) $-\dfrac{1}{5}\cos2xe^{-x}+\dfrac{2}{5}\sin2xe^{-x}+C$;

(8) $-\dfrac{1}{2}e^{-x}(\sin x+\cos x)+C$;

(9) $\dfrac{1}{13}e^{3x}(3\cos2x+2\sin2x)+C$;

(10) $-\dfrac{x^2}{2}-x\cot x+\ln|\sin x|+C$;

(11) $x\arcsin x+\sqrt{1-x^2}+C$;

(12) $2e^{\sqrt{x}}(\sqrt{x}-1)+C$;

(13) $\dfrac{2x+1}{2}\arctan\sqrt{2x}-\dfrac{\sqrt{2x}}{2}+C$;

(14) $x\ln(1+x^2)+2\arctan x-2x+C$;

(15) $\dfrac{x^3}{3}\left(\ln^3x-\ln^2x+\dfrac{2}{3}\ln x\right)-\dfrac{2}{27}x^3+C$;

(16) $\dfrac{2}{3}x^{\frac{3}{2}}\left(\ln^2x-\dfrac{4}{3}\ln x+\dfrac{8}{9}\right)+C$;

(17) $\dfrac{x}{2}\sec^2x-\dfrac{1}{2}\tan x+C$;

(18) $(\ln\ln x-1)\ln x+C$.

2. $e^x-\dfrac{2e^x}{x}+C$.

3. (1) $I_n=\dfrac{1}{n-1}\tan^{n-1}x-I_{n-2}$;

(2) $I_n=x^ne^x-nI_{n-1}$;

(3) 当 $n=1$ 时，$I_1=\ln\left|\dfrac{\sqrt{1+x^2}-1}{x}\right|+C$；当 $n=2$ 时，$I_2=-\dfrac{\sqrt{1+x^2}}{x}+C$；$I_n=\dfrac{\sqrt{x^2+1}}{(1-n)x^{n-1}}-\dfrac{(2-n)}{(1-n)}I_{n-2}$，$n=3$，$4$，$5$，$\cdots$.

习题 5.4

1. (1) $\dfrac{1}{2}\ln\left|\dfrac{(x-1)(x-3)}{(x-2)^2}\right|+C$;

(2) $\ln(x^2-x+3)+\dfrac{4}{\sqrt{11}}\arctan\dfrac{2}{\sqrt{11}}\left(x-\dfrac{1}{2}\right)+C$;

(3) $-\dfrac{1}{2}\ln\dfrac{x^2+1}{x^2+x+1}+\dfrac{\sqrt{3}}{3}\arctan\dfrac{2x+1}{\sqrt{3}}+C$;

(4) $\dfrac{1}{3}\ln|x-1|-\dfrac{1}{6}\ln(x^2+x+1)+\sqrt{3}\arctan\dfrac{2x+1}{\sqrt{3}}+C$;

(5) $\dfrac{x^2}{2}+3x+6\ln|x-1|-\dfrac{4}{x-1}-\dfrac{1}{2(x+1)^2}+C$;

(6) $\dfrac{x^3}{3}+\dfrac{x^2}{2}+x+8\ln|x|-3\ln|x-1-4\ln|x+1||+C$;

(7) $\dfrac{3}{2}x^2+\ln[(x-1)^2|x+1|]+C$;

(8) $-\dfrac{1}{x}-\dfrac{3}{2}\arctan x-\dfrac{x}{2(1+x^2)}+C$;

(9) $\dfrac{1}{2}\ln|x|-\dfrac{1}{12}\ln|x^6+2|+C$;

(10) $\dfrac{1}{16}\ln\left|\dfrac{x^2-4}{x^2+4}\right|+C$;

(11) $\dfrac{1}{6}\arctan x^6+C$;

(12) $\dfrac{1}{8}x^8-\dfrac{1}{8}\ln(1+x^8)+C$.

2. (1) $\dfrac{1}{\sqrt{5}}\arctan\dfrac{3\tan\frac{x}{2}+1}{\sqrt{5}}+C$; (2) $\dfrac{1}{2\sqrt{3}}\arctan\dfrac{2\tan x}{\sqrt{3}}+C$;

(3) $\tan x-\sec x+C$; (4) $\ln|\sec x+1|+C$;

(5) $\ln\tan x-\dfrac{1}{2\sin^2 x}+C$; (6) $\dfrac{1}{ab}\arctan\left(\dfrac{a}{b}\tan x\right)+C$.

总复习题 5

1. (1) $e^{-x}+C$, $x-1+C$, $e^{-x}(1+x)+C$;

(2) $2\ln x-\ln^2 x+C$;

(3) $-\dfrac{\ln x}{x}+C$;

(4) $2\sqrt{x}\arcsin\sqrt{x}+2\sqrt{1-x}+C$;

(5) $\dfrac{e^{-\cos x}}{2\sqrt{x}}$;

(6) $x^3-6x^2-15x+2$;

(7) $\begin{cases}e^x-1+C, & x<0\\ \dfrac{x^2}{2}+x+C, & x\geqslant 0\end{cases}$.

2. (1) D; (2) C; (3) C; (4) B; (5) A; (6) D.

3. (1) $\dfrac{1}{2(1-x)^2}-\dfrac{1}{1-x}+C$;　　　　(2) $\dfrac{\cos^5 x}{5}-\dfrac{\cos^3 x}{3}+C$;

(3) $\dfrac{\tan^3 x}{3}-\tan x+x+C$;　　　　(4) $\dfrac{\sqrt{x^2-1}}{x}+C$;

(5) $\ln\dfrac{x}{(\sqrt[6]{x}+1)^6}+C$;　　　　(6) $\dfrac{x}{16\sqrt{4-x^2}}+\dfrac{x^3}{48\sqrt{(4-x^2)^3}}+C$;

(7) $-\dfrac{\sqrt{(1+x^2)^3}}{3x^3}+\dfrac{\sqrt{1+x^2}}{x}+C$;　　　　(8) $\dfrac{x^2}{4}+\dfrac{x\sin 2x}{4}+\dfrac{1}{8}\cos 2x+C$;

(9) $\dfrac{1}{2}e^x-\dfrac{1}{5}e^x\sin 2x-\dfrac{1}{10}e^x\cos 2x+C$;

(10) $\dfrac{1}{2}x\sin(\ln x)-\dfrac{1}{2}x\cos(\ln x)+C$;

(11) $\dfrac{1}{2}\arctan\sin^2 x+C$;

(12) $\dfrac{1}{2}\ln|\sin x+\cos x|+\dfrac{x}{2}+C$;

(13) $\dfrac{x\sin^2 x}{2}-\dfrac{x}{4}+\dfrac{1}{8}\sin 2x+C$;

(14) $\dfrac{1}{4}\arctan\dfrac{x^2+1}{2}+C$;

(15) $\dfrac{1}{2}\ln(e^{2x}-e^x+1)+\sqrt{3}\arctan\dfrac{2}{\sqrt{3}}\left(e^x-\dfrac{1}{2}\right)+C$;

(16) $\dfrac{x^4}{4}+\ln\dfrac{\sqrt[4]{x^4+1}}{x^4+2}+C$.

4. (1) $\dfrac{1}{8}\left[\ln(1-\cos x)-\ln(1+\cos x)+\dfrac{2}{1+\cos x}\right]+C$;

(2) $(x\ln x-1)e^x+C$;

(3) $2(x-2)\sqrt{e^x-2}+4\sqrt{2}\arctan\dfrac{\sqrt{e^x-2}}{2}+\dfrac{1}{8}\cos 2x+C$;

(4) $-\sqrt{1-x^2}\arcsin x+x+\dfrac{1}{2}(\arcsin x)^2+C$;

(5) $(1-x)\ln(1-x)+C$;

(6) $-e^{-x}\arctan e^x+x-\dfrac{1}{2}\ln(1+e^{2x})+C$;

(7) $-2\arctan\sqrt{1-x}+C$;

(8) $x\arctan x-\dfrac{1}{2}\ln(1+x^2)-\dfrac{1}{2}(\arctan x)^2+C$.

5. (1) $-2\sqrt{1-x}\arcsin\sqrt{x}+2\sqrt{x}+C$;　　　　(2) $\cos x-2\dfrac{\sin x}{x}+C$.

6. 略.

附录Ⅲ 参考文献

[1] 吉米多维奇. 数学分析习题集. 北京：人民教育出版社，1978.

[2] A. Jeffrey. *Advanced Engineering Mathematics*. San Diego：Harcourt/Academic Press，2002.

[3] H. B. Wilson，L. H. Turcotte，and D. Halpern. *Advanced Mathematics and Mechanics Applications Using MATLAB* （3rd Edition）. London：Chapman and Hall/CRC，2003.

[4] 金路，童裕孙，於崇华，张万国. 高等数学上册. 3 版. 北京：高等教育出版社，2008.

[5] 金路，童裕孙，於崇华，张万国. 高等数学下册. 3 版. 北京：高等教育出版社，2008.

[6] 李忠，周建莹. 高等数学上册. 2 版. 北京：北京大学出版社，2009.

[7] 李忠，周建莹. 高等数学下册. 2 版. 北京：北京大学出版社，2009.

[8] 华东师范大学数学系. 数学分析上册. 4 版. 北京：高等教育出版社，2010.

[9] 华东师范大学数学系. 数学分析下册. 4 版. 北京：高等教育出版社，2010.

[10] R. Larson and B. H. Edwards. *Calculus* （9th Edition）. Belmont：Brooks/Cole，2010.

[11] 吴赣昌. 高等数学（上册）（理工类·第四版）. 北京：中国人民大学出版社，2011.

[12] 吴赣昌. 高等数学（下册）（理工类·第四版）. 北京：中国人民大学出版社，2011.

[13] E. Kreyszig，H. Kreyszig，and E. J. Norminton. *Advanced Engineering Mathematics* （10th Edition）. Hoboken：John Wiley & Sons，2011.

[14] 同济大学数学系. 高等数学上册. 7 版. 北京：高等教育出版社，2014.

[15] 同济大学数学系. 高等数学下册. 7 版. 北京：高等教育出版社，2014.

[16] 刘强，孙激流. 微积分同步练习与模拟试题. 北京：清华大学出版社，2015.

[17] 刘强，贾尚晖. 微积分复习指导与深化训练. 北京：电子工业出版社，2016.

[18] 刘强，袁安锋，孙激流. 高等数学（上册）同步练习与模拟试题. 北京：清华大

学出版社，2016.

[19] 刘强，袁安锋，孙激流. 高等数学（下册）同步练习与模拟试题. 北京：清华大学出版社，2017.

[20] 袁安锋，刘强，窦昌胜. 高等数学深化训练与考研指导. 北京：电子工业出版社，2017.

[21] 刘强，陶桂平，梅超群. 高等数学深化训练与大学生数学竞赛教程. 北京：电子工业出版社，2017.